国家级工程训练示范中心"十三五"规划教材

工程技能训练教程

（第3版）

主 编　左时伦 陈　渝

副主编　张　罡 李　亮

清华大学出版社

北京

内 容 简 介

本书根据教育部机械基础教学指导委员会关于工程训练课程的教学改革精神,结合多年的金工实习教学实践经验编写而成。全书共分为14章,内容包括:训练基础知识、铸造、锻压、焊接、车削、铣削、刨削、磨削、钳工、CAD/CAM基础、数控加工技术、特种加工、电气与气动控制、产品拆装与测绘,每章包括基本知识、基本技能和复习思考题三部分。

本书主要作为全国各类普通高等工科院校和中、高等职业技术院校的工程训练教材,同时也可作为企业技术培训和相关从业技术人员的参考书。

图书在版编目(CIP)数据

工程技能训练教程/左时伦,陈渝主编. —3 版. —北京:清华大学出版社,2016(2022.9重印)
(国家级工程训练示范中心"十三五"规划教材)
ISBN 978-7-302-45571-4

Ⅰ. ①工… Ⅱ. ①左… ②陈… Ⅲ. ①机械制造工艺—高等学校—教材 Ⅳ. ①TH16

中国版本图书馆 CIP 数据核字(2016)第 283834 号

责任编辑:赵　斌
封面设计:常雪影
责任校对:赵丽敏
责任印制:刘海龙

出版发行:清华大学出版社
　　　　网　　　址:http://www.tup.com.cn,http://www.wqbook.com
　　　　地　　　址:北京清华大学学研大厦 A 座　　　　邮　　编:100084
　　　　社 总 机:010-83470000　　　　　　　　　　邮　　购:010-62786544
　　　　投稿与读者服务:010-62776969,c-service@tup.tsinghua.edu.cn
　　　　质量反馈:010-62772015,zhiliang@tup.tsinghua.edu.cn
印 装 者:三河市国英印务有限公司
经　　销:全国新华书店
开　　本:185mm×260mm　　　印　　张:18.25　　　字　　数:443 千字
版　　次:2009 年 4 月第 1 版　2016 年 12 月第 3 版　印　　次:2022 年 9 月第 8 次印刷
定　　价:52.00 元

产品编号:072252-04

国家级工程训练示范中心"十三五"规划教材

编审委员会

顾问

  傅水根

主任

  梁延德 孙康宁

委员（以姓氏首字母为序）

  陈君若 贾建援 李双寿 刘胜青 刘舜尧

  邢忠文 严绍华 杨玉虎 张远明 朱华炳

秘书

  庄红权

前 言

FOREWORD

从"金工实习"发展到"工程训练",不仅仅是教学内容和教学手段的简单拓展,更是教学理念和教学目的的时代变迁。本书正是基于以上理念,并坚持"理论够用,实践为主"的原则进行编写的。本书在内容组织上力求突出实用性、应用性、先进性和综合性,为培养学生的工程实践能力和工程综合应用能力提供有效指导。本书适合于高等工科院校机械类、近机械类专业的工程训练教学使用,对非机械类专业,可根据专业特点和后续课程需要,有针对性地选择书中内容。

本书作为普通高等工科院校和中、高等职业技术院校的工程技能训练教材,具有体系新颖、内容精练、图文并茂等特点,可读性极强。经过几年的试用,我们也在不断地总结和提高,力求在内容组织上突出实用性、应用性、先进性和综合性,各工种操作技能讲解简明扼要,示例结合训练内容和工程实际,学以致用。

本次修订主要是根据工程训练发展的需要,增加了 CAD/CAM 基础;把数控车削和数控铣削两章整合为数控加工技术;对特种加工一章中线切割和激光雕刻的内容进行了更新和补充,并增加了 3D 打印技术等内容;还将原产品分析的内容进行了调整。通过本书的学习,能培养学生的工程实践能力和工程综合应用能力,为其后继课程的学习和综合创新训练以及今后的工作奠定良好的基础。

本次修订由左时伦、陈渝担任主编,张罡、李亮担任副主编,参加编写的人员还有廖智勇、王锋、谭逢友、杜晓林、周雄、苏卫东等。在编写过程中,得到重庆科技学院工程训练中心领导、教研室同仁及实习指导老师们的大力支持和热忱帮助,特此表示感谢!

本书在编写过程中参考和引用了相关手册、教材、学术杂志等文献资料上的有关内容,借鉴了许多同行专家的教学成果,在此一并表示真诚的谢意。

本书内容多、范围广、技术新,涉及了传统和现代制造技术知识,由于编者水平所限,书中难免有许多错误和不足,恳请读者指正。

编　者
2016 年 6 月

目 录

CONTENTS

1

训练基础知识

1.1　概　　述

　　机械制造生产过程是一个由资源向产品或零件的转变过程,是将大量设备、材料、人力和加工过程有序结合的生产系统。机械制造生产过程可分为产品规划阶段、方案设计阶段、技术设计阶段、施工设计阶段及加工制造阶段。其中,机械加工制造阶段尤为重要,它主要涉及的知识如图 1-1 所示。

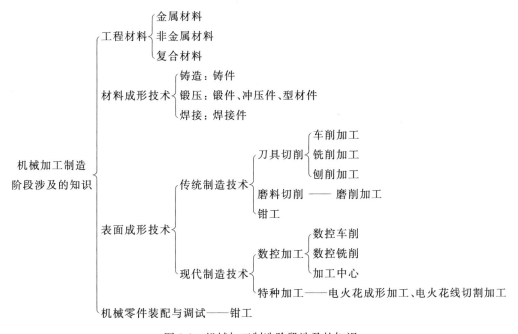

图 1-1　机械加工制造阶段涉及的知识

　　各种机器设备都是由其相应的机器零件组装而成的,例如冶金轧钢机、石油钻井机、机床、汽车、飞机、轮船等。只有制造出符合要求的零件,才能装配出合格的机器设备。而零件可以是将原材料经过铸造、锻造、冲压、焊接等方法直接得来;或通过其制成毛坯,再由毛坯经过切削加工而获得;也可以直接将各种型材经过切削加工而获得。有的零件则需要在制造过程中插入不同的热处理工艺才能达到设计要求。

1. 基本制造加工

（1）产品设计，包括总体设计、零部件设计、选用材料、确定结构及尺寸、编制技术要求和绘制图纸等。

（2）工艺准备，包括决定生产方案、制定工艺文件和选择工艺装备等。

（3）毛坯生产，包括铸件、锻件、冲压件、焊接件、型材和非金属材料成形件等的生产。

（4）切削加工，指车削、铣削、刨削、磨削、镗削等进行的粗加工、半精加工和精加工。

（5）装配与调试，包括组件装配、部件装配、产品总装和调试。

（6）装箱出厂，指产品的包装、标识、运输等。

2. 先进制造加工

有关先进制造加工的内容详见第10~12章，主要指以下几个方面：

（1）采用物化知识的职能来代替人，从人的直接参与生产劳动变为主要负责控制生产；

（2）采用先进工艺和高效专用设备，使工艺专业化；

（3）机械加工技术柔性化，大量采用信息技术和计算机技术。

1.2 工程材料

材料是可以直接制成成品的物质，如木料、石料、塑料、金属等。工业生产中所使用的材料属于工程材料，主要包括金属材料、非金属材料和复合材料三大类。

金属材料是制造机械的最主要材料。金属材料以合金为主，很少使用纯金属。合金是以一种金属为主体，加入其他金属或非金属，经过熔炼、烧结或其他方法制成的具有金属特性的材料。

最常用的合金是以铁为基础的铁碳合金，有以铜或铝为基础的铜合金和铝合金。用来制造机器零件的金属或合金应具有如下性能：

（1）优良的工艺性能，包括铸造性能、锻造性能、焊接性能、热处理性能、机械加工性能。

（2）较好的使用性能，包括物理性能、化学性能、力学性能等。

1.2.1 工程材料的分类及应用

1. 工程材料的分类

机械制造工程材料主要用于制造工程构件、机械零件和工模量具等，其分类如图1-2所示。

2. 工程材料的应用

金属材料具有良好的力学性能、物理性能、化学性能和工艺性能，是机械制造工程中应用最广的材料，主要用于冶金、石油、机械、船舶、航天、桥梁、交通等工程结构中。

非金属材料是近年来快速发展的工程材料，其耐腐蚀性、绝缘性和成形性能优良，成本低、质量轻，广泛应用于轻工、家电、汽车等行业。

$$
\text{机械制造工程材料}
\begin{cases}
\text{金属材料}
\begin{cases}
\text{黑色金属：钢、铁} \\
\text{有色金属及其合金}
\end{cases} \\
\text{非金属材料}
\begin{cases}
\text{高分子材料：工程塑料、合成纤维、合成橡胶} \\
\text{陶瓷材料}
\end{cases} \\
\text{复合材料}
\begin{cases}
\text{金属基复合材料} \\
\text{非金属基复合材料}
\end{cases}
\end{cases}
$$

图 1-2　机械制造工程材料的分类

复合材料是将两种以上的材料组合于一体，从而获得比单一材料更为优越的综合性能，成为一种新型的高科技材料，主要应用于航空、航天、医疗、军事、汽车、体育等领域。

1.2.2　金属材料的性能

材料的性能以金属材料为例，包括力学性能、物理性能、化学性能和工艺性能等。

1. 力学性能

力学性能是指金属材料在受外力作用时所反映出来的特性，主要包括强度、塑性、硬度、冲击韧度和疲劳强度等指标，是选择、使用金属材料的重要依据。

1）强度

金属材料在外力作用下，抵抗塑性变形和断裂的能力，称为强度。

按作用力性质不同，强度可分为屈服强度（屈服点）、抗拉强度、抗压强度、抗弯强度、抗剪强度等。在工程上常用来表示金属材料强度的指标有屈服强度和抗拉强度。

（1）屈服强度。当载荷增大到 F_s 时，试样所承受的载荷几乎不变，而塑性变形不断增加，这种现象称为屈服现象。屈服强度为在外力作用下开始产生明显塑性变形的最小应力，用 σ_s 表示：

$$\sigma_s = \frac{F_s}{A_0}(\text{MPa}) \tag{1-1}$$

式中，F_s——试样产生明显塑性变形时所受的最小载荷，即拉伸曲线中 S 点所对应的外力，N；

　　　A_0——试样的原始截面积，mm^2。

（2）抗拉强度。金属材料断裂前所承受的最大应力，又称抗拉强度。常用 σ_b 表示：

$$\sigma_b = \frac{F_b}{A_0}(\text{MPa}) \tag{1-2}$$

式中，F_b——指试样被拉断前所承受的最大外力，即拉伸曲线上 B 点所对应的外力，N；

　　　A_0——试样的原始横截面积，mm^2。

屈服强度和抗拉强度在设计机械和选择、评定金属材料时有重要意义，因为金属材料不能在超过 σ_s 的条件下工作，否则会引起机件的塑性变形；金属材料也不能在超过其 σ_b 的条件下工作，否则会导致机件的破坏。

2）塑性

金属材料在外力作用下，产生永久变形而不致引起破坏的性能，称为塑性。在外力消失后留下来的这部分不可恢复的变形,叫做塑性变形。

金属材料的塑性通常用延伸率和断面收缩率来表示。

（1）延伸率 δ。延伸率是指试样被拉断后的长度相对于标准长度的伸长值,用下式计算：

$$\delta = \frac{L_1 - L_0}{L_0} \times 100\% \qquad (1-3)$$

式中,L_0——试样的原标距长度,mm;

L_1——试样拉断后的标距长度,mm。

（2）断面收缩率 ψ。断面收缩率是指试样被拉断后断面处横截面积的相对收缩值,用下式计算：

$$\psi = \frac{A_0 - A_1}{A_0} \times 100\% \qquad (1-4)$$

式中,A_0——试样的原始截面积,mm^2;

A_1——试样断面处的最小截面积,mm^2。

δ 和 ψ 越大,则塑性越好。良好的塑性是金属材料进行塑性加工的必要条件。对于 Q235 钢,其强度和塑性指标的平均值如下：$\sigma_s \approx 235\ MPa$; $\sigma_b \approx 390\ MPa$; $\delta = 20\% \sim 30\%$; $\psi \approx 60\%$。

3）硬度

金属材料抵抗其他更硬的物体压入其内的能力叫做硬度。它是材料性能的一个综合的物理量,表示金属材料在单位体积内抵抗弹性变形、塑性变形或破断的能力。

金属材料的硬度可用专门仪器来测试,常用的有布氏硬度机、洛氏硬度机等。

（1）布氏硬度（HB）。用布氏硬度机测试出来的硬度叫布氏硬度。因布氏硬度压痕面积较大,其值的代表性较全面,而且实验数据的重复性也好。但由于淬火钢球本身的变形问题,不能试验太硬的材料,一般在 450 HB 以上就不能使用。布氏硬度通常用于测定铸铁、有色金属、低合金结构钢等材料的硬度。

（2）洛氏硬度（HR）。在洛氏硬度机上测试出来的硬度叫洛氏硬度。洛氏硬度（HR）可以用于硬度很高的材料,而且压痕很小,几乎不损伤工件表面,故在钢件热处理质量检查中应用最多。但由于洛氏硬度压痕较小,硬度代表性就差些,如果材料中有偏析或组织不均的情况,则所测硬度值的重复性也差。

4）冲击韧度 α_k

金属材料抵抗冲击载荷作用而不被破坏的能力叫做冲击韧度,常用摆锤一次冲击试验来测定金属材料的冲击韧度,其可用下式计算：

$$\alpha_k = \frac{A_k}{A_0}(J \cdot mm^{-2}) \qquad (1-5)$$

式中,A_k——折断试样所消耗的冲击功,J;

A_0——试样断口处的原始截面积,mm^2。

5）疲劳强度

金属材料在无数次重复或交变载荷作用下而不致引起断裂的最大应力叫做疲劳强度。

材料的疲劳强度通常在旋转对称弯曲疲劳试验机上测定。无数次应力循环,对于钢材为 10^7,有色金属和某些超高强度钢常取 10^8。产生疲劳破坏的原因,一般认为是由于材料有杂质、表面划痕及其他能引起应力集中的缺陷。

2. 物理性能

金属材料的物理性能主要有密度、熔点、热膨胀性、导电性和导热性等。

3. 化学性能

化学性能是金属材料在室温或高温时抵抗各种化学作用的能力,主要是指抵抗活泼介质的化学侵蚀能力,如耐酸性、耐碱性、抗氧化性等。

4. 工艺性能

工艺性能是物理、化学、力学性能的综合。按工艺方法的不同,分为可铸性、可锻性、焊接性和切削加工性等。

1.2.3　常用钢铁材料简介

钢铁材料又称黑色金属材料,是以铁和碳元素为主要化学成分的一系列金属材料(钢、生铁、铸铁和铸钢)的总称。

各行各业都用钢,为了保证钢的质量,国家及有关部门对各种钢制定了标准,GB 为国家规定的标准;YB 为冶金部规定的标准。

1. 钢的分类

根据合金元素含量的不同,可将钢分类为图 1-3 所示的不同种类。

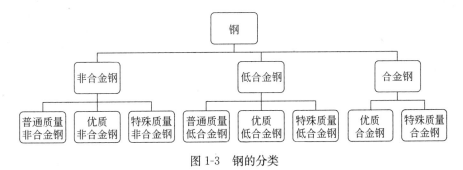

图 1-3　钢的分类

2. 常用非合金钢

非合金钢俗称碳素钢,行业习惯简称碳钢。

1) 按钢的用途和质量分类

按照钢的用途和质量可分为碳素结构钢、优质碳素结构钢和碳素工具钢。

(1) 碳素结构钢

① 成分:碳的质量分数 $0.09\% \sim 0.33\%$。

② 牌号：由代表屈服点的字母、屈服点数值、质量等级符号、脱氧方法4个部分按顺序组成。例如Q235A中，Q表示钢的屈服点"屈"的汉语拼音字首，235表示屈服点值为235 MPa，A表示质量等级为A级。

③ 性能：碳的质量分数低，焊接性能好。

④ 用途：适合于轧制钢板、钢带型钢等，用于制作不需热处理的焊接、铆接、栓接构件及螺栓、螺母、垫圈等零件。

（2）优质碳素结构钢

① 成分：碳的质量分数0.08%～0.85%。

② 牌号：用两位数字加符号表示。数字表示碳的质量分数的万分之几，符号如果是F则表示是沸腾钢。例如08F，15F。

（3）碳素工具钢

① 成分：碳的质量分数0.65%～1.35%。

② 牌号：用T加数字表示。T表示碳；数字表示千分含量。若是特殊质量，则数字后面加A。例如：T8A指碳的质量分数为0.8%的特殊质量的碳素工具钢。

③ 性能：具有很高的硬度和耐磨性，但淬透性差，热硬性差。

④ 用途：用于制作手动和低速切削的工具和要求不高的量具、模具等。

2）按碳的质量分数不同分类

根据碳的质量分数的不同，也可将碳钢分为低碳钢、中碳钢和高碳钢。

（1）低碳钢

① 成分：碳的质量分数≤0.25%。

② 性能：强度低，塑性、韧性好，易于成形，焊接性好。

③ 用途：08F、10F、15F用于冷变形加工成形件、机壳、容器，10～25钢用于各种标准件、轴套、容器等。

（2）中碳钢

① 成分：碳的质量分数0.25%～0.6%。

② 性能：强度和硬度比低碳钢略高，而塑性和韧性略低，具有良好的综合力学性能，切削加工性好，但焊接性一般。

③ 用途：30～55钢用于制作齿轮、主轴及连杆等重要的机械零件。

（3）高碳钢

① 成分：碳的质量分数>0.60%。

② 性能：在淬火加中温回火后，具有较高的强度和良好弹性（也叫弹簧钢），具有较好的耐磨性和中等硬度。

③ 用途：60钢以上的钢主要用于制作弹簧、高强度钢丝和耐磨件等。

3. 常用低合金钢

（1）牌号表示方法：与碳素结构钢基本相同。

（2）性能特点：具有较高的强度、塑性和冲击韧性，特别是低温冲击韧性；具有良好的焊接性，具有较高的抗大气腐蚀性。

4. 常用合金结构钢

（1）牌号表示方法：数字加元素符号加数字。
（2）性能特点：具有较高的弹性极限、疲劳强度和冲击韧性，具有良好的表面质量。

5. 特殊性能钢

（1）不锈钢：在腐蚀性介质（如水、海水、酸、碱等）中具有抗腐蚀性能的钢。
（2）耐热钢：用于制造在高温下工作的零件或构件。

6. 铸铁

铸铁分为灰口铸铁、白口铸铁和麻口铸铁，常用的是灰口铸铁。灰口铸铁中的碳主要以石墨形式存在，断口呈灰色。其优点为减振性、耐磨性、导热性好，缺口敏感性低；其缺点是力学性能较差。

灰口铸铁牌号的表示方法为 HT 加数字，如 HT200、HT250 等。

另外还有蠕墨铸铁、可锻铸铁、球墨铸铁和特殊性能铸铁等。

1.2.4　有色金属及其合金

（1）铝及铝合金：工业纯铝、铝合金。
（2）铜及铜合金：纯铜、铜合金、钛及钛合金。

1.3　切削加工基础

1.3.1　切削加工

切削加工分为机械加工和钳工两类。机械加工主要是人通过机床对零件进行切削加工。加工时零件和刀具分别装夹在机床对应的装置上，靠机床提供的动力和传动，通过刀具对零件进行切削加工。加工方式主要有车削、铣削、刨削、磨削和镗削等，其相应的机床分别称为车床、铣床、刨床、磨床和镗床等。由于机械加工劳动强度低、自动化程度高、加工质量好，是切削加工的主要方式。

机器零件大部分由一些简单几何表面组成，如各种平面、回转面、沟槽等。机床对这些表面切削加工时，刀具与零件之间需有特定的相对运动，这种相对运动称为切削运动。根据在切削过程中所起的作用不同，切削运动可分为主运动和进给运动两种。

1. 主运动

主运动是能够提供切削加工可能性的运动，没有这个运动，就无法对零件进行切削加工。在切削过程中主运动速度最高，消耗能源最多。如图 1-4 所示，车削中零件的旋转运动、铣削中铣刀的旋转运动、刨削中牛头刨床上刨刀（龙门刨床滑枕）的往复直线移动、磨削中砂轮的旋转运动和钻削中钻头的旋转运动等都是主运动。

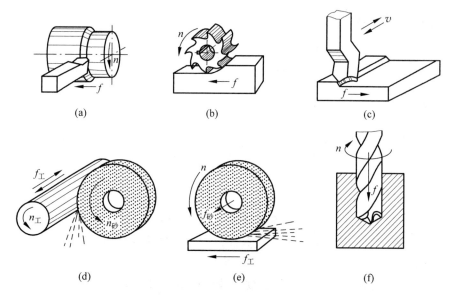

图 1-4 机械加工切削运动
(a) 车削；(b) 铣削；(c) 刨削；(d) 磨削外圆；(e) 磨削平面；(f) 钻削

2. 进给运动

进给运动是指能够提供连续切削可能性的运动。没有这个运动就不可能加工成完整零件的成形面。切削加工过程中进给运动速度相对低，消耗的动力相对少。如图 1-4 所示，车削中车刀的纵、横向移动，钻削中钻头的轴向移动，刨削（牛头刨床）和铣削中零件的横、纵向移动等，都是进给运动。

切削运动中主运动一般只有一个，而进给运动可能有一个或几个。例如，外圆磨削中零件的旋转运动和零件的轴向移动都是进给运动。

1.3.2 切削要素

切削要素包括切削用量和切削层几何参数。

切削过程中，在零件表面同时形成三个不同变化的表面，如图 1-5 所示。其中，待加工表面为零件上待切除的表面；已加工表面为零件上经刀具切削后形成的表面；过渡表面为在零件需加工的表面上，被主切削刃切削形成的轨迹表面。

1. 切削用量

切削用量三要素：切削速度、进给量和背吃刀量。

1）切削速度 v

在切削加工时，切削刃上选定点相对于零件待加工表面的主运动瞬时速度。其法定单位为 m/s，

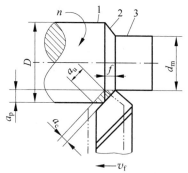

图 1-5 车削时的切削要素
1—待加工表面；2—过渡表面；3—已加工表面

习惯上除磨削的切削速度单位用 m/s 外,其他切削速度单位用 m/min。

当主运动为旋转运动(如车、钻、铣、镗、磨削加工)时,切削速度 v 为加工表面的最大线速度。

$$v = \frac{\pi D n}{1000 \times 60}(\text{m/min}) \tag{1-6}$$

当主运动为往复直线运动(如刨削、插削等)时,则以往复运动的平均速度为切削速度:

$$v = \frac{2 L n_{\text{r}}}{1000}(\text{m/min}) \tag{1-7}$$

式中,D——待加工表面的直径或刀具切削处的最大直径,mm;

$\quad\quad n$——零件或刀具的转速,r/min;

$\quad\quad L$——零件或刀具作往复运动的行程长度,mm;

$\quad\quad n_{\text{r}}$——主运动每分钟往复的次数,str/min。

提高切削速度可提高生产率和加工质量,但切削速度的提高受到机床动力和刀具耐用度的限制。

2)进给量 f

进给量是指主运动在一个工作循环内,刀具与零件在进给运动方向上的相对位移量,用 f 表示。当主运动为旋转运动时,进给量 f 的单位为 mm/r,称为每转进给量。当主运动为往复直线运动时,进给量 f 的单位为 mm/str,称为每行程进给量。对于铰刀、铣刀等多齿刀具,进给量是指每齿进给量。

进给量越大,生产率一般越高,但是零件表面的加工质量也越低。

3)背吃刀量 a_{p}

背吃刀量一般是指零件待加工表面与已加工表面间的垂直距离。铣削的背吃刀量 a_{p} 为沿铣刀轴线方向上测量的切削层尺寸。

背吃刀量 a_{p} 增加,生产效率提高,但切削力也随之增加,故容易引起零件振动,使加工质量下降。

切削用量三要素中对刀具耐用度影响最大的是 v,其次是 f,最小的是 a_{p}。因此,在选定合理的刀具后,粗加工:$a_{\text{p}}\uparrow \to f\uparrow \to v\downarrow$;精加工:$v\uparrow \to f\downarrow \to a_{\text{p}}\downarrow$。

2. 切削层几何参数

车削外圆时,工件每转一周,车刀主切削刃移动一个进给量 f 所切下来的金属层即切削层,切削层的参数为公称宽度 a_{u}、公称厚度 a_{c}、公称横截面积 $A \approx a_{\text{u}} a_{\text{c}} \approx a_{\text{u}} f$。

1.3.3 刀具材料

刀具由夹持部分和切削部分组成。夹持部分是用来将刀具固定在机床上的部分;切削部分是刀具上直接参与工作的部分,应具备良好的力学性能、物理性能和合理的几何形状。因此,刀具切削部分的材料必须满足的基本要求如下。

(1)硬度高:刀具材料的硬度必须大于零件材料的硬度,一般应在 60 HRC 以上。

(2)足够的强度和韧性:承受切削力、冲击力和振动;应具备良好的强度、韧性,才不会发生脆裂和崩刃。

（3）较高的耐磨性：以减少切削过程中的磨损。

（4）红硬性好：要求刀具具有在高温下保持其原有的良好的硬度性能，常用红硬温度表示。红硬温度是指刀具材料在切削过程中硬度不降低时的温度，其温度越高，刀具材料在高温下耐磨的性能就越好。

（5）较好的工艺性：利于刀具的制造。

常用刀具材料有工具钢（碳素工具钢、合金工具钢、高速钢）、硬质合金、陶瓷和超硬刀具材料四大类，下面介绍几种常用刀具材料。

（1）碳素工具钢，如 T10、T10A、T12、T12A 等，用于制造手工工具，如锉刀、锯条等。

（2）合金工具钢，如 9SiCr、CrWMn 等，用于制造复杂的刀具，如板牙、丝锥、铰刀等。

（3）高速钢（又称锋钢或白钢），含有钨（W）、铬（Cr）、钒（V）等合金元素较多的高合金工具钢，热处理后硬度可达 62～65 HRC。当切削温度为 500～600℃时，能保持其良好的切削性能，且强度和韧性都很好，但红硬性较差，切削速度一般控制在 25～30 m/min。这种材料用于各种刀具，尤其是各种复杂刀具的制造，例如钻头、铣刀、拉刀、齿轮刀具、丝锥、板牙、铰刀等。常用的高速钢牌号有 W18Cr4V、W6Mo5Cr4V2 和 W9Mo3Cr4V 等，其中 W9Mo3Cr4V 应用较广。

（4）硬质合金：将碳化钨（WC）、碳化钛（TiC）和钴（Co）等材料用粉末冶金方法制成的刀具材料。硬质合金的特点是硬度高（相当于 74～82 HRC），耐磨性好，且在 800～1000℃的高温下仍能保持其良好的热硬性。因此，使用硬质合金车刀，可达到较大的切削用量，能显著提高生产率，但硬质合金车刀韧度差、不耐冲击，所以大都制成刀片形式焊接或机械夹固在中碳钢的刀杆体上使用。常用的硬质合金牌号有 YT30、YT15、YW1、YG3X 等。

普通硬质合金按 ISO 标准可分为 P、M、K 三类：P 类硬质合金刀具主要用于加工钢材类零件；M 类硬质合金刀具主要用于加工钢、铸铁及有色金属；K 类硬质合金刀具主要用于加工铸铁、有色金属及非金属材料。

1.3.4 刀具的几何角度

切削刀具的种类很多，但它们的结构和几何角度有许多相同的特征。各种切削刀具中，车刀最为简单，因此从车刀入手进行切削角度的研究就更具有实际意义。

1. 车刀的组成

车刀由刀头和刀杆两部分组成。刀头是车刀的切削部分，刀杆是车刀的夹持部分。切削部分由三面、二刃、一尖组成，如图 1-6 所示。

（1）前刀面：刀具上切屑流过的表面。

（2）主后刀面：与零件加工表面相对的表面。

（3）副后刀面：与零件已加工表面相对的表面。

（4）主切削刃：前刀面与主后刀面的相交线，是主要的切削刃。

（5）副切削刃：前刀面与副后刀面的相交线，承担

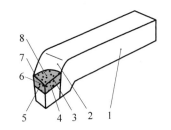

图 1-6 车刀的组成

1—刀杆；2—刀头；3—主切削刃；
4—主后刀面；5—副后刀面；6—刀尖；
7—副切削刃；8—前刀面

一定的切削。

（6）刀尖：主切削刃与副切削刃的交点处。为提高刀尖强度,避免崩裂,常将其磨成小圆弧。

2. 车刀角度

为确定车刀各表面在空间的位置和设计、测量刀具角度的需要,需要建立 3 个辅助平面：切削平面、基面和正交平面,如图 1-7 和图 1-8 所示。

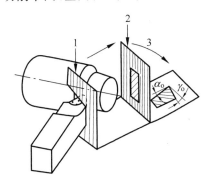

图 1-7　车刀的主要角度及辅助平面
1—正交平面；2—正交平面图形平移；3—翻倒

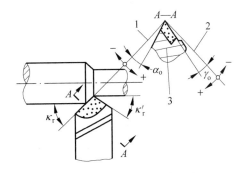

图 1-8　车刀的前角 γ_o 和主后角 α_o
1—切削平面；2—基面；3—正交平面

（1）前角 γ_o：前刀面与基面的夹角,在正交平面中测量。其作用是使切削刃锋利,便于切削。但前角也不能太大,否则会削弱刀头的强度,容易磨损甚至崩坏。加工塑性材料时,前角应选大些,加工脆性材料时,前角要选小些。另外粗加工时前角选较小值,精加工时前角选较大值。前角取值为 $-5° \sim +20°$ 范围。

（2）主后角 α_o：后刀面与切削平面间的夹角,在正交平面中测量。其作用是减少后刀面与零件的摩擦。一般粗加工时取 $6° \sim 8°$,精加工时取 $10° \sim 12°$。即粗加工时取小值,精加工时取大值。

（3）主偏角 κ_r：在基面中测量,是主切削刃与进给运动方向在基面上投影的夹角。增大主偏角,则可使轴向分力加大,径向分力减小,有利于减小振动,改善切削条件。但刀具磨损加快,散热条件变差。主偏角一般取 $45° \sim 90°$。工件刚度好,粗加工时取小值,反之取大值。

（4）副偏角 κ_r'：在基面中测量,是副切削刃与进给运动反方向在基面上投影的夹角。增大副偏角可减小副切削刃与已加工面的摩擦,降低表面粗糙度,防止切削时产生振动。副切削刃一般取 $5° \sim 15°$,粗加工时取大值,精加工时取小值。

（5）刃倾角 λ：主切削刃与基面(水平面)之间的夹角。刃倾角主要影响刀头的强度和切屑流动方向,其取值范围为 $-5° \sim +5°$。粗加工时为增加强度,选负值,精加工时为了避免切屑划伤已加工表面,选取正值或零值。

1.3.5　零件切削加工

零件切削加工步骤安排合理与否,对加工质量、生产率及成本有很大影响。零件的材料、批量、形状、尺寸大小、加工精度及表面质量等要求不同,加工步骤的安排也不相同。对单件小批生产小型零件的切削加工,常按以下步骤进行。

1. 阅读零件图

零件图是技术文件,是制造零件的依据。切削加工人员只有在完全读懂图样要求的情况下,才可能加工出合格的零件。通过阅读零件图,了解被加工零件的材料,要进行切削加工的表面,各加工表面的尺寸精度、形位精度及表面粗糙度要求;据此进行工艺分析、拟定加工方案、确定加工设备,为加工出合格零件做好前期技术准备工作。

2. 进行零件预加工

加工前,要对毛坯进行检查,有些零件还需要进行预加工,常见的预加工有划线和钻中心孔。

（1）毛坯划线。零件的毛坯很多是由铸造、锻压、轧制和焊接方法制成的。因毛坯有制造误差,在制造过程中加热和冷却不均匀,会因很大的内应力而产生变形。为便于切削加工,加工前要对这些毛坯划线。通过划线确定加工余量、加工位置界线,合理分配各加工面的加工余量,使加工余量不均匀的毛坯免于报废。但在大批量生产中,由于零件毛坯使用专用工装夹具,则不需划线。

（2）钻中心孔。在加工较长轴类零件时,多采用锻压棒料做毛坯,并在车床上加工。由于轴类零件加工过程中,需多次调头装夹,为保证各外圆柱面之间的同轴度要求,必须建立同一定位基准。同一基准的建立是在棒料两端用中心钻钻出中心孔,通过双顶尖装夹零件进行加工。

3. 选择加工机床及刀具

根据零件被加工部位的形状和尺寸,选择合适的机床,这是既能保证加工精度和表面质量,降低加工成本,又能提高生产率的必要条件之一。遇有加工表面为回转面、回转体端面和螺旋面时,常选用车床加工,并根据工序的要求选择刀具。

4. 安装零件

零件在切削加工之前,必须牢固地安装在机床上,并使其相对机床和刀具有一个正确位置。零件安装是否正确,对保证零件加工质量及提高生产率都有很大影响。零件安装方法主要有以下两种。

（1）直接安装:零件直接安装在机床工作台或通用夹具（如三爪自定心卡盘、四爪单动卡盘、机用虎钳等）上。这种安装方法简单、方便,通常用于单件小批量生产。

（2）专用夹具安装:零件安装在为其专门设计和制造的能正确迅速安装零件的装置中。用这种方法安装零件时,无需找正,而且定位精度高,夹紧迅速可靠,通常用于大批量生产。

5. 进行零件切削加工

一个零件往往有多个表面需要加工,而各表面的质量要求又不相同。为了高效率、高质量、低成本地完成各零件表面的切削加工,要视零件的具体情况,合理地安排加工顺序和划分加工阶段。

（1）粗加工阶段。用较大的进给量 f 和背吃刀量 a_p、较低的切削速度 v 进行的加工,可以用较少的时间切除零件上的大部分加工余量,提高生产效率,为精加工打下基础,同时还能及时发现毛坯缺陷,给予报废或修补。

（2）精加工阶段。该阶段零件加工余量小,可用较小的进给量 f 和背吃刀量 a_p、较高的切削速度 v 进行切削。这样加工产生的切削力和切削热较小,变形小,很容易达到零件的尺寸精度、形位精度和表面粗糙度要求。

划分加工阶段除有利于保证加工质量外,还能合理地使用设备,即粗加工可在功率大、精度低的机床上进行,以充分发挥设备的潜力;精加工则在高精度机床上进行,有利于长期保持设备的精度。

当毛坯质量高、加工余量小、刚性好、加工精度要求不很高时,可不用划分加工阶段,而在一道工序中完成粗、精加工。

影响加工顺序安排的因素很多,通常考虑的原则是:基准先行、先粗后精、先主后次、先面后孔。

6. 检测零件

经过切削加工后的零件是否符合零件图要求,要通过用测量工具检测的结果来判断。

1.4 加工质量及检测量具

机器是由许多零部件装配组合而成的,为了保证装配后的精度,保证各零件之间的配合关系以及互换性要求,在零件加工过程中,必须对零件提出质量要求,即加工精度、形状和位置精度、表面质量等。产品的质量链如图 1-9 所示。

图 1-9　产品的质量链

1.4.1 零件制造质量

1. 加工精度

加工精度指的是零件的直径、长度、表面间距离等尺寸的实际数值与理想数值的接近程度。

（1）尺寸精度:零件实际尺寸与设计理想尺寸接近的程度。

（2）尺寸误差:零件实际尺寸与设计理想尺寸的变动量。

（3）尺寸公差:切削加工中零件尺寸允许的变动量。

尺寸精度是用尺寸公差来控制的。在基本尺寸相同的情况下,尺寸公差越小,则尺寸精度越高。公差是绝对值,没有正负之分,并且不能为零。尺寸的精确程度用公差等级表示,同一公差等级,加工精度相同。GB/T 1800.4—1999《极限与配合　基础　第 2 部分:公差、偏差和配合的基本规定》(简称新国标)在基本尺寸 500 mm 内规定标准公差分为 20 个等级,分别为 IT01、IT0、IT1、IT2、…、IT18,即

其中,IT01 的公差最小,尺寸精度最高。尺寸精度越高,零件的工艺过程越复杂,加工成本也越高。不同的加工方法,可以达到不同的尺寸公差等级。

磨削加工属于精加工,尺寸公差等级一般可达到 IT7~IT5;车削加工为 IT9~IT7;刨削加工为 IT10~IT8;锻造及砂型铸造为 IT16~IT15。

尺寸精度常用游标卡尺、千分尺等来检验。若测得加工的零件尺寸在最大极限尺寸与最小极限尺寸之间,零件合格。测得尺寸大于最大实体尺寸,零件不合格,需进一步加工。若测得尺寸小于最小实体尺寸,零件报废。

2. 形位精度

形位精度是形状精度和位置精度的简称,是指零件的实际形状和位置与理想形状和位置接近的程度,分别由形状公差和位置公差控制。国标《形状和位置公差》(GB/T 1182—1996,GB/T 1184—1996)规定的项目和符号如表 1-1 和表 1-2 所示。

表 1-1   形状公差项目及符号

项　目	直线度	平面度	圆度	圆柱度	线轮廓度	面轮廓度
符号	—	▱	○	⌀	⌒	⌓

表 1-2   位置公差项目及符号

项目	平行度	垂直度	倾斜度	位置度	同轴(同心)度	对称度	圆跳动	全跳动
符号	//	⊥	∠	⊕	◎	≡	↗	↗↗

形状精度常用直尺、百分表、轮廓测量仪等来检验。位置精度常用游标卡尺、百分表、直角尺等来检验。

1.4.2　表面质量

1. 表面粗糙度

表面粗糙度是指零件加工表面上痕迹的深浅粗细程度。零件加工时,在零件的表面会形成凹凸不平的加工痕迹,由于加工的方法、条件和手段不尽相同,其痕迹的深浅粗细程度就不一样。表面粗糙度的高低与零件的抗磨性、抗腐蚀性和配合性质有着紧密关联,直接影响机器装配后的可靠性和使用寿命。

国标《表面粗糙度　参数及其数值》(GB/T 1031—1995,GB/T 1031—1993)中推荐优先选用轮廓算数平均偏差 Ra 作为表面粗糙度的评定参数。图样上表示表面粗糙度的符号

如下:

$\sqrt{}$ 表示该表面粗糙度是用不去除材料的方法(铸、锻、冲等)获得的,或保持原供应状况的表面;

$\sqrt{}$ 表示该表面粗糙度是用去除材料的方法(车、铣、刨、磨、钻、剪等)获得的。

例如, $\sqrt{}$ 表示用去除材料的方法获得的表面, Ra 的最大允许值为 3.2 μm。

零件的表面粗糙度测定一般是用比较法肉眼观察,即采用标准样块与实际零件加工痕迹对比来判定。一般来说,尺寸精度越高,表面粗糙度值越小。但表面粗糙度值越小的,尺寸精度不一定高,如手柄表面是表面粗糙度值小,却尺寸精度不高。不同表面特征的表面粗糙度见表 1-3。

表 1-3　不同表面特征的表面粗糙度

表面要求	表面特征	Ra/μm	加 工 方 法
粗加工	可见明显刀痕	50	粗车、粗铣、粗镗、粗刨、钻孔
	可见刀痕	25	
	微见刀痕	12.5	
半精加工	可见加工痕迹	6.3	半精车、精车、精铣、精刨、粗磨、精镗、铰孔、拉削
	微见加工痕迹	3.2	
	不见加工痕迹	1.6	
精加工	可辨加工痕迹方向	0.8	精铰、刮削、精拉、精磨
	微辨加工痕迹方向	0.4	
	不辨加工痕迹方向	0.2	

2. 热处理

(1) 退火。退火是将钢加热到某一温度,保温一定时间,然后随炉或埋入导热性差的介质中缓慢冷却的一种工艺方法。

(2) 正火。正火是将钢加热到某一温度,保温一定时间,出炉在空气中冷却的一种工艺方法。

(3) 淬火。淬火是将钢加热到临界温度以上,保温一定时间,然后在冷却介质中以较快的速度冷却,以得到高硬度组织的一种工艺方法。

(4) 回火。回火是将淬火后的钢件重新加热到某一较低的温度,然后冷却下来的一种工艺方法。

1.4.3　检测量具

为了保证零件制造质量,机器中的每个零件都必须根据图纸要求进行制造。在制造过程中,严格按图纸要求对所加工零件的尺寸精度、形位精度和表面粗糙度进行测量,测量所用的工具称为量具。常用量具有钢直尺、游标卡尺、千分尺、万能角度尺等。

1. 钢直尺

钢直尺规格按长度确定,有 150 mm、300 mm、500 mm、1000 mm 四种,其最小刻度值为 0.5 mm,常用钢直尺测量毛坯尺寸和要求低的零件以及划线用。钢直尺如图 1-10 所示。

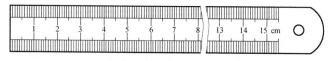

图 1-10　钢直尺

2. 游标卡尺

游标卡尺是一种测量中等精度的量具,可以测量外径、内径、长度和深度的尺寸。游标卡尺由主尺(尺身)和副尺(游标)组成,其结构如图 1-11 所示。测量精度有 0.02 mm(1/50)、0.05 mm(1/20)和 0.1 mm(1/10)三种。

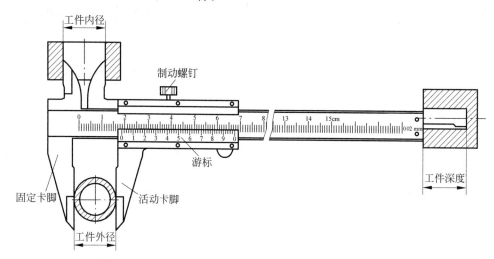

图 1-11　游标卡尺

(1) 刻线原理。0.02 mm 游标卡尺的刻线原理如图 1-12 所示,主尺每一小格为 1 mm,当两卡脚合并时,主尺上的 49 mm 刚好等于副尺上的 50 格,则有

$$\begin{cases} 副尺每小格 = 49 \div 50 = 0.98(\text{mm}) \\ 主、副尺每小格之差 = 1 - 0.98 = 0.02(\text{mm}) \end{cases} \quad (1\text{-}8)$$

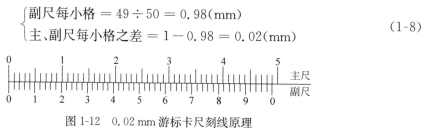

图 1-12　0.02 mm 游标卡尺刻线原理

(2) 读数方法。0.02 mm 游标卡尺的读数方法如图 1-13 所示,读数时分三步进行:首先读出副尺上零线在主尺多少整数 mm 后面;然后读出副尺上哪一条线与主尺上的线对

齐;最后把主尺上和副尺上的尺寸加起来。

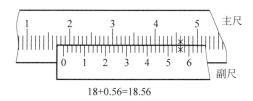

18+0.56=18.56

图 1-13   0.02 mm 游标卡尺的尺寸读数

测量或检验零件尺寸时,应按零件的精度要求选用相适应的量具,如图 1-14 所示。游标卡尺是一种中等精度的量具。不能用游标卡尺去测量铸件、锻件等毛坯尺寸,也不适合于精度高的零件。

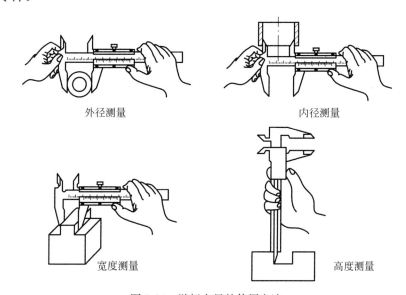

外径测量   内径测量

宽度测量   高度测量

图 1-14   游标卡尺的使用方法

深度游标尺如图 1-15(a)所示,用于测量孔的深度、台阶的高度、槽的深度等。使用时应将尺架贴紧工件平面,再把主尺插到底部,即可读出测量尺寸。或用螺钉紧固,取出后再看尺寸。

高度游标尺如图 1-15(b)所示。高度游标尺除了测量高度外,还可作精密划线用。

3. 千分尺

千分尺(又称百分尺或分厘卡)是利用螺杆旋转转变为直线移动的原理进行测量的一种精密量具。它的精度比游标卡尺高,可达 0.01 mm,因此,对于加工精度较高的零件,宜采用千分尺来测量。

千分尺按用途不同可分为外径千分尺、内径千分尺、深度千分尺、杠杆式千分尺、螺纹千分尺、壁厚千分尺和公法线千分尺等。

外径千分尺的结构如图 1-16 所示。其读数机构由固定套筒和活动套筒组成,相当于游标卡尺的主尺和副尺。测量时,转动微分筒的测微螺杆沿轴向移动,测砧与测微螺杆间的距

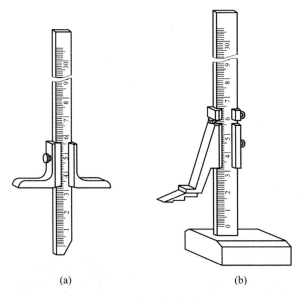

(a)　　　　　　　　　　　　(b)

图 1-15　深度和高度游标卡尺

（a）深度游标卡尺；（b）高度游标卡尺

离即为零件的直径或长度。

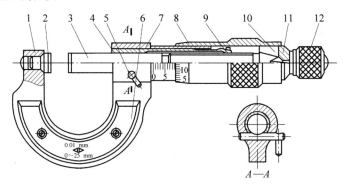

图 1-16　外径千分尺

1—尺架；2—测砧；3—测微螺杆；4—螺纹轴套；5—锁紧机构；6—绝热片；

7—固定套筒；8—微分筒；9—调节螺母；10—接头；11—垫片；12—测力装置

如图 1-17 所示，固定套筒上的中线两侧刻线每小格为 1 mm，上下刻线相互错开 0.5 mm；在微分筒左端圆周上有 50 等分的刻度线，因测微螺杆的螺距为 0.5 mm，即螺杆每转一周，轴向移动 0.5 mm，故微分筒上每小格的读数值为 0.5/50＝0.01 mm。

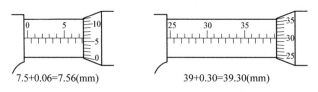

7.5+0.06=7.56(mm)　　　　　39+0.30=39.30(mm)

图 1-17　千分尺刻度原理和读数方法

在千分尺上读尺寸的方法可分为三步：首先读出活动套筒边缘在固定套筒的多少尺寸

后面;然后活动套筒上哪一格与固定套筒上的基准线对齐;最后把两个读数加起来。

千分尺的规格即为测量范围:0~25,25~50,50~75,75~100,100~125,…,间隔为25 mm,测量时,应按被测零件尺寸大小进行选用。

4. 直角尺

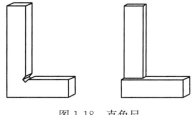

图 1-18　直角尺

直角尺如图 1-18 所示,用于检查零件的垂直度。当直角尺的一边(基准边或宽边)与零件的一面紧贴时,零件的另一面与直角尺的另一面(测量边或窄边)之间露出缝隙,说明零件的这两个面不垂直,可用眼"透光法"估计或用厚薄尺测量其垂直度误差值。

5. 万能角度尺

万能角度尺(又称万能游标量角器)是一种轻便的通用角度量具,其测量范围为 0°~320°之间,分度值有 2′ 和 5′ 两种。

万能角度尺的结构如图 1-19 所示,其读数机构原理与游标卡尺相近。主尺刻线每格为1°,游标尺的刻线取主尺的 29° 等分为 30 格。所以,游标刻线每格的角度为 29°/30=58′,即主尺 1 格与游标 1 格的差值为 1°−58′=2′。因此,万能角度尺的读数精度为 2′,万能角度尺的读数方法与游标卡尺完全相同。

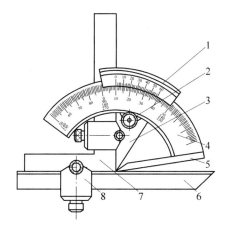

67°20′

图 1-19　万能角度尺

1—游标;2—制动器;3—扇形板;4—主尺;5—基尺;6—直尺;7—角尺;8—卡块

1.5　安　全　总　则

(1) 安全生产,人人有责。所有人员必须加强法制观念,认真执行国家有关安全生产,劳动保护法规,严格遵守安全技术操作规程和各项安全生产规章制度。

(2) 凡不符合安全要求,所有人员有权向领导报告,遇有严重危及生命安全的情况,有权停止操作并及时报告。

(3) 入厂实习、培训、临时参加劳动及变换工种的人员,必须参加安全培训,特殊工种须进行考核,持证上岗。

（4）工作前,必须做到:

① 按规定穿戴好劳保用品;

② 超过100 mm的长发,必须戴帽入内;

③ 旋转设备,严禁戴手套操作;

④ 检查设备和工作场地,排除故障和隐患,保证安全防护,安全装置齐全、灵敏、可靠;

⑤ 保持设备润滑及通风良好和清洁;

⑥ 不准带小孩进入车间;

⑦ 不准穿高跟鞋、穿胶鞋、穿拖鞋、赤膊、敞衣、穿裙子、戴头巾、戴围巾工作;

⑧ 上班前不准饮酒。

（5）工作中,应集中精力,坚守岗位:

① 不准串门、跨越工种、打闹、睡觉和做与本工种无关的事;

② 对于正运转设备,不准跨越、传递物件和触动危险部位;

③ 不准用手拉、嘴吹铁屑。

（6）文明实习,保持厂区、车间、通道、环境等整齐清洁和通道畅通无阻。

（7）下班时,必须切断电源、气源,清理场地,将余料清理到指定位置,将工具、量具等及时入柜放齐,设备清洁、加油保养,打扫实习工位和设备。

（8）操作人员在熟悉设备性能、工艺要求和操作规程后,在老师的指导下方可操作使用,未经许可的设备不准动用。

（9）各种消防器材、设施、工具应按消防规范设置,不准随便移动和动用,安放地点周围不准堆放其他物品。

复习思考题

1. 机械制造工程材料分几类?

2. 金属材料的性能有哪些?

3. 对刀具切削部分的材料必须满足的基本要求是什么?

4. 试分析在车床上车端面、铣床上铣平面、牛头刨床上刨平面、磨床上磨外圆、钻床上钻孔几种常用加工方法的主运动和进给运动,并指出运动件(工件和刀具)和运动形式(转动和移动)。

5. 零件的加工质量包含哪些方面的内容?

6. 什么是粗糙度? 粗糙度的检验方法有哪些?

7. 为什么将零件的切削加工分为粗加工和精加工?

8. 请选择测量下列尺寸的量具: $\phi30$, 25 ± 0.04, $\phi(45\pm0.15)$, $91°2'$, $90°$。

铸　　造

2.1　基　本　知　识

2.1.1　铸造概述

将液体金属浇注到具有与零件形状相适应的铸型空腔中,待其冷却凝固后获得零件或毛坯的方法,称为铸造。

用于铸造的金属统称为铸造合金,常用的铸造合金有铸铁、铸钢和铸造有色金属,其中铸铁,特别是灰铸铁用得最普遍。

用铸造方法制成的毛坯或零件称为铸件。铸件一般作为毛坯,需要经过机械加工后才能成为机器零件,少数对尺寸精度和表面粗糙度要求不高的零件也可以直接应用铸件。与其他金属加工方法相比,铸造具有如下特点:

(1) 适用范围广。铸件形状可以十分复杂,可获得机械加工难以实现的复杂内腔的部件。

(2) 生产成本低。由于铸造容易实现机械化生产,铸造原料来源广,可以大量利用废、旧金属材料,加之铸造的动能消耗比锻造小,因而铸造的综合经济性能好。

(3) 铸件与零件形状接近,加工余量小;尺寸精度一般比锻件、焊接件高。

但是,铸造生产也存在不足,如砂型铸造生产工序较多,有些工艺难以控制,铸件质量不稳定;铸件组织粗大,常出现缩孔、疏松、气孔等缺陷,其力学性能不如同类材料锻件;铸件表面较粗糙,尺寸精度不高;工人的劳动强度大,劳动条件差等。

铸造工艺是机械制造工业中毛坯和零件的主要加工工艺,在国民经济中占有极其重要的地位。铸件在一般机器中占总质量的 40%～80%,铸造工艺广泛应用于机床制造、动力机械、冶金和石油机械、重型机械、航空航天等领域。

铸造的方法很多,主要有砂型铸造、金属型铸造、压力铸造、离心铸造以及熔模铸造等。其中以砂型铸造应用最广泛,占铸件总产量的 80%以上,其铸型是由型砂制作的。

铸造工艺过程主要包括金属熔炼、铸型制造、浇注凝固和落砂清理等。铸件的材质有碳素钢、合金钢、铸铁、铸造有色合金等合金材料。

图 2-1 为铸造工艺流程图。

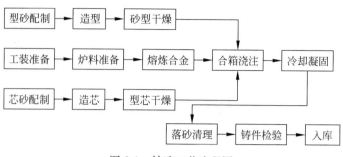

图 2-1　铸造工艺流程图

1. 砂型铸造

砂型铸造是指铸型由砂型和砂芯组成，而砂型和砂芯是用砂子和黏结剂等为基本材料制成的。

砂型铸造的主要生产工序有制模、配砂、造型、造芯、合模、熔炼、浇注、落砂、清理和检验。套筒铸件的生产过程如图 2-2 所示，根据零件形状和尺寸，设计并制造模样和芯盒；配制型砂和芯砂；利用模样和芯盒等工艺装备分别制作砂型和芯型；将砂型和芯型合为一整体铸型；将熔融的金属注入铸型，完成充型过程；冷却凝固后落砂取出铸件；最后对铸件清理并送检后入库。

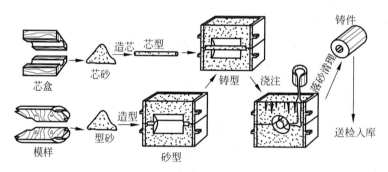

图 2-2　套筒铸件的生产过程

2. 特种铸造

特种铸造有熔模铸造、压力铸造、低压铸造、金属型铸造、陶瓷型铸造、离心铸造、消失模铸造、挤压铸造、连续铸造等。与砂型铸造相比，特种铸造有以下优点：

(1) 铸件尺寸精确，表面粗糙度值低，易于实现少切削或无切削加工，降低原材料消耗。

(2) 铸件内部质量好，力学性能高，铸件壁厚可以减薄。

(3) 便于实现生产过程机械化、自动化，提高生产效率。

2.1.2　造型与制芯

造型和制芯是利用造型材料和工艺装备制作铸型的工序，按成形方法总体可分成手工造型(制芯)和机器造型(制芯)。本节主要介绍应用广泛的砂型造型及制芯。

1. 铸型的组成

铸型是根据零件形状用造型材料制成的。铸型一般由上砂型、下砂型、型芯和浇注系统等部分组成,如图 2-3 所示。上砂型和下砂型之间的接合面称为分型面。铸型中由砂型面和型芯面所构成的空腔部分,用于在铸造生产中形成铸件本体,称为型腔。型芯一般用来形成铸件的内孔和内腔。金属液体流入型腔的通道称为浇注系统。出气孔的作用在于排出浇注过程中产生的气体。

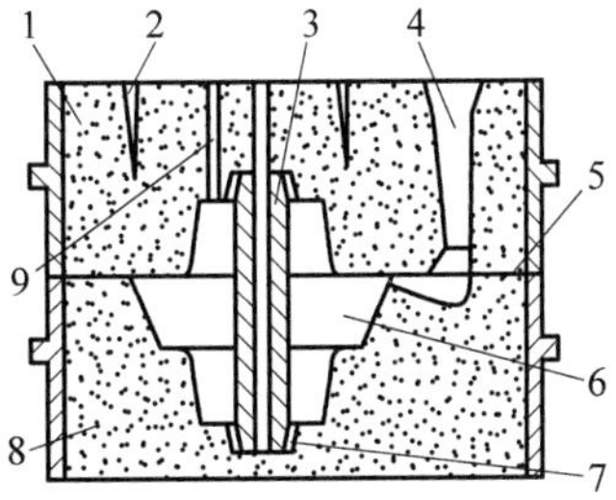

图 2-3　铸型装配图

1—上砂型；2—出气孔；3—型芯；
4—浇注系统；5—分型面；6—型腔；
7—芯头芯座；8—下砂型；9—冒口

2. 型(芯)砂的性能

砂型铸造的造型材料为型砂,其质量好坏直接影响铸件的质量、生产效率和成本。生产中为了获得优质的铸件和良好的经济效益,对型砂性能有一定的要求。

1) 强度

型砂抵抗外力破坏的能力称为强度。型砂必须具备足够高的强度才能在造型、搬运、合箱过程中不引起塌陷,浇注时也不会破坏铸型表面。型砂的强度也不宜过高,否则会因透气性、退让性的下降,使铸件产生缺陷。

2) 可塑性

可塑性是指型砂在外力作用下变形,去除外力后能完整地保持已有形状的能力。可塑性好,造型操作方便,制成的砂型形状准确、轮廓清晰,易于起模。

3) 耐火性

耐火性是指型砂抵抗高温热作用的能力。型砂在高温作用下不熔化、不烧结的性能为耐火性。型砂要有较高的耐火性,同时应有较好的热化学稳定性、较小的热膨胀率和冷收缩率。耐火性差,铸件易产生黏砂。型砂中 SiO_2 含量越多,型砂颗粒越大,耐火性越好。

4) 透气性

砂能让气体透过的性能称为透气性。型砂要有一定的透气性,以利于浇注时产生的大量气体的排出。透气性过差,铸件中易产生气孔;透气性过高,易使铸件黏砂。

5) 退让性

退让性是指铸件在冷凝时,型砂被压缩的能力。型砂退让性差,铸件易产生内应力或开裂。型砂越紧实,退让性越差。在型砂中加入木屑等物可以提高退让性。

此外,型砂还要具有较好的耐用性、溃散性和韧性等。

3. 型(芯)砂的组成

将原砂或再生砂与黏结剂和其他附加物混合制成的物质称为型砂和芯砂。

1) 原砂

原砂(又称新砂),铸造用原砂一般采用符合一定技术要求的天然矿砂,最常使用的是硅砂(SiO_2),其二氧化硅的质量分数为 $85\% \sim 97\%$,硅砂粒度以圆形、大小及均匀性为佳。为了降低成本,对于已经使用过的旧砂,经过适当处理后,仍然可以使用。

除硅砂外,其他铸造用砂称为特种砂,有石灰石砂、锆砂、镁砂、橄榄石砂、铬铁矿砂、钛铁矿砂等,这些特种砂性能较硅砂优良,但价格较贵,主要用于合金钢和碳钢铸件的生产。

2) 黏结剂

能使砂粒黏结在一起的物质称为黏结剂。黏土是铸造生产中用量最大的一种黏结剂,此外水玻璃、植物油、合成树脂、水泥等也是铸造常用的黏结剂。

3) 涂料

涂敷在型腔和芯型表面、用以提高砂(芯)型表面抗黏砂和抗金属液冲刷等性能的铸造辅助材料称为涂料。使用涂料有降低铸件表面粗糙度值,防止或减少铸件黏砂、砂眼和夹砂缺陷,提高铸件落砂和清理效率等作用。涂料一般由耐火材料、溶剂、悬浮剂、黏结剂和添加剂等组成。耐火材料有硅粉、刚玉粉、高铝矾土粉,溶剂可以是水和有机溶剂等,悬浮剂如膨润土等。涂料可制成液体、膏状或粉剂,用刷、浸、流和喷等方法涂敷在型腔(芯)表面。

4) 水

通过水使黏土和原砂混成一体,并具有一定的强度和透气性。水分过多,易使型砂湿度大、强度低,造型易粘模、操作困难;水分过少,易使型砂干而脆,造型、起模困难。

型砂中还含有很多附加物,如煤粉、重油、锯木屑、淀粉等,使砂型和芯型增加透气性、退让性,提高抗铸件的黏砂能力和铸件的表面质量,使铸件具有一些特定的性能。

4. 型(芯)砂的制备

砂型铸造用的造型材料主要是用于制造砂型的型砂和用于制造砂芯的芯砂。通常型砂是由原砂(山砂或河砂)、黏土和水按一定比例混合而成,其中黏土约为9%,水约为6%,其余为原砂。有时还加入少量如煤粉、植物油、木屑等附加物以提高型砂和芯砂的性能。

型砂的质量直接影响铸件的质量。型砂质量差会使铸件产生气孔、砂眼、黏砂、夹砂等缺陷。

型(芯)砂混制处理好后,应对型(芯)砂紧实率、透气性、湿强度、韧性参数做检测,以确定是否达到相应的技术要求。也可用手捏的感觉对某些性能作出粗略的判断,通常以手捏成团,1 m高自由落体下地即散为宜。

5. 模样、芯盒与砂箱

模样、芯盒与砂箱是砂型铸造造型时使用的主要工艺装备。

1) 模样

模样是根据零件形状设计制作,用以在造型中形成铸型型腔的工艺装备。设计模样要考虑铸造工艺参数,如铸件最小壁厚、加工余量、铸造圆角、铸造收缩率和起模斜度等。

(1) 分型面的选择。分型面是上下砂型的分界面,选择分型面时必须使模样能从砂型中取出,并使造型方便和有利于保证铸件质量。

(2) 铸件最小壁厚。铸件最小壁厚是指在一定的铸造条件下,铸造合金能充满铸型的最小厚度。铸件设计壁厚若小于铸件工艺允许最小壁厚,则易产生浇不足和冷隔等缺陷。

(3) 起模斜度。为保证造型时容易起模,避免损坏砂型,凡垂直于分型面的表面,设计时应给出 $0.5°\sim4°$ 的起模斜度。

（4）铸造圆角。铸件上各表面的转折处，都要做成过渡性圆角，以利于造型及保证铸件质量。

（5）加工余量。为保证铸件加工面尺寸，在铸件设计时预先增加的金属层厚度，该厚度在铸件机械加工成零件的过程中要除去。

（6）收缩量。铸件冷却时要收缩，模样的尺寸应考虑收缩的影响。通常铸铁件要增大1%，铸钢件增大1.5%～2%，铝合金增大1%～1.5%。

（7）芯头。有砂芯的砂型，必须在模样上做出相应的芯头。

图 2-4 所示为零件与模样关系示意图。

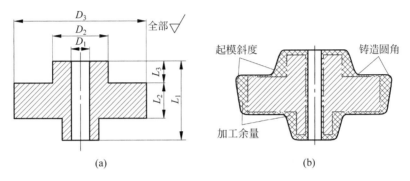

图 2-4　零件与模样关系示意图
（a）成品零件；（b）铸件模样

2）芯盒

芯盒是制造芯型的工艺装备，按制造材料可分为金属芯盒、木质芯盒、塑料芯盒和金木结构芯盒 4 类。在大量生产中，为了提高砂芯精度和芯盒耐用性，多采用金属芯盒。按芯盒结构又可分为敞开整体式、分式、敞开脱落式和多向开盒式多种。

3）砂箱

砂箱是铸件生产中必备的工艺装备之一，用于铸造生产中容纳和紧固砂型。一般根据铸件的尺寸、造型方法设计及选择合适的砂箱。按砂箱制造方法可把砂箱分为整铸式、焊接式和装配式。

除模样、芯盒与砂箱外，砂型铸造造型时使用的工艺装备还有压实砂箱用的压砂板，填砂用的填砂框，托住砂型用的砂箱托板，紧固砂箱用的套箱，以及用于砂芯的修磨工具、烘芯板和检验工具等。

6. 手工造型

造型主要工序为填砂、舂砂、起模和修型。填砂是将型砂填充到已放置好模样的砂箱内，舂砂则是把砂箱内的型砂紧实，起模是把形成型腔的模样从砂型中取出，修型是起模后对砂型损伤处进行修理的过程。手工完成这些工序的操作方式即手工造型。

一般手工造型可分为整模造型、分模造型、挖砂造型、活块模造型及三箱造型等，下面主要介绍前 3 个。

1）整模造型

整模造型一般用在零件形状简单、最大截面在零件端时，选最大截面作分型面。其造型过程如图 2-5 所示。

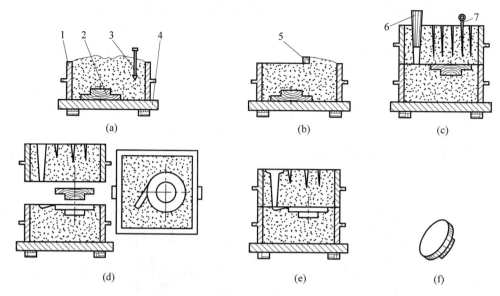

图 2-5　整模造型

（a）造下砂型：填砂、舂砂；（b）刮平，翻转砂箱；（c）造上砂型：放浇口棒、扎排气孔；

（d）开箱，起模，开浇道；（e）合型，浇注；（f）铸件

1—砂箱；2—模样；3—舂砂锤；4—模底板；5—刮板；6—浇口棒；7—气孔针

2）分模造型

当铸件不适宜用整模造型时，通常以最大截面为分型面，把模样分成两半，采用分模两箱造型。造型时，先将下砂型舂好，然后翻箱，舂制上砂箱，其造型过程如图 2-6 所示。

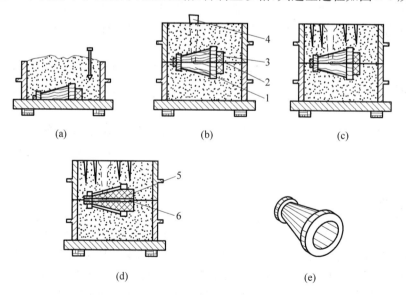

图 2-6　分模造型

（a）用下半模造下砂型；（b）安上半模，撒分型砂，放浇口棒，造上砂型；

（c）开外浇口，扎排气孔；（d）起模，开内浇道，下型芯，开排气道，合型；（e）铸件

1—下半模；2—型芯头；3—上半模；4—浇口棒；5—型芯；6—排气孔

3) 挖砂造型

当铸件的最大截面不在端部,且模样又不便分成两半时,做成整体,在造型时局部被砂型埋住不能取出模样,常采用挖砂造型。即沿着模样最大截面挖掉一部分型砂,以便起模,如图 2-7 所示。挖砂造型适用于单件或小批量的铸件生产。

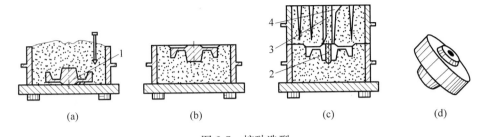

图 2-7　挖砂造型

(a) 造下砂型;(b) 翻箱,挖砂,分型面;(c) 造上砂型,起模,合型;(d) 铸件
1—模样;2—砂芯;3—出气孔;4—浇口杯

7. 制芯

芯型主要用于形成铸件的内腔、孔洞和凹坑等部分。

1) 芯砂

型芯在铸件浇注时,大部分或部分被金属液包围,经受热作用、机械作用都较强烈,排气条件差,出砂和清理困难,因此对芯砂的要求一般比型砂高。一般可用黏土砂做型芯,但黏土含量比型砂高。

2) 制芯方法

制芯方法分手工制芯和机器制芯两大类。

(1) 手工制芯

手工制芯可分为芯盒制芯和刮板制芯。

① 芯盒制芯。芯盒制芯是应用较广的一种方法,按芯盒结构的不同,又可分为整体式芯盒制芯、分式芯盒制芯及脱落式芯盒制芯。

(a) 整体式芯盒制芯:对于形状简单,且有一个较大平面的砂芯,可采用这种方法。

(b) 分式芯盒制芯:采用两半芯盒分别填砂制芯,然后组合使两半砂芯黏合后取出砂芯的方法。

(c) 脱落式芯盒制芯:其操作方式和分式芯盒制芯类似,不同的是把妨碍砂芯取出的芯盒部分做成活块,取芯时,从不同方向分别取下各个活块。

② 刮板制芯。对于具有回转体形的砂芯可采用刮板制芯方式,和刮板造型一样,它也要求操作者有较高的技术水平,并且生产率低,所以刮板制芯适用于单件、小批量生产砂芯。

(2) 机器制芯

机器制芯与机器造型原理相同,也有振实式、微振压实式和射芯式等多种方法。机器制芯生产率高、芯型紧实度均匀、质量好,但安放龙骨、取出活块或开气道等工序有时仍需手工完成。

8. 浇注系统

浇注系统是砂型中引导金属液进入型腔的通道。

1）对浇注系统的基本要求

浇注系统设计的正确与否对铸件质量影响很大，对浇注系统的基本要求如下：

（1）引导金属液平稳、连续地充型，防止卷入、吸收气体和使金属过度氧化。

（2）充型过程中金属液流动的方向和速度可以控制，保证铸件轮廓清晰、完整，避免因充型速度过高而冲刷型腔壁或砂芯及充型时间不适合造成的夹砂、冷隔、皱皮等缺陷。

（3）具有良好的挡渣、溢渣能力，净化进入型腔的金属液。

（4）浇注系统结构应当简单、可靠，金属液消耗少，并容易清理。

2）浇注系统的组成

浇注系统一般由外浇口、直浇道、横浇道和内浇道4部分组成，如图2-8所示。

（1）外浇口。外浇口用于承接浇注的金属液，起防止金属液飞溅和溢出、减缓对型腔冲击、分离渣滓和气泡、阻止杂质进入型腔的作用。外浇口分漏斗形（浇口杯）和盆形（浇口盆）两大类。

（2）直浇道。其功能是从外浇口引导金属液进入横浇道、内浇道或直接导入型腔。直浇道有一定高度，使金属液在重力的作用下克服各种流动阻力，在规定

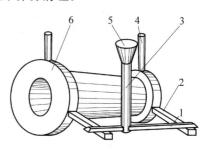

图 2-8　浇注系统的组成

1—横浇道；2—内浇道；3—直浇道；
4—冒口；5—外浇口；6—铸件

时间内完成充型。直浇道常做成上大下小的锥形、等截面的柱形或上小下大的倒锥形。

（3）横浇道。横浇道是将直浇道的金属液引入内浇道的水平通道。其作用是将直浇道金属液压力转化为水平速度，减轻对直浇道底部铸型的冲刷，控制内浇道的流量分布，阻止渣滓进入型腔。

（4）内浇道。内浇道与型腔相连，其功能是控制金属液的充型速度和方向，分配金属液，调节铸件的冷却速度，对铸件起一定的补缩作用。

3）浇注系统的类型

浇注系统的类型按内浇道在铸件上的相对位置，分为顶注式、中注式、底注式和阶梯注式4种类型，如图2-9所示。

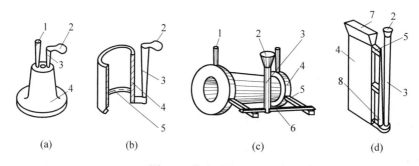

|(a)|(b)|(c)|(d)|

图 2-9　浇注系统的类型

（a）顶注式；（b）底注式；（c）中注式；（d）阶梯注式

1—出气口；2—浇口杯；3—直浇道；4—铸件；5—内浇道；
6—横浇道；7—冒口；8—分配直浇道

9. 冒口和冷铁

为了实现铸件在浇注、冷凝过程中能正常充型和冷却收缩,一些铸型设计中应用了冒口和冷铁。

1) 冒口

铸件浇铸后,金属液在冷凝过程中会发生体积收缩,为防止由此而产生的铸件缩孔、缩松等缺陷,常在铸型中设置冒口,即人为设置用以存储金属液的空腔,用于补偿铸件形成过程中可能产生的收缩(简称补缩),并为控制凝固顺序创造条件,同时冒口也有排气、集渣、引导充型的作用。

冒口形状有圆柱形、球顶圆柱形、长圆柱形、方形和球形等多种。若冒口设在铸件顶部,使铸型通过冒口与大气相通,称为明冒口;冒口设在铸件内部则为暗冒口,如图 2-10 所示。

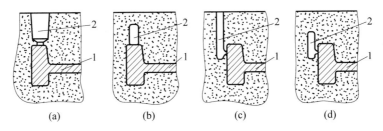

图 2-10　冒口
(a) 明顶冒口；(b) 暗顶冒口；(c) 明侧冒口；(d) 暗侧冒口
1—铸件；2—冒口

冒口一般应设在铸件壁厚交叉部位的上方或旁侧,并尽量设在铸件最高、最厚的部位,其体积应能保证所提供的补缩液量不小于铸件的冷凝收缩和型腔扩大量之和。

应当说明的是:在浇铸冷凝后,冒口金属与铸件相连,清理铸件时,应除去冒口将其回炉。

2) 冷铁

为增加铸件局部冷却速度,在型腔内部及工作表面安放的金属块称为冷铁。冷铁分为内冷铁和外冷铁两大类。放置在型腔内浇铸后与铸件熔合为一体的金属激冷块称为内冷铁,在造型时放在模样表面的金属激冷块为外冷铁。

冷铁的作用在于调节铸件凝固顺序,在冒口难以补缩的部位防止缩孔、缩松,扩大冒口的补缩距离,避免在铸件壁厚交叉及急剧变化部位产生裂纹。

2.1.3　合金的熔炼与浇注

合金熔炼的目的是获得符合要求的金属熔液。不同类型的金属,需要采用不同的熔炼方法及设备。如钢的熔炼是用转炉、平炉、电弧炉、感应电炉等;铸铁的熔炼多采用冲天炉;而非铁金属如铝、铜合金等的熔炼,则用坩埚炉。

铸造合金熔炼和铸件的浇注是铸造生产的主要工艺。

1. 灰铸铁与铝合金

铸造合金分为黑色合金和非铁合金两大类。黑色铸造合金即铸钢、铸铁,其中铸铁件生产量所占比例最大。非铁铸造合金有铝合金、铜合金、镁合金、钛合金等。

铸铁是一种以铁、碳、硅为基础的多元合金，其中碳的质量分数在 2.0%～4.0%，硅的质量分数在 0.6%～3.0%，此外还含有锰、硫、磷等元素。铸铁按用途分为常用铸铁和特种铸铁。常用铸铁包括灰铸铁、球墨铸铁、可锻铸铁、蠕墨铸铁；特种铸铁有抗磨铸铁、耐蚀铸铁及耐热铸铁等。

灰铸铁通常是指断面呈灰色，其中的碳主要以片状石墨形式存在的铸铁。灰铸铁生产简单、成品率高、成本低，虽然力学性能低于其他类型铸铁，但具有良好的耐磨性和吸振性、较低的缺口敏感性、良好的铸造工艺性能，使其在工业中得到了广泛应用，目前灰铸铁产量约占铸铁产量的 80%。

铸铝是工业生产中应用最广泛的铸造非铁合金之一。由于铝合金的熔点低，熔炼时极易氧化、吸气，合金中的低沸点元素（如镁、锌等）极易蒸发烧损，故铝合金的熔炼应在与燃料和燃气隔离的状态下进行。

2. 合金的熔炼

合金熔炼是将金属料、辅料入炉加热，熔化成铁水，为铸造生产提供预定成分和温度、非金属夹杂物和气体含量少的优质铁液的过程。

合金的熔炼设备有很多，如冲天炉、反射炉、电弧炉和感应炉等。

对合金熔炼的要求可以概括为优质、高产、低耗、长寿与操作便利 5 个方面。

（1）铁液质量好。铁液的出炉温度应满足浇注铸件的需要，并保证得到无冷隔缺陷、轮廓清晰的铸件。一般来说，铁液的出炉温度根据不同的铸件至少应达到 1420～1480℃。铁液的主要化学成分 Fe、C、Si 等必须达到规定牌号铸件的规范要求，S、P 等杂质成分必须控制在限量以下，并减少铁液对气体的吸收。

（2）熔化速度快。在确保铁液质量的前提下，提高熔化速度，充分发挥熔炼设备的生产能力。

（3）熔炼耗费少。应尽量降低熔炼过程中包括燃料在内的各种有关材料的消耗，减少铁及合金元素的烧损，取得较好的经济效益。

（4）炉衬寿命长。延长炉衬寿命不仅可节省炉子维修费用，对于稳定熔炼工作过程、提高生产率也有重要作用。

（5）操作条件好。操作方便、可靠，并提高机械化、自动化程度，消除对周围环境的污染。

1）铸铁的熔炼

铸铁的熔炼以冲天炉应用最多。冲天炉熔炼以焦炭作燃料，石灰石等为熔剂，以生铁、废钢铁、铁合金等为原料熔炼成铁液。由于冲天炉结构大，对环境污染重，现在基本被淘汰。

2）铸钢（铁）及铜（铝）合金的熔炼

铸钢（铁）常用电弧炉、平炉和感应炉等进行熔炼。三相电弧炉目前应用最广，如图 2-11 所示，电弧炉通过电极与炉料之间的电弧来产生大量的热达到加热、熔化炉料的目的。铜（铝）合金的熔炼多用焦炭为燃料的坩埚炉或电阻坩埚炉（电感应炉）来熔炼，电阻坩埚炉如图 2-12 所示。

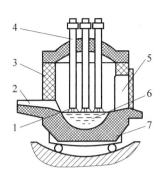

图 2-11 三相电弧炉

1—电弧；2—出钢口；3—炉墙；4—电极；
5—加料口；6—钢液；7—倾斜机构

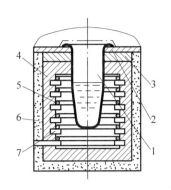

图 2-12 电阻坩埚炉

1—坩埚；2—托板；3—耐热板；4—耐火砖；
5—电阻丝；6—石棉；7—托砖

3. 合金浇注

将熔炼好的金属液浇入铸型的过程称为浇注。浇注操作不当,铸件会产生浇不足、冷隔、夹砂、缩孔和跑火等缺陷。

1) 浇注前的准备工作

(1) 浇注工具。常用浇注工具有浇包、挡渣钩等。浇注前应根据铸件大小、批量选择合适的浇包,常用的浇包有一人使用的手提浇包、两人操作的抬包和用吊车装运的吊包,容量分别为 20 kg、50～100 kg 以及大于 200 kg 的。对浇包和挡渣钩等工具进行烘干,以免降低金属液温度及引起液体金属的飞溅。

(2) 清理通道。浇注时行走的通道不能有杂物挡道,更不许有积水。

2) 浇注工艺

(1) 浇注温度。金属液浇注温度的高低,应根据铸件材质、大小及形状来确定。浇注温度过低时,铁液的流动性差,易产生浇不足、冷隔、气孔等缺陷;而浇注温度偏高时,铸件收缩大,易产生缩孔、裂纹、晶粒粗大及黏砂等缺陷。铸铁件的浇注温度一般在 1250～1360℃ 之间。对形状复杂的薄壁铸件浇注温度应高些,厚壁简单铸件可低些。

(2) 浇注速度。浇注速度要适中,太慢会使金属液降温过多,易产生浇不足、冷隔、夹渣等缺陷;浇注速度太快,金属液充型过程中气体来不及逸出易产生气孔,同时金属液的动压力增大,易冲坏砂型或产生抬箱、跑火等缺陷。浇注速度应根据铸件的大小、形状决定。浇注开始时,浇注速度应慢些,利于减小金属液对型腔的冲击和气体从型腔排出;随后浇注速度加快,以提高生产速度,并避免产生缺陷;结束阶段再降低浇注速度,防止发生抬箱现象。

(3) 浇注的操作。浇注前应估算好每个铸型需要的金属液量,安排好浇注路线,浇注时应注意挡渣。浇注过程中应保持外浇口始终充满,这样可防止熔渣和气体进入铸型。

浇注时在砂型出气口、冒口处引火燃烧,促使气体快速排出,防止铸件气孔和减少有害气体污染空气;浇注过程中不能断流,应始终使外浇口保持充满,以便熔渣上浮。

2.1.4　铸件常见缺陷

铸造生产是较复杂的工艺过程,往往由于原材料质量不合格、工艺方案不合理、生产操作不恰当等原因,容易造成铸件产生各种各样缺陷,如气孔、缩孔、砂眼、裂纹、偏析等,导致铸件产品的不合格。

产生的缺陷因素很多,对铸件的缺陷,应根据不同情况和不同的特征进行综合分析,并采取相应的措施予以防止。铸造过程中常见缺陷类别及产生原因的分析见表2-1。

表 2-1　常见缺陷分类及分析

类别	序号	名称及简图	俗名	特　征	原　因	防治方法
空洞类缺陷	1	析出、侵入、气孔	气眼 气泡	铝合金呈针孔;铸件在热节处,气孔圆形、梨形;铸钢件呈针孔,位于表面	炉料不净,熔炼工艺不当使合金含气量过大,型砂水分过多,透气性差,排气和充型不良	干净炉料、控制合金成分和型砂水分,型芯排气通畅,设出气口,充型速度不能过快;铜、铝合金要作除气处理
	2	缩孔	缩眼 缩空	在铸件最后冷凝固出有形状不规则的明或暗孔洞,孔壁粗糙呈棱晶状	冒口和冷铁的设置、数量、大小不当,不能保证顺序凝固;含气、磷和浇注温度太高	用冒口和冷铁控制顺序凝固以及铁水碳当量,降低含气量
	3	缩松、疏松	发松 针眼	铸件热结下又不连贯的小缩孔	石墨粗大,合金结晶温度范围宽;冷却速度慢,含气量大	降低合金含气量,提高铸件冷却速度,控制铁水中的含磷量,提高铸型的刚度
裂纹、冷隔类缺陷	4	冷裂		在铸件上有穿透和不穿透的裂纹,裂口形状与抗拉试件断口相似	铸造应力大于材料的强度极限,铸件结构不合理,浇口开设不当,有夹渣	铸件结构设计应尽量壁厚均匀,用过渡圆弧、加筋,降低铸型冷却速度,浇口设置合理,采用同时凝固工艺
	5	热裂	对火	断口沿晶粒边界扩展,呈氧化色泽,形状不规则	固态收缩受阻,铸件结构不合理,合金收缩大,含磷、硫过高	浇、冒口设计避免形成热节,改善型(芯)砂的退让性
	6	冷隔	冷接	在铸件有未完全融合的缝隙或渣坑,其边缘呈圆角,有断流冷隔和芯撑冷隔之分	浇注温度、速度低,浇口截面小、数量少、位置不当,壁太厚,排气不良,芯撑、冷铁设计不当	提高浇注速度、温度,增加内浇口截面积和数量;增大直浇道高度;提高铸型透气性

续表

类别	序号	名称及简图	俗名	特 征	原 因	防治方法
表面类缺陷	7	夹砂	结疤包砂夹层	在铸件表面有较浅的带锐角的凸痕,在铸件上下表面有边缘光滑的截面,呈"V"凸痕	沟槽由型砂表面砂层拱起未破裂引起;夹砂由砂层拱起破裂甚至掉落而致	从减少型砂层宏观膨胀着手,提高造型材料质量和铸型强度;降低浇注温度、缩短浇注时间,提高透气性
	8	黏砂	渗砂	在铸件表面全部或局部黏附着一层金属和砂粒的机械混合物,常发生在浇、冒口附近,壁厚、内角和凹槽处	金属液渗入砂粒空隙;砂粒粗大,紧实度不够,涂料不好;浇注温度高;磷、铅含量太大	在保证透气性的前提下尽量用细砂,降低浇注温度;在湿型中加入煤粉、重油等;干型刷匀涂料
残缺类缺陷	9	烧不足	缺肉	铸件上远离浇口部位及薄壁处产生边角圆滑光亮的局部缺陷	合金的流动性差,含硫量高。浇注温度低、速度慢,压头小;铸件薄,金属型预热温度低	由合金成分确定浇注工艺,合理设计浇注系统;提高排气能力,薄壁面朝下或倾斜浇注
夹杂类缺陷	10	夹渣		铸件内部或表面非金属夹杂不均匀;分布在上表面、砂芯表面和死角处	浇注时扒渣、挡渣不良,浇注系统撇渣不良	充型要平稳,扒渣、挡渣措施有力;灰铸铁要降低含硫量,避免形成硫化锰
	11	砂眼		铸件内部或表面充满有砂粒的孔洞	浇注时冲坏砂型和芯砂,撒砂从冒口掉入型腔,产生冲砂、夹砂、掉砂,同时可能产生砂眼	提高砂型表面强度,清理砂芯表面砂粒,浇注时避免砂粒掉入型腔
尺寸形状偏型类缺陷	12	变形		铸件翘曲变形,使几何尺寸不符合图纸要求	铸件结构、浇冒口不合理,型砂性能不合适	改进铸件结构设计,合理开设浇冒口,实现同时凝固,提高铸型退让性
	13	错型	错箱	铸件在分型面处错开	两半模或砂箱定位固定不良	模样、模板、砂箱定位要常检查,合型标记要明显

2.2 基本技能

2.2.1 铸造安全技术

(1) 穿戴好劳保用品;

(2) 砂箱堆放时应轻放、平稳,以防砸伤手脚;

（3）造型（芯）时，不可用嘴吹型（芯）砂；

（4）浇注时，浇包内的金属液不可过满（80％以内），不操作浇注的同学远离浇包，严格控制浇注温度、速度，注意挡渣和引气，严禁身体对着冒口进行浇注；

（5）确认铸件冷却后才能用手拿取；

（6）清理铸件时，要注意周围环境，防止伤人；

（7）清理工作场地和清洁卫生，搞好安全文明实习。

2.2.2 铸造操作训练

1. 训练目的

（1）掌握进行手工整模、分模、挖砂等造型的操作技能；
（2）熟悉合金浇注的方法；
（3）能对简单铸件进行初步的工艺分析。

2. 设备及工具

1）设备

制备型砂时将型砂各组成物以要求的比例加入专用混砂机中干混 2～3 min，再加入适量的水混碾 5～15 min 后出砂，堆放 2～4 h 使水分均匀后使用，常用的混砂机如图 2-13 所示。

型砂的性能可用专用仪器检测。在现场通常凭经验用手检测，如图 2-14 所示。

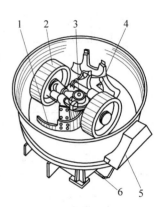

图 2-13　碾轮式混砂机图
1—刮板；2—碾轮；3—主轴；4—卸料门；
5—电源防护罩；6—拉杆

型砂湿度适中，
可用手捏成团

手放开后
轮廓清晰

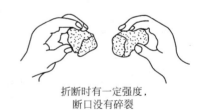
折断时有一定强度，
断口没有碎裂

图 2-14　手捏法检查型砂

2）主要造型工具

常用砂型手工造型工具如图 2-15 所示，有砂箱、刮砂板、舂砂锤、浇口棒、通气针等。

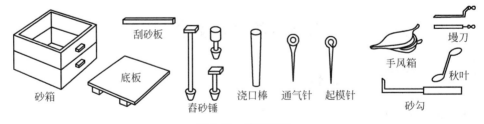

图 2-15　造型工具

3. 训练内容及步骤

1) 整模造型

(1) 操作训练

独立完成简单的整模造型,能正确使用造型工具、合理选择分型面、设置浇注系统,有初步的修型能力。

(2) 操作要点

① 模样放置:擦净模样→确定浇注位置和起模方向→以模样的长宽高选择砂箱大小→放置模样。

② 填砂与舂砂:用面砂将模样四周包严塞紧→填充型砂(厚50～70 mm/次)→舂实并均匀,既使型砂均匀,又有足够的强度和透气,以避免气孔和塌箱(舂实应内紧外松)。

③ 撒分型砂:为避免上、下砂型黏结,在造上砂型前,应在分型面上撒一层很薄的分型砂。

④ 扎通气孔:上砂型应在舂实刮平后扎通气孔。扎通气孔应分布均匀,深度适当。

⑤ 开外浇口:外浇口与直浇道连接处应圆滑过渡。

⑥ 划合型线:为确保合型正确,在开型前,应在砂箱外壁上作出最少两个以上的合箱线。

⑦ 起模:起模前用毛刷在模样四周的型砂上刷适量的水,以增加型砂强度;起模时将起模针钉在模样的重心,轻轻敲击模针钉,在模样与砂型松动后,再将模样垂直向上拔出,速度以不损坏砂型为宜,通常是先慢后快。

⑧ 修型:修补砂型应遵循先上后下的原则进行。

⑨ 合型:合型前首先应在型腔内壁刷一层涂料或撒石墨粉,清理型腔内的落砂,检查型芯位置。合型时,上砂箱缓慢水平下降,按定位装置或定位线准确定位。

2) 分模造型

(1) 操作训练

独立完成中等复杂铸件的分模造型。

(2) 操作要点

① 分模面通常和分型面重合,所以,造型时模样分别放置在上、下砂箱内。

② 模样在分模面上有定位,其定位孔在下半模,定位销在上半模。

③ 先造下砂箱,再造上砂箱。

④ 合型应准确,以免产生错箱缺陷。

3) 挖砂造型

(1) 操作训练

独立完成手轮的挖砂造型。

(2) 操作要点

① 造下砂箱,在分型面上挖去阻碍起模部分多余的砂。

② 挖出模样的最大截面,整型、修光。

③ 造上砂箱。

④ 检查、合型。

4）活块与刮板造型

由指导老师进行现场演示。

5）铸件浇注

（1）浇包

常用浇包如图 2-16 所示，手提浇包容量为 15～20 kg，由 1 人拿着浇注；抬包为 25～100 kg，由 2～6 人抬着浇注；吊包大于 200 kg，由吊车浇注。

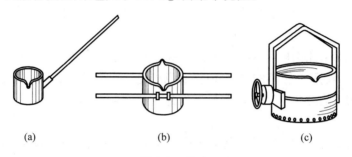

图 2-16　浇包

(a) 手提浇包；(b) 抬包；(c) 吊包

（2）浇注工艺

① 浇注前的准备。

对浇包、浇注工具要认真清理、修补、刷好涂料，使用前应充分预热烘干。检查浇注现场，做好准备工作，消除安全隐患。

② 浇注过程要求。

浇注温度：应根据合金材料的种类、铸造方法、铸件大小等因素进行选择。温度过高或过低都会造成铸造缺陷，影响铸件质量。灰铸铁浇注温度一般为 1200～1380℃。

浇注速度：根据铸造方法、铸件大小、形状等决定，一般在型腔快充满时要放慢速度。

除渣和引气：铸型需要的金属液量在浇注前估算好，安排好浇注路线，浇注时应注意挡渣。浇注过程中应保持外浇口始终充满，这样可防止溶渣和气体进入铸型造成铸造缺陷。

③ 浇注结束工作。

铸件落砂：砂箱分开的操作即为落砂，一般在铸件冷却后进行。

铸件清理：清除铸件表面的黏砂、冒口、飞边和氧化皮等。

铸件修理：用錾子、锉刀、砂轮打磨机等修理飞翅、毛刺、浇冒口等痕迹。

复习思考题

1. 什么是铸造？砂型铸造有哪些主要工序？

2. 铸型由哪几部分组成？试说明各部分的作用。

3. 模样、铸型、铸件以及零件之间在外形和尺寸上有何区别？

4. 铸造中常用的手工造型方法有哪几种？各适用于何种铸件？

5. 型砂应具备的性能有哪些？

6. 砂型铸造要考虑的工艺因素有哪些？

7. 浇注系统由哪几部分组成？各有何作用？

8. 常见铸造缺陷有哪些？试分析几种典型铸造缺陷产生的原因。

锻 压

3.1 基 本 知 识

3.1.1 锻压概述

锻造和冲压总称为锻压,是一种利用外力使金属产生塑性变形,使其改变形状、尺寸和内部组织,获得型材或锻压件的加工方法。

锻造生产是机械制造行业中提供毛坯的重要途径之一。锻造在国民生产中占有很高地位,在国防工业、机床制造业、电力工业、农业等方面应用非常广泛。按所用的设备和工(模)具的不同,锻造可分为自由锻造、胎模锻造和模型锻造等。根据锻造温度不同,锻造可分为热锻、温锻和冷锻三种,其中热锻应用最为广泛。除了少数具有良好塑性的金属在常温下锻造成形外,大多数金属均需通过加热来提高塑性和降低变形抗力,达到用较小的锻造力来获得较大的塑性变形,这种锻造称为热锻。热锻的工艺过程包括下料、坯料加热、锻造成形、锻件冷却和热处理等过程。

经过锻造后的坯料内部消失了孔洞和疏松,金属晶体结构发生了改变。碳化物和某些金属元素、纤维组织分布均匀,密度提高。由于金属的组织得到改善,使锻件的强度和冲击韧性显著提高。同时锻造成形还具有节省材料、提高生产率的特点。例如,齿轮、机床主轴、汽车曲轴、起重机吊钩等都是以锻件为毛坯加工的。

用于锻造的金属必须具有良好的塑性。金属的塑性越好,变形抗力越小,其可锻性越好。锻造所用的材料通常采用可锻性较好的中碳钢和低合金钢。

板料冲压件一般采用塑性良好的低碳钢、铜板和铝板等。冲压包括冲裁、拉伸、弯曲、成形和胀形等,属于金属板料成形。冲压制品具有质量轻、刚度好、强度高、互换性好、成本低等优点,易于实现机械自动化,生产率高,应用十分广泛。

铸铁等脆性材料不能进行锻压加工。

3.1.2 锻造设备与工艺

1. 锻造设备

在锻造生产中,根据热源的不同,分为火焰加热和电加热。前者利用烟煤、重油或煤气燃烧时产生的高温火焰直接加热金属,后者是利用电能转化为热能加热金属。火焰炉包括手锻炉、反射炉等,在锻工实习中常用的是手锻炉。手锻炉常用烟煤作燃料,其结构简单,容易操作;但生产率低,加热质量不稳定,对操作者经验要求高,对环境污染大。在锻工实习中常用的是电阻炉。

1) 加热炉

在工业生产中,锻造加热炉有很多种,如明火炉、反射炉、室式重油炉等,也可采用电能加热。

(1) 反射炉

反射炉又称为煤炉,以煤炭、焦炭粉为燃料。图 3-1 所示为燃煤反射炉结构示意图,燃烧室 1 产生的高温炉气翻过耐火墙 2 进入加热室 3 加热坯料 4,废气经烟道 7 排出,鼓风机 6 将换热器 8 中经预热的空气送入燃烧室 1,坯料 4 从炉门 5 装取。

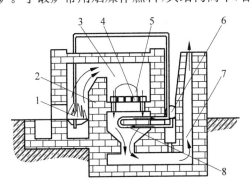

图 3-1　燃煤反射炉结构
1—燃烧室;2—耐火墙;3—加热室;4—坯料;
5—炉门;6—鼓风机;7—烟道;8—换热器

优点:时间短,升温快,操作简单、灵活方便,锻件可局部加热,加热室面积大,加热温度均匀,质量较好,生产率高,适用于中小批量生产。

缺点:工作中产生烟雾,鼓风机噪声大,有粉尘,污染环境,温度不容易控制。

(2) 电阻炉

电阻炉是利用电能转换为热能的传热原理对坯料进行加热。电加热是一种比较先进的方法,因电阻炉的外形为箱式结构,故称箱式炉。图 3-2 为箱式电阻加热炉。

优点:结构简单,操作方便,炉温易控制,坯料氧化较小,加热质量好,坯料加热温度适应范围较大,无烟雾、粉尘和噪声,利于环保。

缺点:耗电量大,升温慢,热效率较低,适合于自由锻或模锻合金钢、有色金属坯料的单件或成批件的加热。

电加热包括电阻加热、接触加热和感应加热。接触加热是利用大电流通过金属坯料产生的电阻热加热,适合于模锻坯料的大批量加热。感应加热通过交流感应线圈产生交变磁场,使置于线圈中的坯料产生涡流损失和磁滞损失热而升温加热,适合于模锻或热挤压高合金钢、有色金属的大批量件的加热。

(3) 油炉

油炉如图 3-3 所示。重油和压缩空气分别由两个管道送入喷嘴 4,压缩空气从喷嘴 4 喷

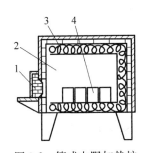

图 3-2　箱式电阻加热炉
1—炉门;2—炉膛;3—电热元件;4—坯料

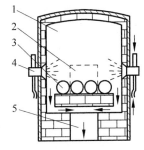

图 3-3　油炉
1—炉膛;2—炉门;3—坯料;4—喷嘴;5—烟道

出时,所造成的负压将重油带出并喷成雾状,在炉膛 1 内燃烧。煤气炉与重油炉的区别是喷嘴的结构不同。

2）空气锤

空气锤是生产小型锻件及胎模锻造的常用设备。空气锤的规格是以落下部分（包括工作活塞、锤头和上砧铁）的质量表示。常用的有 65、75、100、150、250 kg 等,其结构外形图如图 3-4（a）所示,其工作原理图如图 3-4（b）所示。

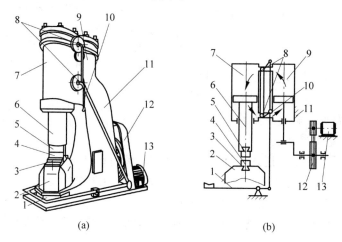

图 3-4 空气锤结构外形与工作原理图

（a）结构外形图；（b）工作原理图

1—踏杆；2—砧座；3—砧垫；4—下砧铁；5—上砧铁；6—锤头；7—工作气缸；
8—上、下旋阀；9—压缩气缸；10—手柄；11—锤身；12—减速机构；13—电动机

（1）结构组成

空气锤由锤身、压缩气缸、工作气缸、传动机构、操纵机构、落下部分及砧座等组成。

锤身和压缩气缸及工作气缸铸成一体。砧座部分包括下砧铁、砧垫和砧座。传动机构包括带轮、齿轮减速装置、曲柄和连杆。操纵机构包括手柄（或踏杆）、连接杠杆、上旋阀、下旋阀。在下旋阀中还装有一个只允许空气作单向流动的逆止阀。落下部分包括工作活塞、锤杆和上砧铁（即锤头）。

（2）工作原理

电动机 13 通过减速机构 12 带动曲柄连杆机构转动,曲柄连杆机构把电动机的旋转运动转化为压缩活塞的上下往复运动,压缩活塞通过上、下旋阀 8 将压缩空气压入工作气缸 7 的下部或上部,推动落下部分的升降运动,实现锤头对锻件的打击。

（3）空气锤的操作

通过踏杆或手柄操纵配气机构（上、下旋阀）,可实现空转、悬空、压紧、连续打击和单次打击等操作。

① 空转。转动手柄,上、下旋阀的位置使压缩气缸的上下气道与大气连通,压缩空气不进入工作气缸,而是排入大气中,压缩活塞空转。

② 悬空。上旋阀的位置使工作气缸和压缩气缸的上气道都与大气连通,当压缩活塞向上运行时,压缩空气排入大气中,而活塞向下运行时,压缩空气经由下旋阀,冲开一个防止压缩空气倒流的逆止阀,进入工作气缸下部,使锤头始终悬空。悬空的目的是便于检查尺寸,

更换工具,清洁整理等。

③ 压紧。上、下旋阀的位置使压缩气缸的上气道和工作气缸的下气道都与大气连通,当压缩活塞向上运行时,压缩空气排入大气中,而当活塞向下运行时,压缩气缸下部空气通过下旋阀并冲开逆止阀,转而进入上、下旋阀连通道内,经由上旋阀进入工作气缸上部,使锤头向下压紧锻件。与此同时,工作气缸下部的空气经由下旋阀排入大气中。压紧工件可进行弯曲、扭转等操作。

④ 连续打击。上、下旋阀的位置使压缩气缸和工作气缸都与大气隔绝,逆止阀不起作用。当压缩活塞上下往复运动时,将压缩空气不断压入工作气缸的上下部位,推动锤头上下运动,进行连续打击。

⑤ 单次打击。由连续打击演化出单次打击。即在连续打击的气流下,手柄迅速返回悬空位置,打一次即停。单打不易掌握,初学者要谨慎对待,手柄稍不到位,单打就会变为连打,此时若翻转或移动锻件易出事故。

2. 锻造工艺

1) 坯料加热

对坯料加热的目的是提高坯料的塑性并降低变形抗力,以改善其锻造性能。通常,坯料随着温度的升高,金属材料的强度降低而塑性提高,变形抗力下降,用较小的变形力就能使坯料稳定地改变形状而不出现破裂。

坯料在开始锻造时,所允许的最高加热温度,称为该材料的始锻温度。加热温度高于始锻温度,会使锻件质量下降,甚至造成废品。

材料终止锻造的温度,称为该材料的终锻温度。低于终锻温度继续锻造,由于塑性变差,变形抗力大,不仅难以继续变形,且易锻裂,必须及时停止锻造,重新加热。

每种金属材料,根据其化学成分的不同,始锻和终锻温度都是不一样的。

金属材料的锻造温度范围一般可查阅相关锻造手册、国家标准或企业标准。常用钢材的锻造温度范围见表 3-1。

表 3-1   常用钢材的锻造温度范围   ℃

材料种类	始锻温度	终锻温度	锻造温度范围
低碳钢	1200~1250	800	450
中碳钢	1150~1200	800	400
碳素工具钢	1050~1150	750~800	300~350
合金结构钢	1150~1200	800~850	350
低合金工具钢	1100~1150	850	250~300
高速钢	1100~1150	900	200~250
铝合金	450~500	350~380	100~120
铜合金	800~900	650~700	150~200

金属加热的温度可用仪表来测量,也可以通过经验观察加热毛坯的火色来判断,即火色鉴定法。碳素钢加热温度与火色的关系见表 3-2。

表 3-2　钢加热到各种温度范围的颜色　　　　　　　　　　　　℃

热颜色	始锻温度	热颜色	始锻温度	热颜色	始锻温度	热颜色	始锻温度
黑色	小于 600	樱红色	750～800	橙红色	900～1050	亮黄色	1150～1250
暗红色	650～750	橘红色	800～900	深黄色	1050～1150	亮白色	1250～1300

在加热过程中，由于加热时间、炉内温度扩散气氛、加热方式等选择不当，坯料可能产生各种加热缺陷，影响锻件质量。金属在加热过程中可能产生的缺陷有氧化、脱碳、过热、过烧和裂纹。

（1）氧化

钢料表面的铁和炉气中的氧化性气体发生化学反应，生成氧化皮，这种现象称为氧化。氧化造成金属烧损，每加热一次，坯料因氧化而烧损的量占总质量的 2%～3%，严重的会造成锻件表面质量下降，模锻时加剧锻模的损耗。

减少氧化的措施：在保证加热质量的前提下，应尽量采用快速加热，并避免坯料在高温下停留时间过长。此外还应控制炉气中的氧化性气体，如严格控制送风量或采用中性、还原性气体加热。

（2）脱碳

加热时，金属坯料表层的碳在高温下与氧或氢产生化学反应而烧损，造成金属表层碳的降低，这种现象称为脱碳。脱碳后，金属表层的硬度与强度会明显降低，影响锻件质量。减少脱碳的方法与减少氧化的措施相同。

（3）过热

当坯料加热温度过高或高温下保持时间过长时，其内部组织会迅速变粗，这种现象称为过热。过热组织的力学性能变差，脆性增加，锻造时易产生裂纹，所以应当避免产生。如锻后发现过热组织，可用热处理（调质或正火）方法使晶粒细化。

（4）过烧

当坯料的加热温度过高到接近熔化温度时，其内部组织间的结合力将完全失去，这时坯料锻打会碎裂成废品，这种现象称为过烧。过烧的坯料无法挽救，避免发生过烧的措施是严格控制加热温度和保温时间。

（5）裂纹

对于导热性较差的金属材料如采用过快的加热速度，将引起坯料内外的温差过大，同一时间的膨胀量不一致而产生内应力，严重时会导致坯料开裂。为防止产生裂纹，应严格制定和遵守正确的加热规范（包括入炉温度、加热速度和保温时间等）。

2）锻件冷却

锻件在锻后的冷却方式对锻件的质量有一定影响。冷却太快，会使锻件发生翘曲，表面硬度提高，内应力增大，甚至会发生裂纹，使锻件报废。锻件的冷却是保证锻件质量的重要环节。冷却的方法有 3 种：

（1）空冷：在无风的空气中，放在干燥的地面上自然冷却。

（2）坑冷：在充填有石棉灰、沙子或炉灰等绝热材料的坑中冷却。

（3）炉冷：在 500～700℃ 的加热炉中，随炉缓慢冷却。

一般地说,锻件中的碳元素及合金元素含量越高,锻件体积越大,形状越复杂,冷却速度越要缓慢,否则会造成硬化、变形甚至裂纹。

3) 锻后热处理

锻件在切削加工前,一般都要进行热处理。热处理的作用是使锻件的内部组织进一步细化和均匀化,消除锻造残余应力,降低锻件硬度,利于切削加工等。常用的锻后热处理方法有正火、退火和球化退火等。具体的热处理方法和工艺要根据锻件材料种类和化学成分而定。

3.1.3　自由锻造和模锻

1. 自由锻

自由锻是将加热状态的毛坯在锻造设备的上、下砧铁之间施加外力进行塑性变形,金属在变形时可朝各个方向自由流动不受约束。自由锻可分手工自由锻(手锻)和机器自由锻(机锻)两大类。

优点:工艺灵活,使用的工具比较简单,设备和工具的通用性强,成本低,广泛用于单件、小批量零件的生产。

缺点:锻件精度较低,加工余量大,劳动强度大,生产率低,对操作工人的技术水平要求高。

1) 自由锻的基本工序

自由锻的基本工序分为基本工序、辅助工序和精整工序。基本工序是实现锻件基本成形的工序,如镦粗、拔长、冲孔、弯曲、切割等,其中,镦粗、拔长、冲孔是实际生产中最常用的3个基本工序;基本工序前要有做准备的辅助工序,如压钳口、压肩、钢锭倒棱等;基本工序后要有修整形状的精整工序,如滚圆、摔圆、平整和校直等。

(1) 镦粗

如图 3-5 所示,镦粗是使坯料截面增大、高度减小的锻造工序,有整体镦粗和局部镦粗两种。整体镦粗是将坯料直立在下砧上进行锻打,使其沿整个高度产生高度减小。局部镦粗分为端部镦粗和中间镦粗,需要借助于工具,例如胎模或漏盘(或称垫环)来进行。常用来生产盘类件毛坯,如

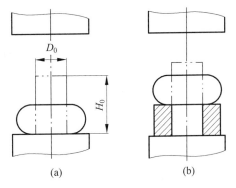

图 3-5　整体镦粗和局部镦粗
(a) 整体镦粗;(b) 局部镦粗

齿轮坯、法兰盘等。圆钢镦粗下料的高径比要满足 $H_0/D_0=2.5\sim3$,坯料太高,镦粗时会发生侧弯或双鼓变形,锻件易产生夹黑皮折叠而报废。

(2) 拔长

拔长是使坯料长度增加、横截面减少的锻造工序,常用来生产轴类件毛坯,如车床主轴、连杆等。操作中还可以进行局部拔长、芯轴拔长等。

① 送进。拔长时,每次的送进量 L 应为砧宽 B 的 $0.3\sim0.7$ 倍,若 L 太大,则金属横向流动多,纵向流动少,拔长效率反而下降。若 L 太小,又易产生夹层,如图 3-6 所示。

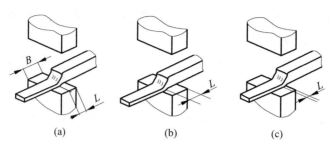

图 3-6　拔长时的送进量

(a) 送进量合适；(b) 送进量太大；(c) 送进量太小

② 翻转。拔长过程中应作 90°翻转，除了图 3-7 所示按数字顺序进行的两种翻转方法外，还有螺旋式翻转拔长方法。为便于翻转后继续拔长，压下量要适当，应使坯料横截面的宽度与厚度之比不要超过 2.5，否则易产生折叠。

③ 锻打。将圆截面的坯料拔长成直径较小的圆截面时，必须先把坯料锻成方形截面，在拔长到边长接近锻件的直径时，再锻成八角形，最后打成圆形，如图 3-8 所示。

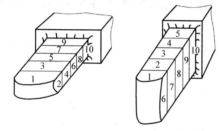

图 3-7　拔长时锻件的翻转方法

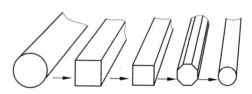

图 3-8　圆截面坯料拔长时横截面的变化

（3）冲孔

在坯料上冲出通孔或不通孔的工序称为冲孔。冲孔分双面冲孔和单面冲孔，如图 3-9 和图 3-10 所示。单面冲孔适用于坯料较薄场合。

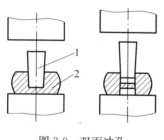

图 3-9　双面冲孔

1—冲子；2—零件

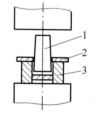

图 3-10　单面冲孔

1—冲子；2—零件；3—漏盘

（4）弯曲

将坯料加热后弯成一定角度、弧度或变形的工序称为弯曲。

（5）切割

将锻件从坯料上分割下来或切除锻件的工序称为切割，如图 3-11 所示。自由锻造的基本工序还有扭转、错移等。

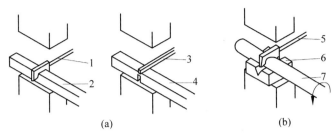

图 3-11　切割

(a) 方料的切割；(b) 圆料的切割

1、5—垛刀；2、4、7—零件；3—剁棍；6—垛垫

2) 自由锻件常见缺陷及产生原因

自由锻件常见缺陷的主要特征及产生原因见表 3-3，产生的缺陷有的是由坯料质量不良引起的，尤其以铸锭为坯料的大型锻件更要注意铸锭有无表面或内部缺陷；有的是因加热不当、锻造工艺不规范、锻后冷却和热处理不当引起的。对锻造缺陷，要根据不同情况下产生不同缺陷的特征进行综合分析，并采取相应的纠正措施。

表 3-3　自由锻件常见缺陷的主要特征及产生原因

缺陷名称	主 要 特 征	产 生 原 因
表面横向裂纹	拔长时，锻件表面及角部出现横向裂纹	原材料质量不好；拔长时进锤量过大
表面纵向裂纹	镦粗时，锻件表面出现纵向裂纹	原材料质量不好；镦粗时压下量过大
中空纵裂	拔长时，中心出现较长甚至贯穿的纵向裂纹	未加热透，内部温度过低；拔长时，变裂纹集中于上、下表面，心部出现横向拉应力
弯曲、变形	锻造、热处理后弯曲与变形	锻造校直不够；热处理操作不当
冷硬现象	锻造后锻件内部保留冷变形组织	变形温度偏低；变形速度过快；锻后冷却过快

2. 模锻

模型锻造简称模锻。模锻是在高强度模具材料上加工出与锻件形状一致的模膛（即制成锻模），然后将加热后的坯料放在模膛内受压变形，最终得到和模膛形状相符的锻件。模锻与自由锻相比有以下特点：

(1) 能锻造出形状比较复杂的锻件。

(2) 模锻件尺寸精确，表面粗糙度值较小，加工余量小。

(3) 生产率高。

(4) 模锻件比自由锻件节省金属材料，减少切削加工工时。此外，在批量足够的条件下可降低零件的成本。

(5) 劳动条件得到一定改善。

但是，模锻生产受到设备吨位的限制，模锻件的尺寸不能太大。此外，锻模制造周期长，成本高，所以模锻适合于中小型锻件的大批量生产。

按所用设备不同，模锻可分为：胎模锻、锤上模锻及压力机上模锻等。

3.1.4 板料冲压

1. 板料冲压

板料冲压是利用装在冲床上的冲模，使金属板料变形或分离，从而获得零件的加工方法。它是机械制造中重要的加工方法之一，应用十分广泛。

板料冲压件的厚度一般都不超过2mm，冲压前不需加热，故又称薄板冲压或冷冲压，简称冷冲或冷压。

常用的冲压材料是低碳钢、铜及其合金、铝及其合金、奥氏体不锈钢等强度低而塑性好的金属。冲压件尺寸精确，表面光洁，一般不再进行切削加工，只需钳工稍加修整或电镀后，即可作为零件使用。

2. 板料冲压的基本工序

冷冲压的工序分为分离工序和成形工序两大类。分离工序是使零件与母材沿一定的轮廓线相互分离的工序，有冲裁、切口等；成形工序是使板料产生局部或整体塑性变形的工序，有弯曲、拉深、翻边、胀形等。板料冲压的基本工序分类见图3-12。

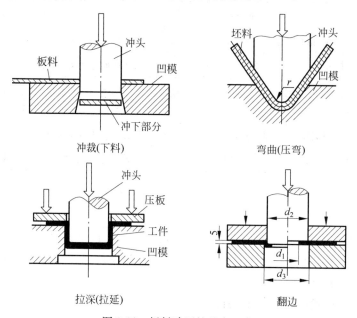

图 3-12　板料冲压的基本工序

3. 冲压设备及冲模

1）冲床

常用冲压设备主要有剪床，冲床，液压机等。冲床是进行冲压加工的基本设备，有很多类型，常用的开式冲床如图3-13所示。电动机4通过V带10带动大飞轮9转动，当踩下踏板12后，离合器8使大飞轮与曲轴7相连而旋转，再经连杆5使滑块11沿导轨2做上下往复运动,进行冲压加工。当松开踏板时,离合器脱开,制动器6立即制止曲轴转动,使滑块停止在最高位置上。

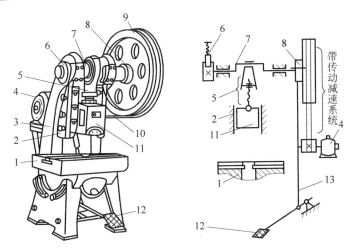

图 3-13　开式冲床示意图

1—工作台;2—导轨;3—床身;4—电动机;5—连杆;6—制动器;7—曲轴;
8—离合器;9—大飞轮;10—V带;11—滑块;12—踏板;13—拉杆

冲床的规格以额定公称压力来表示,如 100 kN(10 t)。其他主要技术参数有滑块行程距离(mm)、滑块行程次数(str/min)和封闭高度等。

2) 冲模

冲压模具是使板料分离或成形的工具,简称冲模。典型的冲模结构如图 3-14 所示,一般分为上模和下模两部分。上模通过模柄安装在冲床滑块上,下模则通过下模板由压板和螺栓安装在冲床工作台上。

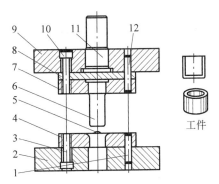

图 3-14　简单拉深模

1—定位销;2—下模板;3—螺钉;4—凹模;5—挡料销;6—凸模;7—固定板;
8—垫板;9—上模板;10—螺钉;11—模柄;12—定位销

冲模各部分的作用如下:

(1) 凸模和凹模:凸模 6 和凹模 4 是冲模的核心部分,凸模与凹模配合使板料产生分离或成形。

(2) 挡料销(板)和定位销:挡料销 5 用以控制板料的进给方向,定位销 1 用以控制板料的进给量。

（3）卸料板：使凸模在冲裁以后从板料中脱出。

（4）模架：包括上模板9、下模板2和定位销12。上模板9用以固定凸模6和模柄11等，下模板2用以固定凹模4、定位销1等。

3.2　基　本　技　能

3.2.1　锻压安全技术

1. 锻造安全操作技术

（1）上锤操作前，要穿戴好手套及劳保等保护用品。

（2）使用设备前要对各加油点加油，使用中注意观察设备润滑情况。

（3）启动锻锤时，应先将操作手柄放在"空转"位置。

（4）正确握持火钳，不要把钳对着腹部，不要将手指放在两钳把中间。

（5）锤击过程中，要将火钳平放并夹紧工件，以防工件飞出伤人。

（6）翻转工件时，要停止锤击，以防工件飞出。

（7）非操作人员不要离锻锤太近，站立位置要避开工件飞出的方向。

（8）要尽量将工件放在砧铁的中部，避免偏心锻击。

（9）要控制锻造温度，达到终锻温度的工件要及时停锻，重新加热。

（10）严禁锻打冷坯料，避免锻打过薄的工件。

（11）停锤后再将工件取出，以防止上、下砧直接对击。

（12）锤头上悬的时间不宜过长，以减少工作缸发热。

（13）工作中如发现锻锤有不正常声音，要立即停锤，检查原因。

（14）不要用手触摸锻后颜色已发黑的工件，以防灼伤。

（15）工作完毕后，及时拉闸断电，清理场地。

2. 冲压安全操作技术

（1）操作前，必须熟悉机床的结构、性能和技术参数，各个开头、按钮、仪表的作用与操作方法。未经培训，严禁上机操作。

（2）操作前，要扎紧袖口，长发必须戴工作帽。

（3）开机前，要按规定加注润滑油。

（4）启动电机前，要检查离合器是否处于脱开状态。

（5）安装、调整模具时，要用手动盘车、校正和调整模具位置。要使冲床高度大于冲模闭合高度（滑块处于下死点时）。空载试车，确定机床各系统运转正常后，才能正式开车使用。

（6）机床启动后，要等待飞轮达到额定转速，才能开始冲压加工。

（7）操作机床时精神要高度集中，严禁打闹、说笑。

（8）机床运转中，严禁用手取料，严禁人体或手指进入模具区。送料、取剩料最好使用适当工具,尽量避免直接用手操作。

(9) 从模具内取出卡入的制件或废料时,必须停车,待飞轮停止转动后,才能进行。

(10) 除工件外,上、下模具之间不能放置任何其他物件。

(11) 多人同时在同一台冲床观摩或练习操作时,应明确分工,安排好操作顺序,严禁两人同时操作同一台冲床。

(12) 经常检查、紧固冲模的螺栓。发现机床运转声音不正常时,要立即停车检查。

(13) 工作结束后,要清理好机床,清除废料,切断电源,收拾好工具和材料,搞好场地卫生。

3.2.2　锻压操作训练

1. 训练目的

(1) 掌握简单自由锻的镦粗、拔长、冲孔的操作技能。
(2) 能通过观察火色判断钢件温度。
(3) 对自由锻件进行初步的工艺分析。
(4) 掌握板料冲压的操作。

2. 设备及工具

1) 设备
常用锻压设备有空气锤(见图 3-4)、电阻加热炉(见图 3-2)和冲床(见图 3-13)。
2) 自由锻工具
自由锻工具按其功用可分为以下几种。
(1) 支持工具:铁砧、花砧,常用铸钢制成,如图 3-15(a)所示。
(2) 打击工具:大锤、手锤等,如图 3-15(b)所示。
(3) 辅助工具:置于打击工具和支持工具之间,如图 3-15(c)所示。
(4) 夹持工具:各种钳子,分别以钳口形状命名。
(5) 测量工具:卡钳、角尺、直尺等。

3. 训练内容及步骤

1) 镦粗操作练习
镦粗是降低坯料高度、增加截面面积的操作,训练时应注意以下几点:
(1) 坯料的高径比,即坯料的高度 H_0 和直径 D_0 之比应不大于 3。高径比过大的坯料容易镦弯或造成双鼓形,甚至发生折叠现象而使锻件报废。
(2) 为防止镦歪,坯料的端面应平整并与坯料的中心线垂直,端面不平整或不与中心线垂直的坯料,镦粗时要用钳子夹住,使坯料中心与锤杆中心线一致。
(3) 镦粗过程中如发现镦歪、镦弯或出现双鼓形应及时校正。
(4) 局部镦粗时要采用相应尺寸的漏盘或胎模等工具。
2) 拔长操作练习
拔长是减小坯料截面面积,增加长度的操作,主要进行以下工作:

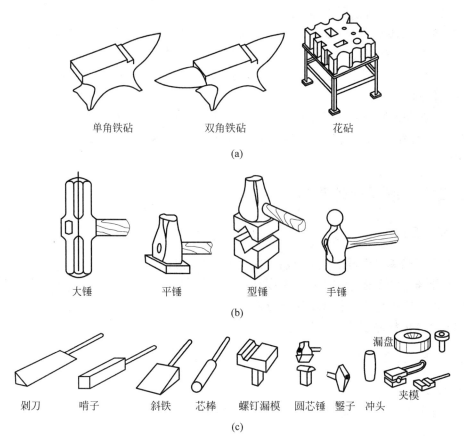

单角铁砧　　双角铁砧　　花砧

(a)

大锤　　平锤　　型锤　　手锤

(b)

剁刀　哨子　斜铁　芯棒　螺钉漏模　圆芯锤　錾子　冲头　漏盘　夹模

(c)

图 3-15　常用自由锻工具
(a) 支持工具；(b) 打击工具；(c) 辅助工具

（1）送进。

（2）翻转。

（3）锻打。

（4）锻制台阶或凹档。要先在截面分界处压出凹槽，称为压肩。

（5）修整。拔长后要进行修整，以使截面形状规则。修整时坯料沿砧铁长度方向（纵向）送进，以增加锻件与砧铁间的接触长度和减少表面的锤痕。

3）冲孔操作练习

冲孔是在坯料上锻制出通孔的操作。

（1）冲孔前，坯料应先镦粗，以尽量减小冲孔深度。

（2）为保证孔位正确，应先试冲，即用冲子轻轻压出凹痕，如有偏差，可加以修正。

（3）冲孔过程中应保证冲子的轴线与锤杆中心线（即锤击方向）平行，以防将孔冲歪。

（4）一般锻件的通孔采用双面冲孔法冲出，即先从一面将孔冲至坯料厚度 2/3～3/4 的深度再取出冲子，翻转坯料，从反面将孔冲透。

（5）为防止冲孔过程中坯料开裂，一般冲孔孔径要小于坯料直径的 1/3。大于坯料直径的 1/3 的孔，要先冲出一较小的孔；然后采用扩孔的方法达到所要求的孔径尺寸。常用的扩孔方法有冲头扩孔和芯轴扩孔。冲头扩孔利用扩孔冲子锥面产生的径向分力将孔扩大，芯轴扩孔实际上是将带孔坯料沿切向拔长,内外径同时增大,扩孔量几乎不受什么限制,最适于锻制大直径的薄壁圆环件。

4)自由锻工艺规程制定

(1)绘制锻件图;

(2)确定变形工艺;

(3)计算坯料质量及尺寸;

(4)选择锻造设备和工具;

(5)确定锻造温度范围和加热、冷却及热处理规范;

(6)提出锻件技术要求及验收要求;

(7)填写工艺卡等。

5)典型自由锻件工艺训练

六角螺母毛坯的自由锻造步骤见表3-4,其主要变形工序为局部镦粗和冲孔。

表 3-4　六角螺母毛坯的自由锻造步骤

锻件名称	六角螺母	锻　件　图
工艺类别	自由锻造	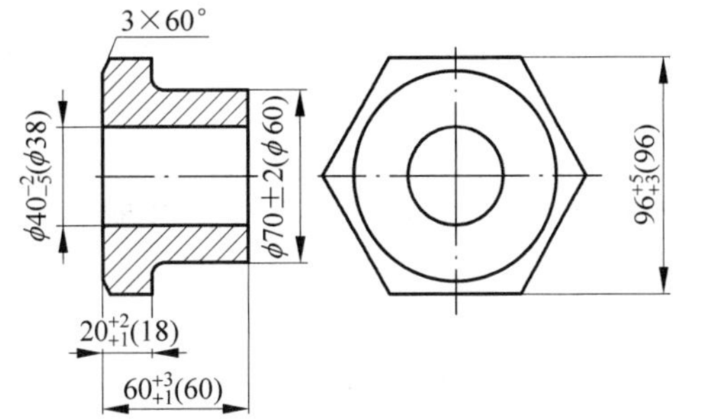
锻件材料	45 钢	
锻造设备	65 kg 空气锤	
坯料尺寸	ϕ50 mm×169 mm	
坯料质量	2.6 kg	

火　次	工序名称	工序简图	工　具	操　作　方　法
第一次 800~1150℃	1. 局部镦粗	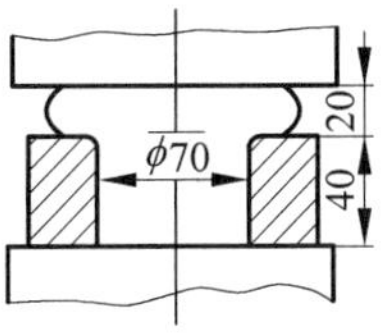	镦粗漏盘、抱钳	漏盘高度和内径尺寸要符合要求;局部镦粗高度控制在20 mm
	2. 修整	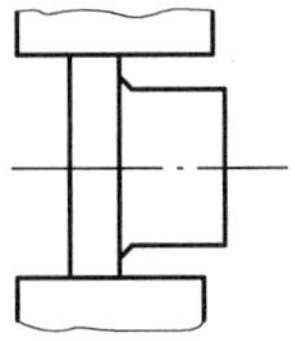	抱钳	将镦粗造成的鼓形修平
第二次 800~1150℃	3. 冲孔	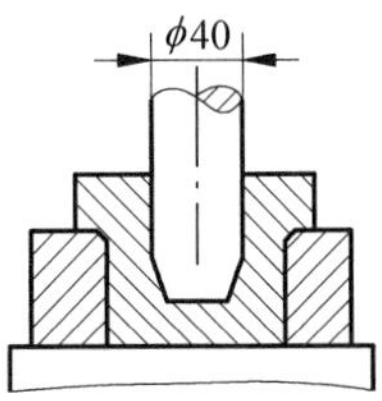	镦粗漏盘、冲子	冲孔时套上镦粗漏盘,以防径向尺寸胀大;采用双面冲孔,冲孔时孔位要对正

续表

火　次	工序名称	工序简图	工　具	操　作　方　法
第三次 800～1150℃	4. 锻六边形		冲子、抱钳、平锤	冲子操作注意轻击,随时用样板测量
	5. 罩圆倒角		罩圆窝子	罩圆窝子要对正,注意轻击
	6. 精整	略		检查及精整各尺寸

复习思考题

  1. 锻件和铸件相比有哪些不同？

  2. 什么是金属材料的始锻温度和终锻温度,始锻温度和终锻温度过高或过低对锻件将会有什么影响？

  3. 常用的锻造设备有哪几种？

  4. 氧化、脱碳、过热、过烧的实质是什么？

  5. 锻件锻造后有哪几种冷却方式？各自的适用范围如何？

  6. 空气锤由哪几部分组成？

  7. 自由锻有哪些基本操作工序？

  8. 通过钢铁材料的火色鉴别法,试述低碳钢材料的火色特征。

  9. 板料冲压的基本工序有哪些？

CHAPTER 4

焊 接

4.1 基 本 知 识

4.1.1 焊接概述

焊接是指通过适当的物理化学过程,如加热、加压等使两个分离的物体产生原子(分子)间的结合力而连接成一体的连接方法,是金属加工的一种重要工艺,广泛应用于机械制造、造船业、石油化工、汽车制造、桥梁、锅炉、航空航天、原子能、电子电力、建筑等领域。到目前为止,焊接的基本方法分为 3 大类(即熔焊、压焊和钎焊),有 20 多种,如图 4-1 所示。

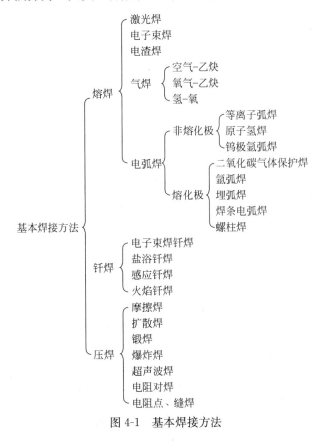

图 4-1 基本焊接方法

熔焊——将连接的两构件的接合面加热熔化成液体，通过冷却结晶连成一体的焊接方法。常见的熔焊方法有气焊、电弧焊、高能焊等。

钎焊——采用比母材熔点低的金属材料作钎料，加热到高于钎料熔点而低于母材熔点的温度，利用液态钎料润湿母材，填充接头间隙并与母材相互扩散而实现连接的方法。

压焊——在焊接过程中，对焊件施加一定的压力，同时采取加热或不加热的方式，完成零件连接的焊接方法。如摩擦焊、扩散焊、电阻焊等。

焊接的优点：

(1) 省料、省工、成本低，生产率高，结构质量轻；工艺简单，能以小拼大；与铆接相比，采用焊接工艺制造的金属结构质量轻，材料省，周期短，成本低。

(2) 连接性能好：焊接接头的力学性能（强度、塑性）耐高温、低温、高压性能和导电性、耐腐蚀性、耐磨性、密封性等均可达到与母材性能一致。

焊接的缺点：

(1) 结构无可拆性。

(2) 焊接时局部加热，焊接接头的组织和性能与母材相比会发生变化；易产生焊接残余应力、焊接变形和焊接裂纹等缺陷。

(3) 焊接缺陷的隐蔽性，易导致焊接结构的意外破坏。

4.1.2　手工电弧焊

电弧焊是利用电弧热源加热零件实现熔化焊接的方法。焊接过程中电弧把电能转化成热能和机械能，加热零件，使焊丝或焊条熔化并过渡到焊缝熔池中去，熔池冷却后形成一个完整的焊接接头。电弧焊应用广泛，可以焊接板厚从 0.1 mm 以下到数百毫米的金属结构件，在焊接领域中占有十分重要的地位。

1. 焊接电弧

焊接电弧是一种气体放电现象，如图 4-2 所示。电弧是电弧焊接的热源，电弧燃烧的稳定性对焊接质量有重要影响。

当电源两端分别与被焊零件和焊枪相连时，在电场的作用下，电弧阴极产生电子发射，阳极吸收电子，电弧区的中性气体粒子在接收外界能量后电离成正离子和电子，正负带电粒子相向运动，形成两电极之间的气体空间导电过程，借助电弧将电能转换成热能、机械能和光能。

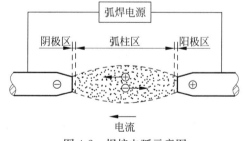

图 4-2　焊接电弧示意图

焊接电弧具备以下性能：

(1) 焊接开始时，电焊机能提供较高的空载电压（60～90 V），利于引燃电弧；

(2) 焊接过程中，能提供稳定的安全电压（≤36 V），大电弧电流（范围为 10～1000 A）；

(3) 能把短路电流控制在安全数值内，保证在焊条与工件短路时不致烧坏焊机。

采用直流电流焊接时，弧焊电源正负输出端与零件和焊枪的连接方式称为极性。当零件接电源输出正极,焊枪接电源输出负极时,称直流正接或正极性;反之,零件、焊枪分别与电源负、正输出端相连时,则为直流反接或反极性。交流焊接无电源极性问题,如图 4-3 所示。

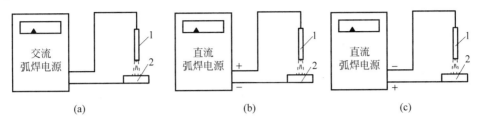

图 4-3　焊接电源极性示意图
(a) 交流;(b) 直流正接;(c) 直流反接
1—焊枪;2—零件

2. 焊条电弧焊与设备

焊条电弧焊是用手工操纵焊条进行焊接的一种焊接方法,俗称手弧焊,应用非常普遍。

1) 焊条电弧焊的原理

焊条电弧焊方法如图 4-4 所示,焊机电源两输出端通过电缆、焊钳和地线夹头分别与焊条和被焊零件相连。焊接过程中,产生在焊条和零件之间的电弧将焊条和零件局部熔化,受电弧力作用,焊条端部熔化后的熔滴过渡到母材,和熔化的母材融合在一起形成熔池,随着焊工操纵电弧向前移动,熔池金属液逐渐冷却结晶,形成焊缝。

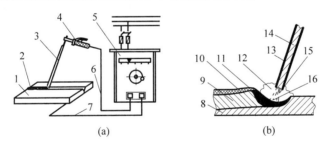

图 4-4　焊条电弧焊过程
(a) 焊接连线;(b) 焊接过程
1—零件;2、9—焊缝;3—焊条;4—焊钳;5—焊接电源;6—手线;7—地线;8—母材;10—熔渣;
11—熔池;12—保护气体;13—焊条药皮;14—焊芯;15—电弧;16—熔滴

焊条电弧焊使用设备简单,适应性强,可用于焊接板厚 1.5 mm 以上的各种焊接结构件,并能灵活应用在空间位置不规则焊缝的焊接,适用于碳钢、低合金钢、不锈钢、铜及铜合金等金属材料的焊接。由于手工操作,焊条电弧焊也存在缺点,如生产率低,产品质量一定程度上取决于焊工操作技术,焊工劳动强度大等,现在多用于焊接单件、小批量产品和难以实现自动化加工的焊缝。

2) 焊接设备

焊接设备包括熔焊、压焊和钎焊所使用的焊机和专用设备,这里主要介绍电弧焊用设备,即电弧焊机。

（1）电弧焊机

电弧焊机按焊接方法可分为焊条电弧焊机、埋弧焊机、CO_2 气体保护焊机、钨极氩焊机、熔化极氩弧焊机和等离子弧焊机;按焊接自动化程度可分为手工电弧焊机、半自动电弧焊机和自动电弧焊机。表 4-1 为电弧焊机型号示例。图 4-5 所示为交流弧焊机。

表 4-1　电弧焊机

电焊机型号	第 1 字位及大类名称	第 2 字位及大类名称	第 3 字位及大类名称	第 4 字位及大类名称	第 5 字位及大类名称	电焊机类型
BX1-315	B 为交流弧焊电源	X 为下降特性	略	1 为动铁芯式	315 为额定电流(A)	焊条电焊用弧焊变压器
ZX5-400	Z 为整流弧焊电源	X 为下降特性	略	5 为晶闸管式	400 为额定电流(A)	电弧焊用弧焊整流器
NBC-300	N 为熔化极气体保护焊机	B 为半自动焊	C 为 CO_2 保护焊	略	300 为额定电流(A)	半自动 CO_2 气体保护焊
MZ-1000	M 为埋弧焊机	Z 为自动焊	略,焊车式	略,变速送丝	1000 为额定电流(A)	自动交流埋弧焊机

（2）电弧焊机的组成及功能

根据焊接方法和生产自动化水平,电弧焊机可以是以下一个或数个部分的组合:①弧焊电源,是对焊接电弧提供电能的一种装置,为电弧焊机主要组成部分,能够直接用于焊条电弧焊;②送丝系统;③行走机构;④控制系统。

3）焊条

焊条电弧焊所用的焊接材料是焊条,焊条主要由焊芯和药皮两部分组成,如图 4-6 所示。

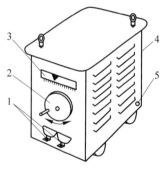

图 4-5　BX1-315 交流弧焊机
1—焊机输出端(接焊件和焊条);2—电流调节手轮;
3—电流指示器;4—焊机输出端(接外接电源);
5—接地螺栓

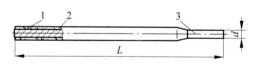

图 4-6　焊条结构
1—药皮;2—焊芯;3—焊条夹持部分

焊芯一般是一个具有一定长度及直径的金属丝。焊接时,焊芯有两个功能:一是传导焊接电流,产生电弧;二是焊芯本身熔化作为填充金属与熔化的母材熔合形成焊缝。我国生产的焊条,基本上以含碳、硫、磷较低的专用钢丝(如 H08A)作焊芯制成。焊条规格用焊芯直径代表,焊条长度根据焊条种类和规格,有多种尺寸,见表 4-2。

表 4-2　焊条规格　　　　　　　　　　　　mm

焊条直径 d	焊条长度 L			焊条直径 d	焊条长度 L		
2.0	250	300	—	4.0	350	400	450
2.5	250	300	—	5.0	400	450	700
3.2	350	400	450	5.8	400	450	700

　　药皮的作用是改善焊条工艺性、提高焊缝的力学性能、保护熔池和焊缝金属。焊芯用来导电,并作填充剂。

　　碳钢焊条的型号,如常用酸性焊条牌号有 J422(相当于 E4303)、J502 等,碱性焊条牌号有 J427、J507(相当于 E5015)等。J422 表示为

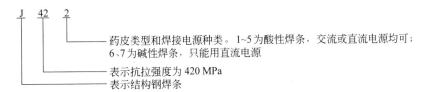

　　焊条药皮又称涂料,在焊接过程中起着极为重要的作用。首先,它可以起到积极保护作用,利用药皮熔化放出的气体和形成的熔渣,起机械隔离空气作用,防止有害气体侵入熔化金属;其次可以通过熔渣与熔化金属冶金反应,去除有害杂质,添加有益的合金元素,起到冶金处理作用,使焊缝获得合乎要求的力学性能;最后,还可以改善焊接工艺性能,使电弧稳定、飞溅小、焊缝成形好、易脱渣和熔敷效率高等。

　　焊条药皮的组成主要有稳弧剂、造气剂、造渣剂、脱氧剂、合金剂、粘接剂和增塑剂等,其主要成分有矿物类、铁合金、有机物和化工产品。

　　焊条分结构钢焊条、耐热钢焊条、不锈钢焊条、铸铁焊条等 10 大类。

　　焊条的选用原则:

　　(1) 遵循等强度原则,焊条与母材必须具有相同的抗拉强度等级;

　　(2) 同成分原则,焊条与母材应该具有相同或相近的化学成分。

3. 焊条电弧焊工艺

　　选择合适的焊接工艺参数是获得优良焊缝的前提,并直接影响劳动生产率。焊条电弧焊工艺是根据焊接接头形式、零件材料、板材厚度、焊缝焊接位置等具体情况制定的,包括焊条牌号、焊条直径、电源种类和极性、焊接电流、焊接电压、焊接速度、焊接坡口形式和焊接层数等内容。

　　焊条型号应主要根据零件材质选择,并参考焊接位置情况决定。电源种类和极性又由焊条牌号而定。焊接电压决定于电弧长度,它与焊接速度对焊缝成形有重要影响作用,一般由焊工根据具体情况灵活掌握。

　　1) 焊缝的空间位置

　　在实际生产中,焊缝可以在空间的不同位置施焊。对接接头的各种焊接位置如图 4-7 所示,其中以平焊位置最为合适。平焊时操作方便,劳动条件好,生产率高,焊缝质量容易保证;立焊、横焊位置次之;仰焊位置最差。

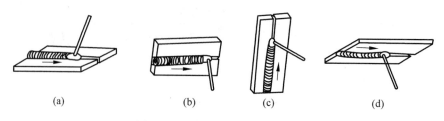

图 4-7　对接接头的各种焊接位置
（a）平焊；（b）横焊；（c）立焊；（d）仰焊

2）焊接接头形式

焊接接头是指用焊接的方法连接的接头，它由焊缝、熔合区、热影响区及其邻近的母材组成。根据接头的构造形式不同，可分为对接接头、搭接接头、角接接头、T 形接头等几种类型，如图 4-8 所示。

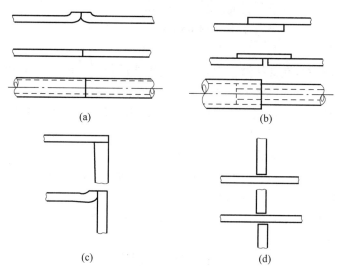

图 4-8　焊条电弧焊接头形式
（a）对接接头；（b）搭接接头；（c）角接接头；（d）T 形接头

3）焊接坡口形式

熔焊接头焊前加工坡口，其目的在于使焊接容易进行，电弧能沿板厚熔敷一定的深度，保证接头根部焊透，并获得良好的焊缝成形。

坡口形式有 I 形坡口、V 形坡口、U 形坡口、双 V 形坡口、J 形坡口等多种。常见焊条电弧焊接头的坡口形状和尺寸如图 4-9 所示。

对焊件厚度小于 6 mm 的焊缝，可以不开坡口或开 I 形坡口；中厚度和大厚度板对接焊，为保证熔透，必须开坡口。V 形坡口便于加工，但零件焊后易发生变形；X 形坡口可以避免 V 形坡口的一些缺点，同时可减少填充材料；U 形及双 U 形坡口，其焊缝填充金属量更小，焊后变形也小，但坡口加工困难，一般用于重要焊接结构。

4）焊条直径、焊接电流

一般焊件的厚度越大，选用的焊条直径 d 应越大，如表 4-3 所示。同时可选择较大的焊接电流，以提高工作效率。

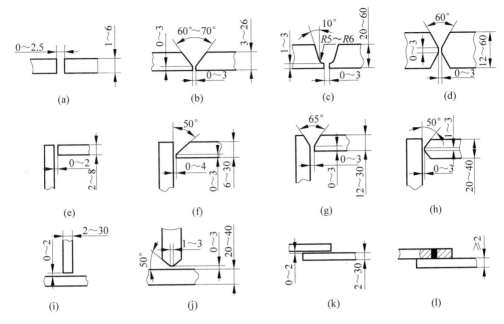

图 4-9　焊接坡口形式

(a)、(e)、(i)、(k)、(l) 不开坡口；(b)、(g) V 形坡口；(c) U 形坡口；

(d) X 形坡口；(f) 单边 V 形坡口；(h)、(j) K 形坡口

表 4-3　焊条直径与板厚的关系　　　　　　　　　　　　　　mm

焊件厚度	<4	4～8	9～12	>12
焊条直径	≤板厚	3.2～4	4～5	5～6

在中厚板零件的焊接过程中，焊缝往往采用多层焊或多层多道焊完成。焊缝层数视焊件厚度而定。中、厚板一般都采用多层焊。焊缝层数多些，有利于提高焊缝金属的塑性、韧性，但层数增加，焊件变形倾向亦增加，应综合考虑后确定。对质量要求较高的焊缝，每层厚度最好不大于 4～5 mm。

低碳钢平焊时，焊条直径 d 和焊接电流 I 的对应关系有经验公式作参考。

平焊时，焊接电流可根据下列经验公式初选：

$$I = (35 \sim 55)d$$

式中，I——焊接电流，A；

　　　d——焊条直径，mm。

立焊、仰焊、横焊时的焊接电流应比平焊电流小 10%～20%。碱性焊条使用的焊接电流应比酸性焊条的小些，不锈钢焊条使用的焊接电流应比结构钢焊条的小些。

4. 常见的焊接缺陷及防治方法

常见的焊接缺陷如图 4-10 所示，其中未焊透和裂纹危害性最大。

焊接缺陷的防治方法应根据具体产生的原因而定。如提高焊接操作技能，选择合理的焊接规范，清理工件表面，焊前预热和焊后缓冷等都可以降低或避免焊接缺陷的产生。

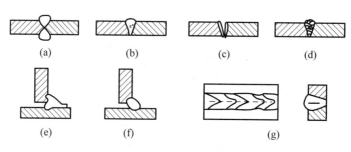

图 4-10 常见的焊接缺陷

(a) 未焊透；(b) 气孔；(c) 烧穿；(d) 夹渣；(e) 焊瘤；(f) 咬边；(g) 裂纹

5. 其他常用电弧焊方法

除焊条电弧焊外,常用电弧焊方法还有埋弧焊、CO_2 气体保护焊、钨极氩弧焊、熔化极氩弧焊和等离子弧焊。

1) CO_2 气体保护焊

CO_2 气体保护焊是一种用 CO_2 气体作为保护气的熔化极气体电弧焊方法,其工作原理如图 4-11 所示,弧焊电源采用直流电源,电极的一端与零件相连,另一端通过导电嘴将电馈送给焊丝,这样焊丝端部与零件熔池之间建立电弧,焊丝在送丝机滚轮驱动下不断送进,零件和焊丝在电弧热作用下熔化并最后形成焊缝。

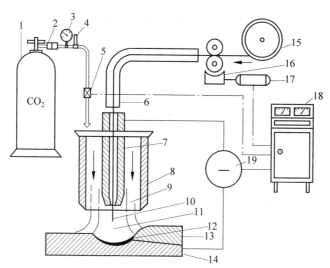

图 4-11 CO_2 气体保护焊示意图

1—CO_2 气瓶；2—干燥预热器；3—压力表；4—流量计；5—电磁气阀；6—软管；7—导电嘴；
8—喷嘴；9—CO_2 保护气体；10—焊丝；11—电弧；12—熔池；13—焊缝；14—零件；
15—焊丝盘；16—送丝机构；17—送丝电动机；18—控制箱；19—直流电源

2) 氩弧焊

以惰性气体氩气作保护气的电弧焊方法有钨极氩弧焊和熔化极氩弧焊两种。

(1) 钨极氩弧焊。

钨极氩弧焊是以钨棒作为电弧的一极的电弧焊方法,钨棒在电弧焊中是不熔化的,故又称不熔化极氩弧焊,简称 TIG 焊。工作原理如图 4-12 所示。

由于被惰性气体隔离,焊接区的熔化金属不会受到空气的有害作用,所以钨极氩弧焊可用以焊接易氧化的有色金属如铝、镁及其合金,也用于不锈钢、铜合金以及其他难熔金属的焊接。因其电弧非常稳定,还可以用于焊薄板及全位置焊缝。钨极氩弧焊在航空航天、原子能、石油化工、电站锅炉等行业应用较多。

(2) 熔化极氩弧焊。

熔化极氩弧焊又称 MIG 焊,用焊丝本身作电极,相比钨极氩弧焊而言,电流及电流密度大大提高,因而母材熔深大,焊丝熔敷速度快,提高了生产效率,特别适用于中等和厚板铝及铝合金、铜及铜合金、不锈钢以及钛合金焊接。脉冲熔化极氩弧焊用于碳钢的全位置焊。

3) 埋弧焊

埋弧焊电弧产生于堆敷了一层的焊剂下的焊丝与零件之间,被熔化的焊剂——熔渣以及金属蒸汽形成的气泡壁所包围。气泡壁是一层液体熔渣薄膜,外层有未熔化的焊剂,电弧区得到良好的保护,电弧光也散发不出去,故被称为埋弧焊,如图 4-13 所示。

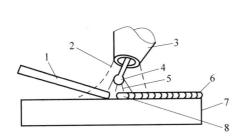

图 4-12 钨极氩弧焊示意图
1—填充焊丝;2—保护气体;3—喷嘴;4—钨极;
5—电弧;6—焊缝;7—零件;8—熔池

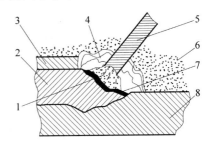

图 4-13 埋弧焊示意图
1—金属熔滴;2—焊缝;3—固态渣壳;4—气体;
5—焊丝;6—焊剂;7—熔池;8—基本金属

4.1.3 气焊与气割

气焊和气割是利用气体火焰热量进行金属焊接和切割的方法,在金属结构件的生产中被大量应用。

1. 气焊与气割的基本原理

气焊和气割所使用的气体火焰是由可燃性气体和助燃气体混合燃烧而形成的,根据其用途,气体火焰的性质有所不同。

1) 气焊

气焊是利用气体火焰加热并熔化母体材料和焊丝的焊接方法。与电弧焊相比,其优点如下:

(1) 气焊不需要电源,设备简单;

(2) 气体火焰温度比较低,熔池容易控制,易实现单面焊双面成形,并可以焊接很薄的材料;

(3) 在焊接铸铁、铝及铝合金、铜及铜合金时焊缝质量好。

气焊也存在热量分散,接头变形大,不易自动化,生产效率低,焊缝组织粗大,性能较差等缺陷。

气焊常用于薄板的低碳钢、低合金钢、不锈钢的对接、端接，在熔点较低的铜、铝及其合金的焊接中仍有应用，焊接需要预热和缓冷的工具钢、铸铁也比较适合。

2）气割

气割是利用气体火焰将金属加热到燃点，由高压氧气流使金属燃烧成熔渣且被排开，以实现零件切割的方法。气割工艺是一个金属加热、燃烧和吹除的循环过程。

金属的气割必须满足下列条件：

（1）金属的燃点低于熔点；

（2）金属燃烧放出较多的热量，且本身导热性较差；

（3）金属氧化物的熔点低于金属的熔点。

满足这些条件的有纯铁、低碳钢、低合金钢、中碳钢。

而熔点低于燃点的铸铁、熔点与燃点接近的高碳钢不宜气割，不锈钢、铜、铝及其合金因其氧化物的熔点高于金属的熔点，难以进行气割。

3）气体火焰

气焊和气割用于加热及燃烧金属的气体火焰是由可燃性气体和助燃气体混合燃烧而形成。助燃气体使用氧气，可燃性气体种类很多，最常用的是乙炔和液化石油气（煤气）。

气焊主要采用氧（O_2）-乙炔（C_2H_2）火焰，氧-乙炔火焰如图4-14所示，在两者的混合比不同时，可得到以下3种不同性质的火焰。

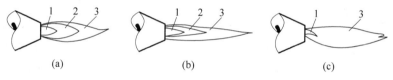

图4-14 氧-乙炔火焰
(a) 中性焰；(b) 碳化焰；(c) 氧化焰
1—焰心；2—内焰；3—外焰

（1）中性焰

氧气与乙炔气的体积之比为1.0～1.2。中性焰由白亮的焰心以及内焰和外焰组成。焰心端部之外2～4 mm处的温度最高，可达3150℃。焊接时，应使熔池和焊丝处于内焰的此高温点处加热。由于内焰是由H_2和CO组成，能保护熔池金属不受空气的氧化和氮化，因此一般都应用中性焰进行焊接。

中性焰应用最广，低碳钢、中碳钢、低合金钢、不锈钢、紫铜、锡青铜、铝及铝合金、镁合金等气焊都适用中性焰。

（2）碳化焰

氧气与乙炔气的体积之比略低于1.0。碳化焰长而无力，焰心轮廓不清，温度较中性焰稍低，通常可达2700～3000℃。碳化焰常用于高碳钢、铸铁及硬质合金的焊接；但不能用于低、中碳钢的焊接，原因是火焰中乙炔气燃烧不完全，会使焊缝增碳而变脆。

碳化焰适用于气焊高碳钢、铸铁、高速钢、硬质合金、铝青铜等。

（3）氧化焰

氧气与乙炔气的体积之比略高于1.2。氧化焰短小有劲，焰心呈锥形，温度较中性均稍高,可达 3100～3300℃。氧化焰对熔池金属有较强的氧化作用,由于火焰具有氧化性,焊接碳钢易产生气体,并出现熔池沸腾现象,很少用于焊接,一般不宜采用。

实际应用中,只在焊接黄铜、镀锌铁板时才采用轻微氧化焰。

2. 气焊

气焊工艺包括气焊设备使用、气焊工艺规范制定、气焊操作技术、气焊焊接材料选择等方面的内容,这里主要介绍前两项内容。

1) 气焊设备

气焊设备包括氧气瓶、氧气减压器、乙炔发生器(或乙炔瓶和乙炔减压器)、回火防止器、焊炬和气管组成,如图 4-15 所示。

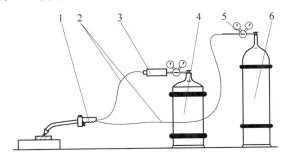

图 4-15　气焊设备组成
1—焊炬；2—气管；3—回火保险器；4—乙炔发生器；5—减压器；6—氧气瓶

(1) 氧气瓶。氧气瓶是运送和储存高压氧气的容器,其容积为 40 L,工作压力为 15 MPa。按照规定,氧气瓶外表漆成天蓝色,并用黑漆标明"氧气"字样。保管和使用时应防止沾染油污;放置时必须平稳可靠,不应与其他气瓶混在一起;不许曝晒、火烤及敲打,以防爆炸。使用氧气时,不得将瓶内氧气全部用完,最少应留 100～200 kPa,以便在再装氧气时吹除灰尘和避免混进其他气体。

(2) 减压器。减压器用于将气瓶中的高压氧气或乙炔气降低到工作所需要的低压,并能保证在气焊过程中气体压力基本稳定。通常,气焊时所需的工作压力一般都比较低,如氧气压力一般为 0.2～0.4 MPa,乙炔压力最高不超过 0.15 MPa。

(3) 乙炔瓶。乙炔瓶是储存和运送乙炔的容器,常用的乙炔瓶公称容积为 40 L,工作压力为 1.5 MPa。其外形与氧气瓶相似,外表漆成白色,并用红漆写上"乙炔"、"不可近火"等字样。在瓶体内装有浸满丙酮的多孔性填料,可使乙炔稳定而又安全地储存在瓶内。使用乙炔瓶时,除应遵守氧气瓶使用要求外,还应该注意:瓶体的温度不能超过 30～40℃;搬运、装卸、存放和使用时都应竖立放稳,严禁在地面上卧放并直接使用,一旦要使用已卧放的乙炔瓶,须先直立后静止 20 min,再接乙炔减压器后使用;不能遭受剧烈的振动。

(4) 回火保险器。在气焊或气割过程中,当气体压力不足、焊嘴堵塞、焊嘴太热或焊嘴离焊件太近时,会发生火焰沿着焊嘴回烧到输气管的现象,称为回火。回火防止器是防止火焰向输气管路或气源回烧而引起爆炸的一种保险装置。

(5) 焊炬。其功用是将氧气和乙炔按一定比例混合,以确定的速度由焊嘴喷出,进行燃烧以形成具有一定能率和性质稳定的焊接火焰。按乙炔气进入混合室的方式不同,焊炬可分成射吸式和等压式两种。最常用的是射吸式焊炬，其构造如图 4-16 所示。工作时，氧气从喷嘴以很高速度射入射吸管，将低压乙炔吸入射吸管，使两者在混合管充分混合后，由焊嘴喷出，点燃即成焊接火焰。

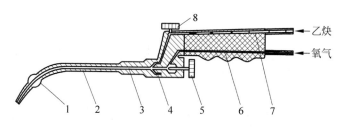

图 4-16　射吸式焊炬的构造

1—焊嘴；2—混合管；3—射吸管；4—喷嘴；5—氧气阀；6—氧气导管；7—乙炔导管；8—乙炔阀

（6）气管。氧气橡皮管为黑色，内径为 8 mm，工作压力是 1.5 MPa；乙炔橡皮管为红色，内径为 10 mm，工作压力是 0.5 MPa 或 1.0 MPa。橡皮管长一般 10～15 m。

2）气焊工艺规范

气焊工艺规范包括火焰性质、火焰能率、焊嘴的倾斜角度、焊接速度、焊丝直径等。

（1）火焰性质：根据被焊零件材料确定，见气体火焰。

（2）火焰能率：主要根据单位时间乙炔消耗量来确定。在焊件较厚、零件材料熔点高、导热性好、焊缝为平焊位置时，应采用较大的火焰能率，以保证焊件熔透，提高劳动生产率。焊炬规格、焊嘴号的选择、氧气压力的调节根据火焰能率调整。

（3）焊嘴的倾斜角度：指焊嘴与零件之间的夹角。焊嘴倾角要根据焊件的厚度、焊嘴的大小及焊接位置等因素决定。在焊接厚度大、熔点高的材料时，焊嘴倾角要大些，以使火焰集中、升温快；反之在焊接厚度小、熔点低的材料时，焊嘴倾角要小些，防止焊穿。

（4）焊接速度：焊速过快易造成焊缝熔合不良、未焊透等缺陷；焊速过慢则产生过热、焊穿等问题。焊接速度应根据零件厚度，在适当选择火焰能率的前提下，通过观察和判断熔池的熔化程度来掌握。

（5）焊丝直径：主要根据零件厚度确定，见表 4-4。

表 4-4　焊丝直径的选择

mm

零件厚度	焊丝直径 d	零件厚度	焊丝直径 d
1～2	1～2 或不加焊丝	5～10	3.2～4
2～3	2～3	10～15	4～5
3～5	3～3.2		

3. 气割

气割的设备除了用割炬代替焊炬外，其他与气焊相同。

气割是利用某些金属在纯氧中燃烧的原理来实现金属切割的方法。气割时打开割炬上的预热氧和乙炔阀门，利用氧-乙炔火焰将被切割金属预热到燃点，再打开高压氧气流，使金属在高温纯氧中剧烈燃烧并放热，借助氧气流的压力将切割处形成的氧化物吹走，形成较平整的切口。

气割是低碳钢和低合金钢切割中使用最普遍的方法。高碳钢、铸铁、不锈钢、铝、铜及铜合金不宜进行气割。

割炬也分为射吸式割炬和等压式割炬两种。

1) 射吸式割炬

其结构如图 4-17 所示,预热火焰的产生原理同射吸式焊炬,另外切割氧气流经切割氧气管,由割嘴的中心通道喷出,进行气割。割嘴形式最常用的是环形和梅花形,其构造如图 4-18 所示。

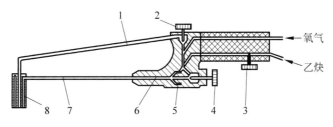

图 4-17　射吸式割炬结构

1—切割氧气管;2—切割氧气阀;3—乙炔阀;4—预热氧气阀;
5—喷嘴;6—射吸管;7—混合气管;8—割嘴

2) 等压式割炬

其构造如图 4-19 所示,靠调节乙炔的压力实现它与预热氧气的混合,产生预热火焰,要求乙炔源压力在中压以上。切割氧气流也是由单独的管道进入割嘴并喷出。

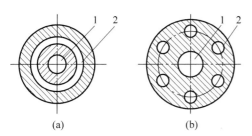

图 4-18　割嘴构造

(a) 环形割嘴;(b) 梅花形割嘴

1—切割氧孔道;2—混合气孔道

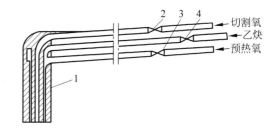

图 4-19　等压式割炬构造

1—割嘴;2—切割氧阀;3—预热氧阀;4—乙炔阀

4.2　基 本 技 能

4.2.1　焊接安全技术

1. 电焊

1) 保证设备安全

(1) 线路各连接点必须接触良好,防止因松动、接触不良而发热;

(2) 焊钳任何时候都不能放在工作台上,以免短路烧坏焊机;

(3) 发现焊机出现异常时,应立即停止工作,切断电源;

（4）操作完毕或检查焊机时必须关掉电源开关。

2）防止触电

（1）焊前检查弧焊机外壳接地是否良好；

（2）焊钳和焊接电缆的绝缘必须良好；

（3）焊接操作前应穿好绝缘鞋、戴好电焊手套；

（4）人体不要同时触及弧焊机输出端两极；

（5）发生触电时，应立即切断电源。

3）防止弧光伤害

（1）穿好工作服、戴电弧手套，以免弧光伤害皮肤；

（2）焊接时必须使用面罩（焊帽），保护眼睛和脸部；

（3）拉好操作间的布帘，以免弧光伤害他人。

4）防止烫伤

（1）清渣时要注意焊渣飞出方向，防止烫伤眼睛和脸部；

（2）焊件焊后应该用火钳夹持，不准用手直接拿。

5）防止烟尘中毒

焊条电弧焊的工作场所应采取良好的通风措施。

6）防火、防爆

焊条电弧工作场地周围不能有易燃易爆物品，工作完毕应检查周围有无火种。

2. 气焊（气割）

（1）使用氧气瓶时要保证安全，注意防止氧气瓶爆炸。

① 放置氧气瓶必须平稳可靠，不应与其他气瓶混放在一起；

② 运输时应避免互相撞击；

③ 氧气瓶不能靠近气焊（割）工作场地和其他热源；

④ 氧气瓶夏天防止暴晒，严禁火烤；

⑤ 氧气瓶上严禁漆油脂。

（2）使用乙炔时，严格按照氧气瓶使用要求进行操作，同时应注意，瓶体的温度不能超过 40℃。乙炔瓶只能直立，不能横躺卧放，不得受到剧烈振动，存放乙炔瓶的场所应注意通风。

（3）使用气焊（割）时，设备上必须安装回火保险器，并定期检查回火保险器的灵敏度。氧气瓶与乙炔瓶之间距离应大于 5 m，氧气瓶、乙炔瓶与火源之间距离应大于 10 m。

（4）夏天使用时必须检查水位阀水位是否正常。

4.2.2 焊接操作训练

1. 训练目的

（1）掌握手工电弧平焊的操作，进行引弧、运条及调节电流大小；

（2）熟悉气焊点火、灭火、火焰调整和平焊操作；

（3）掌握气割操作技术。

2. 设备及工具

交流弧焊机、焊钳、焊条、氧气、乙炔、焊炬、割炬等。

3. 训练内容及步骤

1）焊条电弧焊训练

（1）引弧方法

焊接电弧的建立称引弧,焊条电弧焊有两种引弧方式:划擦法和直击法。

划擦法操作是在焊机电源开启后,将焊条末端对准焊缝,并保持两者的距离在 15 mm 以内,依靠手腕的转动,使焊条在零件表面轻划一下,并立即提起 2～4 mm,电弧引燃,然后开始正常焊接。

直击法是在焊机开启后,先将焊条末端对准焊缝,然后稍点一下手腕,使焊条轻轻撞击零件,随即提起 2～4 mm,就能使电弧引燃,开始焊接。

（2）焊条的运动操作

焊条电弧焊是依靠人手工操作焊条运动实现焊接的,此种操作也称运条。运条包括控制焊条角度、焊条送进、焊条摆动和焊条前移,如图 4-20 所示。运条技术的具体运用根据零件材质、接头形式、焊接位置、焊件厚度等因素决定。常见的焊条电弧焊运条方法如

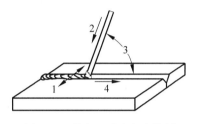

图 4-20　焊条运动和角度控制
1—横向摆动；2—送进运动；
3—焊条与零件夹角 70°～80°；4—焊条前移

图 4-21 所示,直线形运条方法适用于板厚 3～5 mm 的不开坡口对接平焊,锯齿形运条法多用于厚板的焊接;月牙形运条法对熔池加热时间长,容易使熔池中的气体和熔渣浮出,有利于得到高质量焊缝;斜三角形同正三角形运条法类似,正三角形运条法适合于不开坡口的对接接头和 T 形接头的立焊;圆圈形运条法适合于焊接较厚零件的平焊缝。

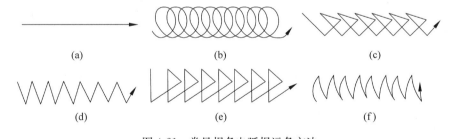

图 4-21　常见焊条电弧焊运条方法
(a) 直线形；(b) 圆圈形；(c) 斜三角形；(d) 锯齿形；(e) 正三角形；(f) 月牙形

（3）焊缝的起头、接头和收尾

焊缝的起头是指焊缝起焊时的操作,由于此时零件温度低、电弧稳定性差,焊缝容易出现气孔、未焊透等缺陷,为避免此现象,应该在引弧后将电弧稍微拉长,对零件起焊部位进行适当预热,并且多次往复运条,达到所需要的熔深和熔宽后再调到正常的弧长进行焊接。

在完成一条长焊缝焊接时,往往要消耗多根焊条,这里就有前后焊条更换时焊缝接头的问题。为不影响焊缝成形,保证接头处的焊接质量,更换焊条的动作越快越好,并在接头弧

坑前约 15 mm 处起弧,然后移到原来弧坑位置进行焊接。

焊缝的收尾是指焊缝结束时的操作。焊条电弧焊一般熄弧时都会留下弧坑,过深的弧坑会导致焊缝收尾处缩孔、产生弧坑应力裂纹。在进行焊缝的收尾操作时,应保持正常的熔池温度,作无直线运动的横摆点焊动作,逐渐填满熔池后再将电弧拉向一侧熄灭。此外还有 3 种焊缝收尾的操作方法,即划圈收尾法、反复断弧收尾法和回焊收尾法,在实践中常用。

（4）手工电弧焊操作

在两块 5 mm×200 mm 厚的钢板上,在平焊位置焊接一条长度为 200 mm 的直焊缝,要求规范正确地选择电焊机电流、焊条等参数工作。

（5）结果分析

电弧稳定性、焊缝外观成形、焊透与咬边、焊缝中的气孔等缺陷分析。

2）气焊训练

（1）气焊材料选择

气焊材料主要有焊丝和焊剂。焊丝有碳钢焊丝、低合金钢焊丝、不锈钢焊丝、铸铁焊丝、铜及铜合金焊丝、铝及铝合金焊丝等种类,焊接时根据零件材料对应选择,达到焊缝金属的性能与母材匹配的效果。在焊接不锈钢、铸铁、铜及铜合金、铝及铝合金时,为防止因氧化物而产生的夹杂物和熔合困难,应加入焊剂。一般将焊剂直接撒在焊件坡口上或蘸在气焊丝上。在高温下,焊剂与金属熔池内的金属氧化物或非金属夹杂物相互作用生成熔渣,覆盖在熔池表面,以隔绝空气,防止熔池金属继续氧化。

（2）准备

点火时首先打开氧气阀门,再开启乙炔阀门,用打火机在割嘴点火,调节氧气阀门大小,改变氧气和乙炔的混合比,得到不同的火焰。然后按焊接要求调节好火焰的性质即可进行焊接作业了。

当火焰熄灭时,首先关闭可燃气体,即灭火时应先关闭乙炔阀门,后关闭氧气阀门。

注意：若顺序颠倒先关闭氧气调节阀,会冒黑烟或产生回火!

（3）气焊操作

在 2～5 mm 厚的钢板上,气焊一条长度为 100 mm 的直焊缝,要求按照规范正确地选择气焊材料、点火、调整火焰等参数工作。

① 左焊法和右焊法

左焊法：焊接方向是自左向右运行,火焰热量较集中,并对熔池起到保护作用,适用于焊接厚度大、熔点较高的零件,但操作难度大,一般采用较少。

右焊法：焊接方向是自右向左运行,由于焊接火焰与零件有一定的倾斜角度,所以熔池较浅,适用于焊接薄板,因右焊法操作简单,应用普遍。

气焊低碳钢时,左焊法焊嘴与零件夹角为 $50°～60°$,右焊法焊嘴与零件夹角为 $30°～50°$。

② 焊炬运走

气焊操作一般左手拿焊丝,右手持焊炬。焊接过程中,焊炬除沿焊接方向前进外,还应根据焊缝宽度作一定幅度的横向运动,如在焊薄板卷边接头时做小锯齿形或小斜圆形运动、不开坡口对接接头焊接时作圆圈运动等。

③ 焊丝运走

焊丝运走除随焊炬运动外,还有焊丝的送进。平焊位焊丝与焊炬的夹角可在90°左右,焊丝要送到熔池中,与母材同时熔化。至于焊丝送进速度、摆动形式或点动送进方式须根据焊接接头形式、母材熔化等具体情况决定。

(4)结果分析

焊缝外观成形、焊透与咬边、焊缝中的气孔等缺陷,并分析填入实习报告。

3)气割训练

(1)气割

切割开始前,清除零件切割处及附近的油污、铁锈等杂物,零件下面留出一定的空间,以利于氧化渣的排出;切割时,先点燃火焰,调整成中性焰或轻微氧化焰进行预热,将起割处金属加热到接近熔点温度,再打开切割氧进行气割;切割结束后,先关闭切割氧,再关闭乙炔,最后关闭预热氧,将火焰熄灭。

(2)切割规范

切割规范包括切割氧气压力、切割速度、预热火焰能率、割嘴倾角、割嘴与零件表面间距等。当零件厚度增加时,应增大切割氧压力和预热火焰能率,适当减小切割速度;而氧气纯度提高时,可适当降低切割氧压力,提高切割速度。切割氧气压力、切割速度、预热火焰能率三者的恰当选择可以保证切口整齐。割嘴倾角如图4-22所示,其选择根据具体情况而定,机械切割和手工曲线切割时,割嘴与零件表面垂直;在手工切割30 mm以下零件时,采用20°~30°的后倾角;切割30 mm以上零件时,先采用5°~10°的前倾角,割穿后,割嘴垂直于零件表面,快结束时,采用5°~10°的后倾角。控制割嘴与零件的距离,使火焰焰心与零件表面的距离为3~5 mm。

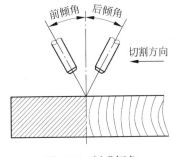

图4-22 割嘴倾角

(3)气割训练

工作时,先点燃预热火焰,调到中性焰,使工件的切割边缘加热到金属的燃烧点(黄白色,约1300℃),然后打开切割氧气阀门(>0.4 MPa)进行切割。

气割必须从工件的边缘开始。如果要在工件的中部挖割内腔,则应在开始气割处先钻一个大于$\phi5$的孔,以便气割时排出氧化物,并使氧气流能吹到工件的整个厚度上。在批量生产时,气割工作可在切割机上进行。割炬能沿着一定的导轨自动作直线、圆弧和各种曲线运动,准确地切割出所要求的工件形状。

要求学生独立完成以下气割训练:在2~5 mm厚的钢板上,完成3条长度为200 mm的切割,要求按照规范正确地选择气割材料、点火、调整火焰等参数工作。

(4)结果分析

分析割口外观变形等优缺点,填入实习报告。

复习思考题

1. 焊接的基本方法分为哪几大类？
2. 焊条直径、焊接电流值的选取与焊接件的板厚之间有什么关系？
3. 请说明焊条药皮的组成及其作用。
4. 请说明我们所使用的电弧焊机一般由哪几部分组成。
5. 氧-乙炔火焰有哪几种类型？说明它们的特征和应用范围。
6. 气割金属必须满足的条件是什么？
7. 气焊过程中发生回火的原因是什么？发生回火后如何处理？

车 削

5.1 基 本 知 识

5.1.1 车削概述

车削是在车床上以工件旋转为主运动,车刀在平面内作直线或曲线移动为进给运动,从而改变毛坯形状和尺寸的一种切削加工方法。

车床主要用于加工各种回转体表面,凡具有回转体表面的工件,都可以在车床上加工。车削加工既适合于单件小批量零件的加工生产,又适合于大批量零件的加工生产。

车削加工可以在卧式车床、立式车床、转塔车床、仿形车床、仪表车床、自动车床、数控车床及各种专用车床上进行,以满足不同尺寸和形状的零件加工及提高劳动生产率,其中普通卧式车床应用最广。

5.1.2 普通车床

各种机床代号均用汉语拼音字母和数字按一定规律组合进行编号,以表示机床的类型和主要规格。根据 GB/T 15375—1994 的规定,车床型号由汉语拼音字母和数字组成。车工实习中常用的车床型号为 C6132A,具体含义为:

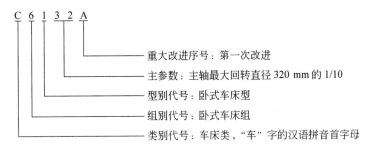

1. 车床的组成

普通卧式车床有各种型号,其结构大同小异。图 5-1 所示为 C6132 型卧式普通车床的组成,图 5-2 所示为 C6132 型卧式普通车床的操作手柄。

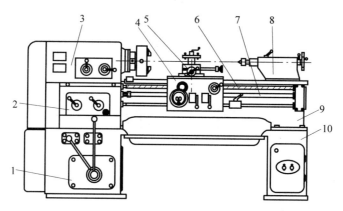

图 5-1　C6132 型卧式车床组成

1—变速箱；2—进给箱；3—主轴箱；4—溜板箱；5—刀架；

6—丝杠；7—光杠；8—尾座；9—床身；10—床腿

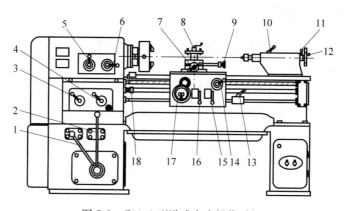

图 5-2　C6132 型卧式车床操作手柄

1、2、6—主运动变速手柄；3、4—进给运动变速手柄；5—刀架纵向移动变速手柄；

7—刀架横向移动手柄；8—方刀架锁紧手柄；9—小滑板移动手柄；10—尾座套筒锁紧手柄；

11—尾座锁紧手柄；12—尾座套筒移动手轮；13—主轴正反转及停止手柄；

14—开合螺母手柄；15—横向进给自动手柄；16—纵向进给自动手柄；

17—纵向进给手动手轮；18—光杠、丝杠更换使用的离合器

1）变速箱

变速箱用于主轴的变速。变速箱内有变速齿轮,通过操纵变速箱和主轴箱外面的变速手柄,改变齿轮或离合器的位置,可使主轴获得不同的速度。变速箱远离主轴的目的是减少其振动和发热对主轴的干扰,影响零件的加工精度。

2）进给箱

进给箱是传递进给运动并改变进给速度的变速机构。通过传入进给箱的运动,改变变速齿轮的啮合位置,可使光杠或丝杠获得不同的转速,从而获得加工所需要的进给量或螺距。

3）主轴箱

主轴箱内装有主轴和主轴的变速机构,可使主轴获得多种转速。主轴为空心结构,以便穿过长工件。主轴前端的内锥面可用来安装顶尖,外锥面可安装卡盘等车床附件,用于装夹

工件。

4）溜板箱

使光杠或丝杠的转动改变为刀架的自动进给运动是用溜板箱操纵的。自动进给车削端面或外圆,是由光杠的旋转运动变为车刀的横向或纵向移动来实现的;车削螺纹是由丝杠的旋转运动变为车刀的纵向移动来实现的。溜板箱中设有互锁机构,使光杠、丝杠两者不能共用。

5）刀架

车床刀架结构如图5-3所示。刀架用来装夹车刀并使其作纵向、横向或斜向运动。方刀架2用来安装车刀,小滑板4作手动短行程的纵向或斜向进给运动来车削圆柱面或圆锥面,转盘3用螺栓与中滑板1紧固在一起,松开螺母6,转盘可在水平面内旋转任意角度。中滑板1沿床鞍7上面的导轨作手动或自动横向进给运动。床鞍7与溜板箱连接,带动车刀沿床身导轨作纵向进给运动。

6）尾座

尾座用于安装后顶尖以支持工件,或安装钻头、铰刀等刀具进行孔加工。可通过压板和固定螺钉将尾座固定在床身导轨上某一所需位置。可调整尾座位置,使顶尖中心对准主轴中心,或偏离一定距离车削长圆锥面。图5-4所示为车床尾座。

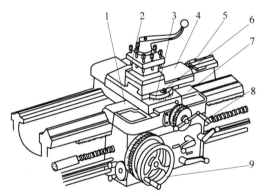

图5-3　车床刀架结构

1—中滑板;2—方刀架;3—转盘;4—小滑板;
5—小滑板手柄;6—螺母;7—床鞍;
8—中滑板手柄;9—床鞍手轮

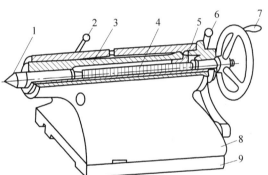

图5-4　车床尾座

1—顶尖;2—套筒锁紧手柄;3—顶尖套筒;
4—丝杠;5—螺母;6—尾座锁紧手柄;
7—手轮;8—尾座体;9—底座

7）床身

床身用于支承各主要部件,保证这些部件在工作时保持准确的相对位置。床身上的导轨,用以引导溜板箱和尾座相对于主轴的移动。

2. 车床零件的安装及附件

安装零件时,应使被加工零件表面的回转中心和车床主轴的轴线重合,以保证零件在加工之前有一个正确的位置,即定位。零件定位后还要夹紧,以承受切削力、重力等。所以零件在机床(或夹具)上的安装一般要经过定位和夹紧两个过程。按零件的形状、大小和加工批量不同,安装零件的方法及所用附件也不同。在普通车床上常用的附件有三爪自定心卡盘、四爪单动卡盘、顶尖、跟刀架、中心架、心轴、花盘等。这些附件一般由专业厂家生产作为车床附件配套供应。

1) 用三爪自动定心卡盘安装零件

三爪自动定心卡盘的内部结构如图 5-5(a)所示。当用卡盘扳手转动小锥齿轮时,大锥齿轮也随之转动,在大锥齿轮背面平面螺纹的作用下,使 3 个爪同时向心移动或退出,以夹紧或松开工件。当零件直径较小时,用正爪装夹,如图 5-5(b)所示。当零件直径较大时,可换上反爪进行装夹,如图 5-5(c)所示。三爪自定心卡盘定心精度不高,夹紧力较小,仅适于夹持表面光滑的圆柱形等零件,不适于单独安装重量大或截面形状复杂的零件。由于 3 个卡爪是同时移动的,装夹零件时能自动定心,可快速装夹零件。三爪自定心卡盘是车床最常用的通用夹具。

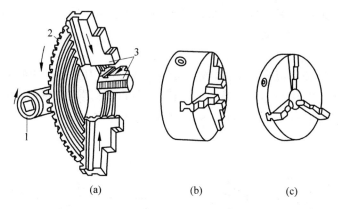

(a)　　　　　　　(b)　　　　　　　(c)

图 5-5　三爪自定心卡盘构造
(a) 内部结构；(b) 正爪状态；(c) 反爪状态
1—小锥齿轮；2—大锥齿轮；3—卡爪

2) 用四爪单动卡盘安装零件

四爪单动卡盘是机床上常用的通用夹具,如图 5-6(a)所示。它的 4 个卡爪的径向位移由 4 个螺杆单独调整,不能自动定心,因此在安装零件时找正时间较长,技术水平要求高。四爪单动卡盘卡紧力大,适于装夹圆形零件,还可装不规则形状的零件。四爪单动卡盘只适用于单件小批量生产。

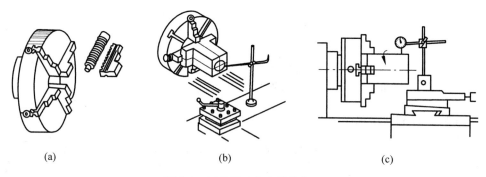

(a)　　　　　　　(b)　　　　　　　(c)

图 5-6　四爪单动卡盘及其找正
(a) 四爪单动卡盘；(b) 用划线盘找正；(c) 用百分表找正

四爪单动卡盘安装零件时,一般用划线盘按零件外圆或内孔进行找正。当要求定位精度达到 0.02～0.05 mm 时,可以划出加工界线用划线盘进行找正,如图 5-6(b)所示。当要求定位精度达到 0.01 mm 时,可用百分表找正,如图 5-6(c)所示。

3) 用一顶一夹安装零件

对较长的工件,尤其是重要的工件,不能直接用三爪自定心卡盘装夹,而要一端夹住,另一端用后顶尖顶住的装夹方法。这种装夹方法能承受较大的轴向切削力,且刚性大大提高,同时可提高切削用量。

4) 用双顶尖安装零件

对同轴度要求比较高且需要调头加工的轴类工件,常用双顶尖装夹工件。前顶尖为普通顶尖,装在主轴孔内,并随主轴一起转动;后顶尖为活顶尖,装在尾架套筒内。零件利用中心孔被顶在前后顶尖之间,并通过拨盘和卡箍随主轴一起转动,如图 5-7 所示。

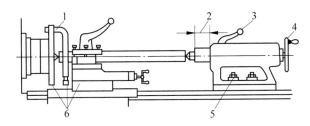

图 5-7　用双顶尖安装零件

1—夹紧零件；2—调整套筒伸出长度；3—锁紧套筒；4—调整零件在顶尖间的松紧度；

5—将尾座固定；6—刀架移至车削行程左侧,用手转动拨盘,检查是否碰撞

5) 顶尖、跟刀架及中心架

顶尖、跟刀架及中心架是车床的主要附件。当车细长轴(长度与直径之比大于 20)时,由于零件本身的刚性不足,为防止零件在切削力作用下产生弯曲变形而影响加工精度,除了用顶尖安装零件外,还常用中心架或跟刀架作附加的辅助支承。

(1) 顶尖

在顶尖上安装轴类零件,由于两端都是锥面定位,其定位的准确度比较高,通过多次装卸与调头,能保证各外圆面有较高的同轴度。

常用的顶尖有死顶尖和活顶尖两种,前顶尖采用死顶尖,后顶尖易磨损,在高速切削时常采用活顶尖。

(2) 跟刀架

跟刀架主要用于精车或半精车细长光轴类零件,如丝杠和光杠等。如图 5-8 所示,跟刀架被固定在车床床鞍上,与刀架一起移动,使用时,先在零件上靠后顶尖的一端车出一小段外圆,根据它调节跟刀架的两支承,然后再车出全轴长。使用跟刀架可以抵消因刀具对零件的径向切削力而引起的变形,从而提高加工精度和表面质量。

(3) 中心架

中心架一般多用于加工阶梯轴及在长杆件端面进行钻孔、镗孔或攻螺纹。对不能通过机床主轴孔的大直径长轴进行车端面时,也经常使用中心架。如图 5-9 所示,中心架由压板螺钉紧固在车床导轨上,以互成 120°的 3 个支承爪支承在零件预先加工的外圆面上进行加工,增加零件的刚度。

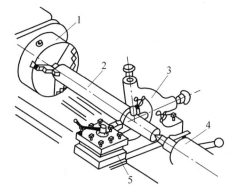

图 5-8　跟刀架的使用

1—三爪自定心卡盘；2—零件；

3—跟刀架；4—尾座；5—刀架

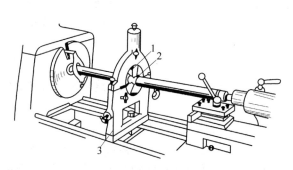

图 5-9　中心架的使用

1—可调节支承爪；2—预先车出的外圆面；

3—中心架

　　应用跟刀架或中心架时，零件被支承部位即加工过的外圆表面，要加机油润滑。零件的转速不能过高且支承爪与零件的接触压力不能过大，以免零件与支承爪之间摩擦过热而烧坏或磨损支承。但支承爪与零件的接触压力也不能过小，以免起不到辅助支承的作用。

5.1.3　车刀

　　在金属切削加工中，直接参与切削的是刀具。为使刀具具有良好的切削性能，必须选择合适的刀具材料、合理的切削角度及适当的结构。虽然车刀的种类及形状多种多样，但其材料、结构、角度、刃磨及安装基本相似。

1. 车刀的分类

　　车刀是一种单刃刀具，其种类很多，按用途可分为偏刀、尖刀、镗刀、切刀、成形刀等，如图 5-10 所示。

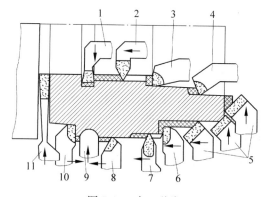

图 5-10　车刀种类

1—车槽镗刀；2—内螺纹车刀；3—盲孔镗刀；4—通孔镗刀；5—弯头外圆车刀；6—右偏刀；

7—外螺纹车刀；8—直头外圆车刀；9—成形车刀；10—左偏刀；11—切断刀

车刀常见结构形式有下两种：

（1）整体式车刀：车刀的切削部分与夹持部分材料相同，为高速钢刀具，适用于在小型车床上加工零件或加工有色金属及非金属，如图 5-11 所示。

（2）焊接式车刀：车刀的切削部分与夹持部分材料完全不同，切削部分材料多以硬质合金刀片形式焊接在刀杆上，如图 5-12 所示。

图 5-11　整体式车刀

图 5-12　焊接式车刀

2. 车刀的安装

车刀应正确牢固地安装在刀架上，如图 5-13(a)所示。安装车刀注意几点：

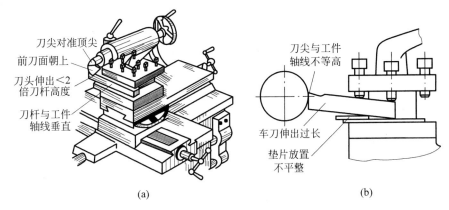

图 5-13　车刀的安装

（a）正确；（b）错误

（1）刀尖应与车床主轴中心线等高。车刀装得过高，会发生后刀面与工件之间的摩擦。装得太低，切削时工件会被抬起，同时零件端面中心留有凸台。刀尖的高低，可根据尾架顶尖高低来调整。如图 5-13(b)所示。

（2）刀头伸出长度应小于刀杆厚度的 2 倍，以防切削时产生振动，影响加工质量。

（3）车刀底面的垫片要平整，并尽可能用厚垫片，以减少垫片数量。调整好刀尖高低后，用两个螺钉交替拧紧将车刀压紧。

（4）用手锁紧方刀架，不可用硬物敲打方刀架锁紧手柄。

（5）装好零件和刀具后，检查加工极限位置是否会干涉、碰撞。

5.1.4　车削工艺

利用车床和各种附件，选用不同的车刀，用以加工端面、外圆、内孔及螺纹面等各种回转体是车削加工中的基本内容。车削加工所能完成的典型表面如图 5-14 所示。此外，在车床上还可以绕制弹簧。

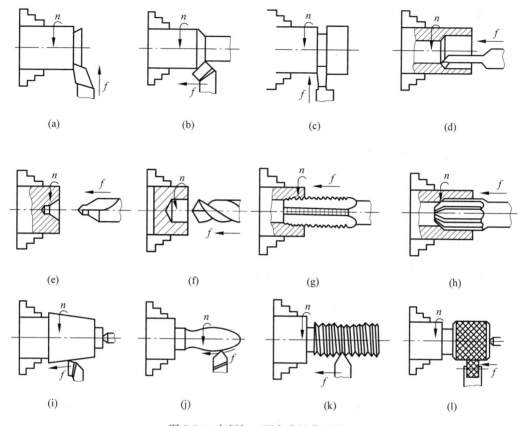

图 5-14　车削加工可完成的典型表面

(a) 车端面；(b) 车外圆；(c) 切槽；(d) 镗孔；(e) 钻中心孔；(f) 钻孔；

(g) 攻螺纹；(h) 铰孔；(i) 车锥面；(j) 车成形面；(k) 车螺纹；(l) 滚花

1. 车端面

对工件的端面进行车削的方法叫车端面。端面常作为轴套类、盘类零件的轴向基准，因此，端面的车削将将作为轴向基准首先完成。

用右偏刀由外向中心车端面如图 5-15(a)所示，车端面时是副切削刃参加切削，当车到中心时，凸台突然车掉，刀头易损坏，切削深度大时，易轧刀。

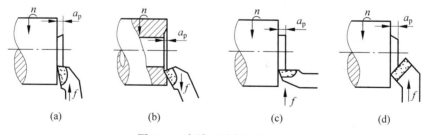

图 5-15　车端面时车刀的选择

用右偏刀由中心向外车端面如图 5-15(b)所示，由主切削刃切削，切削条件有所改善。

用左偏刀由外向中心车端面如图 5-15(c)所示，主切削刃切削，凸台逐渐被车掉，切削条件较好,加工质量较高。

用弯头刀由外向中心进给精车中心不带孔或带孔的端面时如图 5-15(d)所示,由主切削刃切削,切削条件较好,能提高切削质量。

2. 车外圆

车外圆是车削加工中最基本的操作。车外圆可分别用图 5-16 所示的各种车刀。直头车刀(尖刀)的形状简单,主要用于粗车无台阶的光滑轴和盘套类的外圆;弯头车刀不但可以车外圆,还可以车端面和倒角;偏刀可用于加工有台阶的外圆和细长轴。

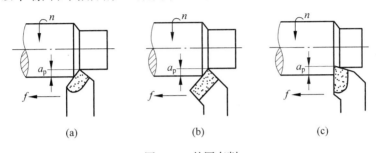

图 5-16　外圆车削
(a) 尖刀车外圆;(b) 弯头车刀车外圆;(c) 偏刀车外圆

直头和弯头车刀的刀头部分强度好,常用于粗加工和半精加工,而 90°偏刀常用于精加工。

3. 车台阶

台阶面是常见的机械结构,它由几段圆柱面和端面组成,车轴上的台阶面应使用偏刀。

车削时应兼顾外圆直径和台阶长度两个方向的尺寸,还必须保证台阶平面与工件轴线的垂直度要求。

(1) 车台阶的高度小于 5 mm 时,应使车刀主切削刃垂直于零件的轴线,台阶可一次车出。装刀时可用 90°尺对刀,如图 5-17(a)所示。

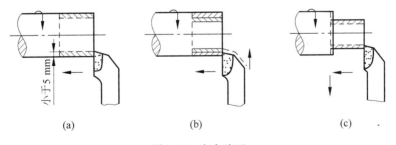

图 5-17　车台阶面
(a) 车低台阶;(b)、(c) 车高台阶

(2) 车台阶高度大于 5 mm 时,应使车刀主切削刃与零件轴线约成 95°,分层纵向进给切削,如图 5-17(b)所示。最后一次纵向进给时,车刀刀尖应紧贴台阶端面横向退出,以车出 90°台阶,如图 5-17(c)所示。

(3) 台阶长度尺寸要求较低时可直接用大拖板刻度盘控制(1 mm/小格),也可用钢直尺或样板确定位置。长度尺寸要求较高且长度较短时,可用小滑板刻度盘控制其长度。

4. 车圆锥面及成形面

1) 车圆锥面

在机械制造业中,除采用内外圆柱面作为配合表面外,还广泛采用内外圆锥面作为配合表面,如车床主轴的锥孔、尾座的套筒、钻头的锥柄等。这是因为圆锥面配合紧密,拆卸方便,而且多次拆卸仍能准确定心。

车削圆锥面常用的方法有宽刀法和转动小刀架法。

（1）宽刀法

如图 5-18 所示,车刀的主切削刃与零件轴线间的夹角等于零件的半锥角 α。其特点是加工迅速,能车削任意角度的内外圆锥面,但不能车削太长的圆锥面,并要求机床与零件系统有较好的刚性。

（2）小刀架转位法

如图 5-19 所示,转动小刀架,使其导轨与主轴轴线成半锥角 α 后再紧固其转盘,摇小刀架进给手柄车出锥面。

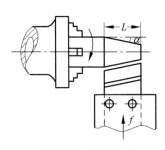

图 5-18 宽刀法

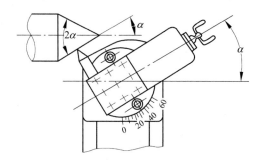

图 5-19 小刀架转位法

此法调整方便,操作简单,加工质量较好,适于车削任意角度的内外圆锥面;但受小刀架行程限制,只能手动车削长度较短的圆锥面。

2) 车削成形面

在普通车床上加工成形面一般有以下两种方法。

（1）用普通车刀车成形面

此法是手动控制成形。双手操纵中、小滑板手柄,使刀尖的运动轨迹与回转成形面的母线相符。用此法加工成形面需要较高的技艺,零件成形后,还需进行锉修,生产率较低。

（2）用成形车刀车削成形面

如图 5-20 所示,此法要求切削刃形状与零件表面相吻合,装刀时刃口要与零件轴线等高,加工精度取决于刀具。由于车刀和零件接触面积大,容易引起振动,因此,需采用小切削用量,只作横向进给,且要有良好的润滑条件。此法操作方便,生产率高,且能获得精确的表面形状。但由于受零件表面形状和尺寸的限制,且刀具制造、刃磨较困难,因

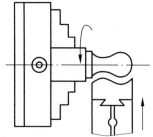

图 5-20 用成形车刀车削成形面

此,只在成批生产较短成形面的零件时采用。

5. 车槽及切断

回转体表面常有退刀槽、砂轮越程槽等沟槽,在回转体表面上车出沟槽的方法称为车槽。切断是将坯料或零件从夹持端上分离出来,主要用于圆棒料按尺寸要求下料或把加工完毕的零件从坯料上切下来。

1)切槽刀与切断刀

切槽刀(见图 5-21)前端为主切削刃,两侧为副切削刃。切断刀的刀头形状与切槽刀相似,但其主切削刃较窄,刀头较长,切槽与切断都是以横向进刀为主。

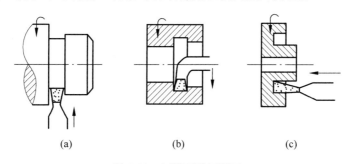

(a)　　　　　　　(b)　　　　　　　(c)

图 5-21　切槽刀及切断刀

(a) 切外槽;(b) 切内槽;(c) 切端面槽

2)刀具安装

应使切槽刀或切断刀的主切削刃平行于零件轴线,两副偏角相等,刀尖与零件轴线等高,详见图 5-13。

3)切槽操作

(1)切窄槽时,主切削刃宽度等于槽宽,在横向进刀中一次切出。

(2)切宽槽时,主切削刃宽度可小于槽宽,在横向进刀中分多次切出。

4)切断操作

(1)切断处应靠近卡盘,以免引起零件振动和变形。

(2)注意正确安装切断刀。

(3)切削速度应低些,主轴和刀架各部分配合间隙要小。

(4)手动进给要均匀,快切断时,应放慢进给速度,以防刀头折断。

6. 车螺纹

在车床上能车削各种螺纹,现以车削普通螺纹为例予以说明。

1)螺纹车刀及安装

车刀的刀尖角度必须与螺纹牙型角相等,车刀前角等于零度。车刀刃磨时按样板刃磨,刃磨后用油石修光。安装车刀详见图 5-13。调整时,用对刀样板对刀,保证刀尖角的等分线严格地垂直于零件的轴线。

2)车削螺纹操作

在车床上车削单头螺纹的实质就是使车刀的纵向进给量等于螺纹的螺距。为保证螺距的精度,应使用丝杠与开合螺母的传动来完成刀架的进给运动。车螺纹要经过多次走刀才能完成,在多次走刀过程中,必须保证车刀每次都落入已切出的螺纹槽内,否则,就会发生"乱扣"现象。当丝杠的螺距 P_s 是被加工螺纹螺距 P 的整数倍时,可任意打开、合上开合螺母,车刀总会落入原来已切出的螺纹槽内,不会"乱扣"。若不为整数倍时,多次走刀和退刀时,均不能打开开合螺母,否则将发生"乱扣"现象。车外螺纹的操作步骤如下:

　　(1) 开车对刀,使车刀与零件轻微接触,记下刻度盘读数,向右退出车刀,如图 5-22(a)所示。

　　(2) 合上开合螺母,在零件表面上车出一条螺纹线,横向退出车刀,停车,如图 5-22(b)所示。

　　(3) 开反车使车刀退到零件右端,停车,用钢直尺检查螺距是否正确,如图 5-22(c)所示。

　　(4) 利用刻度盘调整背吃刀量,开车切削,如图 5-22(d)所示。

　　(5) 刀将车至行程终了时,应做好退刀停车准备,先快速退出车刀,然后停车,开反车退回刀架,如图 5-22(e)所示。

　　(6) 再次横向切入,继续切削,如图 5-22(f)所示。

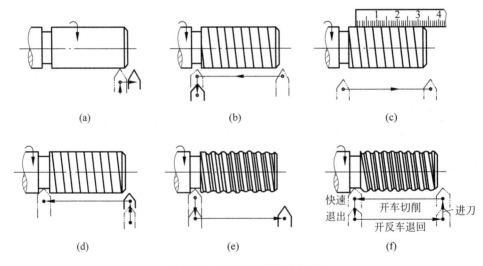

图 5-22　车削外螺纹操作步骤

(a) 开车对刀；(b) 刻划螺纹线；(c) 检查螺距；(d) 车螺纹；(e) 快速退刀；(f) 继续车螺纹至合格

　　3) 车螺纹的进刀方法

　　(1) 直进刀法:用中滑板横向进刀,两切削刃和刀尖同时参加切削。直进刀法操作方便,能保证螺纹牙型精度,但车刀受力大,散热差,排屑难,刀尖易磨损。此法适用于车削脆性材料、小螺距螺纹或精车螺纹。

　　(2) 斜进刀法:用中滑板横向进刀和小滑板纵向进刀相配合,使车刀基本上只有一个切削刃参加切削,车刀受力小,散热、排屑有改善,可提高生产率。但螺纹牙型的一侧表面粗糙度值较大,所以在最后一刀要留有余量,用直进法进刀修光牙型两侧。此法适用于塑性材料和大螺距螺纹的粗车。

　　不论采用哪种进刀方法,每次的切深量要小,而总切深度由刻度盘控制,并借助螺纹量规测量。测量外螺纹用螺纹环规,测量内螺纹用螺纹塞规。根据螺纹中径的公差,每种量规有过规、止规（塞规一般做在一根轴上，有过端、止端）。如果过规或过端能旋入螺纹，而止规或止端不能旋入时，则说明所车的螺纹中径是合格的。螺纹精度不高或单件生产且没有合适的螺纹量规时，也可用与其相配件进行检验。

4）注意事项

（1）调整中、小滑板导轨上的斜铁，保证合适的配合间隙，使刀架移动均匀、平稳。

（2）若由顶尖上取下零件测量时，不得松开卡箍。重新安装零件时，必须使卡箍与拨盘保持原来的相对位置，并且须对刀检查。

（3）若需在切削中途换刀，则应重新对刀。由于传动系统存在间隙，对刀时应先使车刀沿切削方向走一段距离，停车后再进行对刀。此时移动小滑板使车刀切削刃与螺纹槽相吻合即可。

（4）为保证每次走刀时，刀尖都能正确落在前次车削的螺纹槽内，当丝杠的螺距不是被加工螺纹螺距的整数倍时，不能在车削过程中打开开合螺母，应采用正反车法。

（5）车削螺纹时严禁用手触摸零件或用棉纱擦拭旋转的螺纹。

7. 滚花

滚花是用滚花刀挤压零件，使其表面产生塑性变形而形成花纹。花纹一般有直纹和网纹两种，滚花刀也分直纹滚花刀和网纹滚花刀。如图 5-23 所示，滚花前，应将滚花部分的直径车削得比零件所要求尺寸（0.15～0.8 mm）大些；然后将滚花刀的表面与零件平行接触，且使滚花刀中心线与零件中心线等高。在滚花开始进刀时，需用较大压力，待进刀一定深度后，再纵向自动进给，这样往复滚压1～2次，直到滚好为止。此外，滚花时零件转速要低，通常还需供给冷却液。

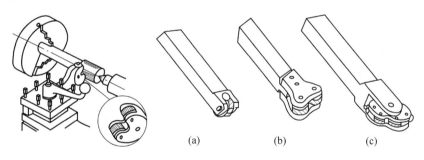

图 5-23　滚花
（a）单轮滚花刀；（b）双轮滚花刀；（c）三轮滚花刀

5.2　基 本 技 能

5.2.1　车削安全技术

1. 开车以前

（1）检查机床各手柄是否处于正常位置；

（2）检查传动带、齿轮安全罩是否装好；

（3）对各油点加油润滑。

2. 安装工件

（1）工件要装正、夹牢；

（2）工件安装、拆卸完毕后随手取下卡盘扳手；

（3）安装、拆卸大工件时要用木板保护床面。

3. 安装刀具

（1）刀具要垫好、放正、夹牢；

（2）装卸刀具和切削加工时，均要先锁紧方刀架；

（3）装好工件和刀具后，要进行极限位置检查。

4. 开车以后

（1）不能改变主轴转速；

（2）不能度量工件尺寸；

（3）不能用手触摸旋转的工件；

（4）不能用手触摸切屑；

（5）切削时要戴好防护眼镜；

（6）切削时要精力集中，不许离开机床；

（7）严禁用手刹住转动的卡盘；

（8）工作中严禁戴手套。

5. 下班之前

（1）擦净机床，清理场地，关闭电源；

（2）擦拭机床时要注意不要被刀尖、切屑划伤手，并防止溜板箱、刀架、卡盘、尾座等相互碰撞。

6. 发生事故后

（1）立即停车，关闭电源；

（2）保护好现场；

（3）及时向有关人员汇报，分析原因，总结经验教训。

5.2.2 车削操作训练

1. 训练目的

（1）熟练操作卧式车床加工轴类零件（外圆、端面、切槽、锥面、球面和滚花等）；

（2）能按加工要求正确使用刀具、夹具、量具；

（3）了解螺纹加工、车成形面及钻孔和镗孔的常用方法。

2. 设备及工具

(1) 设备及附件：C6132普通车床、三爪自定心卡盘、顶尖等。

(2) 刀具：各种车刀(偏刀、尖刀、切刀、中心钻、滚花刀等)。

(3) 量具：钢直尺、游标卡尺、千分尺等。

3. 训练内容及步骤

1) 刻度盘及其手柄的使用

在车削零件时,要准确、迅速地调整背吃刀量,必须熟练地使用中滑板和小滑板的刻度盘,同时在加工中必须按照操作步骤进行。

中滑板的刻度盘紧固在丝杠轴头上,中滑板和丝杠螺母紧固在一起。当中滑板手柄带着刻度盘转一周时,丝杠也转一周,这时螺母带动中滑板移动一个螺距。所以中滑板移动的距离可根据刻度盘上的格数来计算。

$$刻度盘每转一格中滑板带动刀架横向移动距离 = \frac{丝杠螺距}{刻度盘格数}(mm)$$

例如,C6132车床中滑板丝杠螺距为4 mm。中滑板刻度盘等分为200格,故每转一格中滑板移动的距离为4÷200＝0.02(mm)。刻度盘转一格,滑板带着车刀移动0.02 mm,即径向背吃刀量为0.02 mm,零件直径减少了0.04 mm。

小滑板刻度盘主要用于控制零件长度方向的尺寸,其刻度原理及使用方法与中滑板相同。

加工外圆时,车刀向零件中心移动为进刀,远离中心为退刀。而加工内孔时则与其相反。进刀时,必须慢慢转动刻度盘手柄使刻线转到所需要的格数。当手柄转过了头或试切后发现直径太小需退刀时,由于丝杠与螺母之间存在间隙,会产生空行程(即刻度盘转动而溜板并未移动),因此不能将刻度盘直接退回到所需的刻度,此时一定要向相反方向全部退回,以消除空行程,然后再转到所需要的格数。图5-24所示为手柄摇过头后的纠正方法。如果手柄转至30刻度,但摇过头成40刻度(见图5-24(a)),此时不能将刻度盘直接退回到30刻度。如果直接退回到30刻度,则是错误的(见图5-24(b))。正确的做法是应将摇过头的反方向转约一周后(见图5-24(c)),再回转至30刻度(见图5-24(d))。

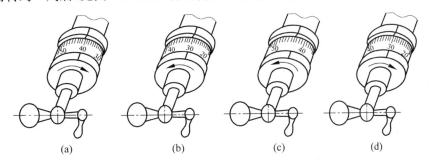

图5-24 手柄摇过头后的纠正方法

(a) 要求刻度为30,但摇过为40; (b) 错误: 直接退回30; (c) 反转约一周; (d) 正确: 再转回至30

使用中拖板刻度盘控制背吃刀量时应注意: 由于工件是旋转的,使用中拖板刻度盘时,车刀横向进给后的切除量刚好是背吃刀量的两倍,因此要注意,当工件外圆余量测得后,中拖板刻度盘控制的背吃刀量是外圆余量的二分之一,而小拖板的刻度值,则直接表示工件长度方向的切除量。

2) 车床手柄操作练习

(1) 停车练习。主轴正反转及停止手柄练习。

(2) 变换主轴转速练习。变动变速箱和主轴箱外面的变速手柄,可得到各种相对应的主轴转速。当手柄拨动不顺利时,可用手稍转动卡盘即可。

(3) 变换进给量练习。按所选的进给量查看进给箱上的铭牌,再按铭牌上进给变换手柄位置来变换手柄的位置,调到所选定的进给量。

(4) 纵向和横向手动进给手柄(手轮)练习。左手握纵向进给手动手轮、右手握横向进给手动手柄分别顺时针和逆时针旋转手轮以及双手协调同时练习来操纵刀架和溜板箱的移动方向。

(5) 纵向或横向自动进给练习。光杠或丝杠接通手柄位于光杠接通位置上,将纵向自动进给手柄提起即可纵向进给,横向自动进给手柄向上提起即可横向机动进给,分别向下扳动则可停止纵、横机动进给。

(6) 尾座手柄(手轮)练习。尾座靠手动移动,其固定靠紧固螺栓螺母。转动尾座移动套筒手轮,可使套筒在尾架内移动,转动尾座锁紧手柄,可将套筒固定在尾座内。

3) 车床低速开车练习

练习前应先检查各手柄位置是否处于正确的位置,无误后进行开车练习。

(1) 主轴启动和停止练习。合上电源开关→卡盘扳手放入安全器→电动机启动→操纵主轴转动→停止主轴转动→关闭电动机。

(2) 自动进给。合上电源开关→卡盘扳手放入安全器→电动机启动→操纵主轴转动→手动纵横进给→自动纵横进给→手动退回→自动横向进给→手动退回→停止主轴转动→关闭电动机。

4) 零件的车削练习

在正确安装零件和刀具之后,按以下步骤进行车削训练。

(1) 试切

为了控制背吃刀量,保证零件径向的尺寸精度,开始车削时,应先进行试切。

试切是精车的关键步骤,粗车时对工件的加工精度和表面质量要求不高(一般尺寸精度为IT12～IT10,表面粗糙度 Ra 值为 12.5～50 μm),为了尽快切除工件上的大部分余量,提高生产率,粗车时背吃刀量和进给量应选大一些(取 $a_p=1.5\sim3$ mm, $f=0.2\sim0.6$ mm/r),切削速度应根据背吃刀量、进给量、刀具和工件材料等因素来确定。例如用高速钢车刀切削钢材时,试切的方法与步骤如下所述。

① 开车对刀(见图 5-25(a)、(b)):使刀尖与零件表面稍微接触,确定刀具与零件的接触点,作为背吃刀量的起点,然后向右纵向退刀,记下中滑板刻度盘上的数值。注意对刀时必须开车! 因为这样容易找到刀具与零件最高处的接触点,也不容易损坏车刀。

② 进刀(见图 5-25(c)、(d)、(e)):按背吃刀量或零件直径的要求,根据中滑板刻度盘上的数值进切深,并手动纵向切进 1～3 mm,然后向右纵向退刀。

③ 测量(见图 5-25(f)):如果尺寸合格,就按该切深将整个表面加工完;如果尺寸偏大或偏小,就重新进行试切,直到尺寸合格。试切调整过程中,为了迅速而准确地控制尺寸,背

吃刀量需按中拖板丝杠上的刻度盘来调整。

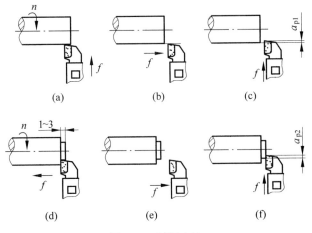

图 5-25　试切方法

（2）切削

试切结束后就可以进行精车。精车的目的是切除粗车时留下的余量（一般留 0.5～1.0 mm），以保证零件的尺寸精度（可达 IT7～IT6）和表面粗糙度（可达 0.8～1.6 μm）要求。精车时背吃刀量和进给量应选小一些（取 a_p=0.1～0.5 mm，f=0.08～0.2 mm/r），切削速度应根据刀具、工件材料和工件尺寸等因素来确定（可取 v=1～3 m/s）。

经试切获得尺寸余量后，就可以扳动自动走刀手柄进行自动走刀。每当车刀纵向进给至末端距离 3～5 mm 时，应将自动进给改为手动进给，以避免行程走刀超长或车刀与卡盘爪发生干涉碰撞。如需再切削，可将车刀沿进给反方向移出，再进行车削。如不再切削，则应先将车刀沿切深反方向退出，脱离零件已加工表面，再沿进给反方向退出车刀，然后停车。

（3）检验

零件加工完后要进行测量检验，以确保零件的质量。

5）车削典型零件训练

典型零件——榔头把的零件图如图 5-26 所示，加工步骤如表 5-1 所示。

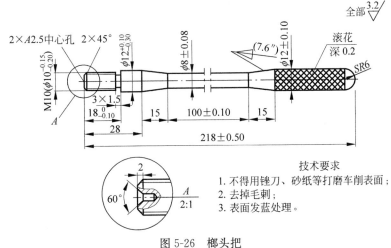

技术要求
1. 不得用锉刀、砂纸等打磨车削表面；
2. 去掉毛刺；
3. 表面发蓝处理。

图 5-26　榔头把

表 5-1　榔头把加工步骤

工　序	加　工　内　容	工具、量具
1. 备料	16×220 圆钢,一件	切刀、钢直尺
2. 车削加工	(1) 毛坯用三爪自定心卡盘装夹,将工件外伸 40 mm 夹紧; (2) 车端面; (3) 打一端中心孔; (4) 车外圆 $\phi 12^{+0.10}_{-0.30} \times 30$; (5) 车外圆 $\phi 11 \times 18^{0}_{-0.10}$; (6) 量总长,调头,装夹外伸小于 30 mm; (7) 控制总长 218±0.50,车端面; (8) 打另一端中心孔; (9) 装夹 $\phi 11 \times 18^{0}_{-0.10}$; (10) 用一夹一顶方法装夹工件,车锥度(小溜板转位法),车其余尺寸,用活动顶尖顶紧并滚花; (11) 调头,装夹滚花处,车 $\phi 10^{-0.15}_{-0.20}$,即尺寸控制在 $\phi 9.80 \sim \phi 9.85$ 之间,切退刀槽 3×1.5,倒角 2×45°; (12) 加工螺纹; (13) 调头装夹滚花处,偏刀或成形刀车 SR6 球面	偏刀、切刀、尖刀滚花刀,钢直尺、游标卡尺
3. 送检		

复习思考题

1. 车削可以加工哪些表面? 可以达到的尺寸精度和表面粗糙度值各为多少?
2. 车削时为什么要开车对刀?
3. 车削之前为什么要试切,试切的步骤有哪些?
4. C6140 车床中各代号的含义为何?
5. 车床上加工锥面有哪些方法?
6. 如果刻度盘的手柄转过头了,应如何纠正?
7. 车刀切削部分的材料必须具备哪些性能?

铣 削

6.1 基 本 知 识

6.1.1 铣削概述

铣削加工是机械制造业中重要的加工方法。铣削的加工范围广泛,可加工平面、斜面、台阶面、沟槽(直槽、燕尾槽、T形槽)、成形面、齿轮等,也可用以钻孔和切断,如图 6-1 所示。

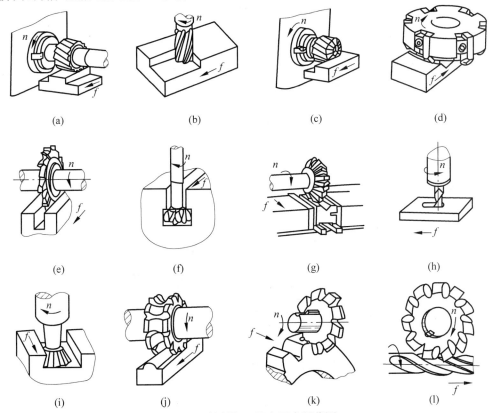

图 6-1 铣削加工的主要应用范围

(a) 圆柱铣刀铣平面;(b) 立铣刀铣台阶面;(c) 套式端面铣刀铣平面;(d) 端铣刀铣大平面;
(e) 三面刃铣刀铣直槽;(f) T形铣刀铣T形槽;(g) 角度铣刀铣 V 形槽;(h) 键槽铣刀铣键槽;
(i) 燕尾槽铣刀铣燕尾槽;(j) 成形铣刀铣凸圆弧;(k) 齿轮铣刀铣齿轮;(l) 螺旋槽铣刀铣螺旋槽

铣削加工的尺寸精度为 IT9～IT7，表面粗糙度 Ra 值为 1.6～6.3 μm。

铣削加工有如下特点：

（1）生产率高。铣刀是典型的多齿刀具，铣削时刀具同时参加工作的切削刃较多，可利用硬质合金镶片刀具，采用较大的切削用量，且切削运动是连续的，因此，与刨削相比，铣削生产效率较高。

（2）刀齿散热条件较好。铣削时，每个刀齿是间歇地进行切削，切削刃的散热条件好，但切入切出时热的变化及力的冲击将加速刀具的磨损，甚至可能引起硬质合金刀片的碎裂。

（3）容易产生振动。由于铣刀刀齿不断切入切出，使铣削力不断变化，因而容易产生振动，这将限制铣削生产率和加工质量的进一步提高。

（4）加工成本较高。由于铣床结构较复杂，铣刀制造和刃磨比较困难，使得加工成本较高。

6.1.2 铣床

铣削加工的设备是铣床，铣床可分为卧式铣床、立式铣床和龙门镗铣床三大类。铣削加工具有加工范围广，生产率高等优点，因此得到广泛的应用。

1. 卧式铣床

卧式铣床全称卧式万能升降台铣床，是铣床中应用最多的一种。其主要特征是主轴轴线与工作台台面平行，即主轴轴线处于横卧位置，因此称为卧铣。如图 6-2 所示为 X6132 卧式万能升降台铣床外形图。

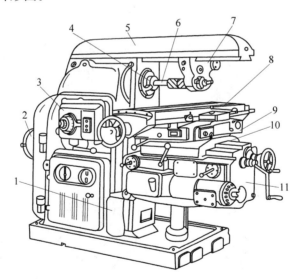

图 6-2　X6132 卧式万能升降台铣床外形图
1—床身；2—电动机；3—主轴变速机构；4—主轴；5—横梁；6—刀杆；7—吊架；
8—纵向工作台；9—转台；10—横向工作台；11—升降台

型号 X6132 的具体含义为：

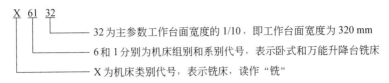

卧式万能升降台铣床的主要组成部分如下所述。

（1）床身。床身支承并连接各部件，顶面水平导轨支承横梁，前侧导轨供升降台移动用。床身内装有主轴和主运动变速系统及润滑系统。

（2）横梁。它可在床身顶部导轨前后移动，用于安装吊架，用来支承铣刀杆。横梁可沿床身的水平导轨移动，以适应不同长度的刀轴。

（3）主轴。主轴是空心的，前端有锥孔，用以安装铣刀杆和刀具。主轴的转动是由电动机经主轴变速箱传动，改变手柄的位置，可使主轴获得各种不同的转速。

（4）工作台。工作台上有 T 形槽，可直接安装工件，也可安装附件或夹具。纵向工作台用于装夹夹具和零件，横向工作台位于升降台上面的水平导轨上，可带动纵向工作台一起作横向进给。

（5）转台。转台位于工作台和横溜板之间，下面用螺钉与横溜板相连，松开螺钉可使转台带动工作台在水平面内回转一定角度。具有转台的卧式铣床称为卧式万能铣床。

（6）升降台。升降台可沿床身导轨作垂直移动，调整工作台至铣刀的距离，并作垂直进给。升降台内部装置着供进给运动用的电动机及变速机构。

2. 立式铣床

立式铣床全称立式升降台铣床，如图 6-3 所示。立式铣床与卧式铣床相似，不同的是：

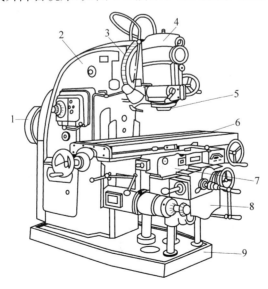

图 6-3　X5032 立式铣床

1—电动机；2—床身；3—主轴头架旋转刻度；4—主轴头架；5—主轴；
6—纵向工作台；7—横向工作台；8—升降台；9—底座

它床身无顶导轨，也无横梁，而是前上部是一个立铣头，其作用是安装主轴和铣刀。通常立式铣床在床身与立铣头之间还有转盘，可使主轴倾斜成一定角度，用来铣削斜面。

3. 龙门镗铣床

龙门镗铣床属大型机床之一，它一般用来加工卧式、立式铣床所不能加工的大型或较重的零件。图6-4所示为四轴落地龙门镗铣床，它可以同时用几个铣头对零件的几个表面进行加工，故生产率高，适合成批大量生产。

4. 铣床附件及零件的安装

1) 铣床附件

铣床的主要附件有机用平口虎钳、回转工作台和分度头，用于安装零件；万能铣头用于安装刀具。

（1）回转工作台

如图6-5所示，回转工作台又称转盘或圆工作台，一般用于较大零件的分度工作和非整圆弧面的加工。当铣削一些有弧形表面的工件，可安装圆形转台。

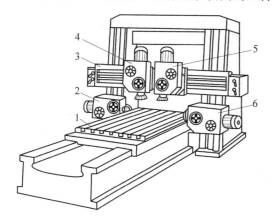

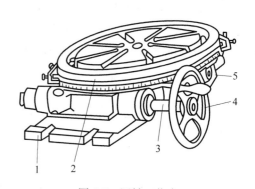

图6-4　龙门镗铣床

1—工作台；2、6—水平铣头；3—横梁；4、5—垂直铣头

图6-5　回转工作台

1—底座；2—转台；3—蜗杆轴；4—手轮；5—固定螺钉

（2）万能铣头

图6-6所示为万能铣头，在卧式铣床上装上万能铣头，不仅能完成各种立铣的工作，而且还可根据铣削的需要，把铣头主轴在空间偏转成所需要的任意角度，扩大卧式铣床的加工范围。

（3）万能分度头

铣削加工各种需要分度工作的工件，可安装分度头。利用分度头可铣削多边形、齿轮、花键、螺旋面等。加工时，既可用分度头卡盘（或顶尖）与尾座顶尖一起安装轴类零件，如图6-7(a)、(b)、(c)所示；也可将零件套装在心轴上，心轴装夹在分度头的主轴锥孔内，并按需要使分度头主轴倾斜一定的角度，如图6-7(d)所示；也可只用分度头卡盘安装零件，如图6-7(e)所示。

万能分度头的结构如图6-8所示，传动原理如图6-9所示。

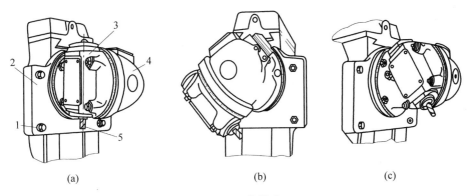

图 6-6　万能铣头
1—螺栓；2—底座；3—小本体；4—大本体；5—铣刀

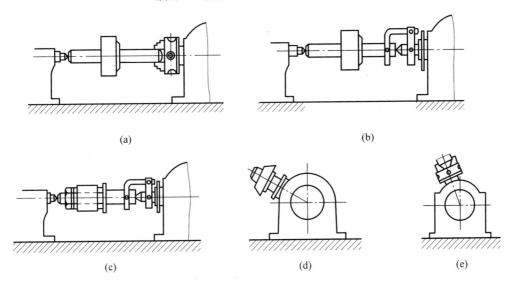

图 6-7　用分度头装夹零件的方法
（a）一夹一顶；（b）双顶尖夹顶零件；（c）双顶尖夹顶心轴；（d）心轴装夹；（e）卡盘装夹

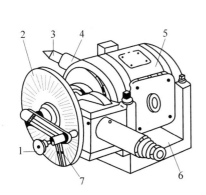

图 6-8　万能分度头结构
1—分度手柄；2—分度盘；3—顶尖；4—主轴；
5—转动体；6—底座；7—扇形夹

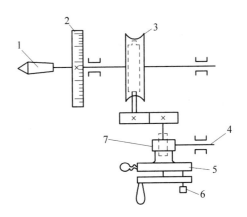

图 6-9　分度头传动原理
1—主轴；2—刻度环；3—蜗杆、蜗轮；4—挂轮轴；
5—分度盘；6—定位销；7—螺旋齿轮

分度头中蜗杆和蜗轮的传动比 $i=$ 蜗杆的头数/蜗轮的齿数 $=1/40$,即当手柄通过一对直齿轮(传动比为1:1)带动蜗杆转动一周时,蜗轮只能带动主轴转过1/40周。若零件在整个圆周上的分度数目 z 为已知时,则每分一个等分就要求分度头主轴转过 $1/z$ 圈。当分度手柄所需转数为 n 圈时,有如下关系:

$$n = \frac{40}{z} \tag{6-1}$$

式中,n——分度手柄转数;

　　40——分度头蜗轮的齿数;

　　z——零件等分数。

分度头一般备有两块分度盘。分度盘的两面各钻有许多圈孔,各圈的孔数均不相同,然而同一圈上各孔的孔距是相等的。第一块分度盘正面各圈的孔数依次为24、25、28、30、34、37;反面各圈的孔数依次为38、39、41、42、43。第二块分度盘正面各圈的孔数依次为46、47、49、51、53、54;反面各圈的孔数依次为57、58、59、62、66。

例 6-1　欲铣削一齿数为18的齿轮,用分度头分度,问每铣完一个齿后,分度手柄应转多少转?

解:代入简单分度公式为

$$n = \frac{40}{z} = \frac{40}{18} = 2\frac{2}{9} = 2\frac{12}{54}(\text{r})$$

可选用第二块正面分度盘上54的孔圈(即孔数是分母通分后的整数倍的孔圈),先将定位销调整至孔数为54的孔圈上,转过2圈后,再转过12个孔距。如果分度手柄不慎转多了孔距数,应将手柄退回1/3圈以上,以消除传动件间的间隙,再重新转到正确的孔位上。

2) 零件的安装

零件较大或形状特殊时,用压板、螺栓、垫铁和挡铁把零件直接固定在工作台上进行铣削。当生产批量较大时,可采用专用夹具或组合夹具安装零件,这样既能提高生产效率,又能保证零件的加工质量,如图6-10所示。

用压板螺钉在工作台安装零件时应注意以下几点:

(1) 装夹时,应使零件的底面与工作台面贴实,以免压伤工作台面。如果零件底面是毛坯面,应使用铜皮、铁皮等使零件的底面与工作台面贴实。夹紧已加工表面时应在压板和零件表面间垫铜皮,以免压伤零件已加工表面。各压紧螺母应分几次交错拧紧。

(2) 零件的夹紧位置和夹紧力要适当。压板不应歪斜和悬伸太长,必须压在垫铁处,压点要靠近切削面,压力大小要适当。

(3) 在零件夹紧前后要检查零件的安装位置是否正确以及夹紧力是否得当,以免产生变形或位置移动。

(4) 装夹空心薄壁零件时,应在其空心处用活动支撑件支撑以增加刚性,防止零件振动或变形。

6.1.3　铣刀

铣刀实质上是一种多刃刀具,刀齿分布在圆柱铣刀的外圆柱表面或端铣刀的端面上。

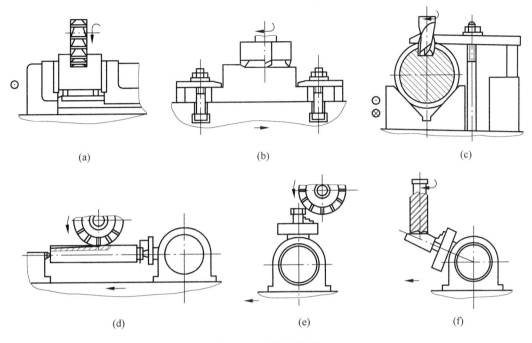

图 6-10　零件的安装

(a) 平口钳；(b) 压板螺钉；(c) V 形块；(d) 分度头顶尖；(e) 分度头卡盘(直立)；(f) 分度头卡盘(倾斜)

1. 铣刀的分类

铣刀的种类很多,按其安装方法可分为带孔铣刀和带柄铣刀两大类。

1) 带孔铣刀

常用的带孔铣刀有圆柱铣刀、圆盘铣刀、角度铣刀、成形铣刀等,如图 6-11 所示。带孔铣刀多用在卧式铣床上。带孔铣刀的刀齿形状和尺寸,可以适应所加工的零件形状和尺寸。

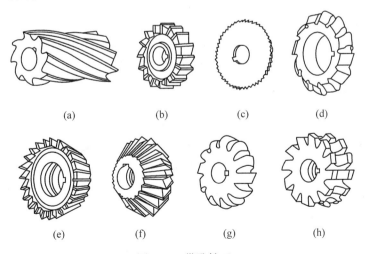

图 6-11　带孔铣刀

(a) 圆柱铣刀；(b)～(d) 圆盘铣刀；(e)、(f) 角度铣刀；(g)、(h) 成形铣刀

（1）圆柱铣刀：其刀齿分布在圆柱表面上，通常分为直齿和斜齿两种，主要用圆周刃铣削中小型平面。

（2）圆盘铣刀：如三面刃铣刀，锯片铣刀等，主要用于加工不同宽度的沟槽及小平面、小台阶面等；锯片铣刀用于铣窄槽或切断材料。

（3）角度铣刀：具有各种不同的角度，用于加工各种角度槽及斜面等。

（4）成形铣刀：其切削刃呈凸圆弧、凹圆弧、齿槽形等形状，主要用于加工与切削刃形状相对应的成形面。

2）带柄铣刀

常用的带柄铣刀如图 6-12 所示，有立铣刀、键槽铣刀、T 形槽铣刀和镶齿端铣刀等，其共同特点是都有供夹持用的刀柄。带柄铣刀多用于立式铣床。

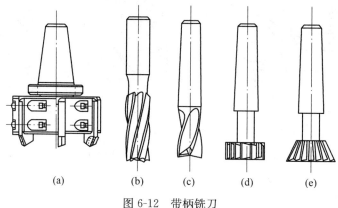

| (a) | (b) | (c) | (d) | (e) |

图 6-12　带柄铣刀

（1）镶齿端铣刀：如图 6-12(a)所示，用于加工较大的平面。刀齿主要分布在刀体端面上，还有部分分布在刀体周边，一般是刀齿上装有硬质合金刀片，可以进行高速铣削，以提高效率。

（2）立铣刀：如图 6-12(b)和(c)所示，多用于加工沟槽、小平面、台阶面等。立铣刀有直柄和锥柄两种，直柄立铣刀的直径较小，一般小于 20 mm；直径较大的为锥柄，大直径的锥柄铣刀多为镶齿式。

（3）T 形槽铣刀：如图 6-12(d)所示，用于加工 T 形槽。

（4）键槽铣刀：如图 6-12(e)所示，用于加工封闭式键槽。

2．铣刀的安装

1）带孔铣刀的安装

带孔铣刀多用短刀杆安装。而带孔铣刀中的圆柱形、圆盘形铣刀，多用长刀杆安装，如图 6-13 所示。长刀杆一端有 7∶24 锥度与铣床主轴孔配合，并用拉杆穿过主轴将刀杆拉紧，以保证刀杆与主轴锥孔紧密配合。安装铣刀的刀杆部分，根据刀孔的大小分几种型号，常用的有 $\phi16$、$\phi22$、$\phi27$、$\phi32$ 等。

用长刀杆安装带孔铣刀的注意事项：

（1）在不影响加工的条件下，应尽可能使铣刀靠近铣床主轴，并使吊架尽量靠近铣刀，以保证有足够的刚性，避免刀杆发生弯曲，影响加工精度。铣刀的位置可用更换不同的套筒的方法调整。

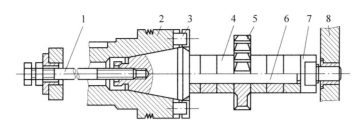

图 6-13 圆盘铣刀的安装

1—拉杆；2—主轴；3—端面键；4—套筒；5—铣刀；6—刀杆；7—螺母；8—吊架

（2）斜齿圆柱铣刀所产生的轴向切削力应指向主轴轴承。

（3）套筒的端面与铣刀的端面必须擦干净，以保证铣刀端面与刀杆轴线垂直。

（4）拧紧刀杆压紧螺母时，必须先装上吊架，以防刀杆受力弯曲，如图 6-14（a）所示。

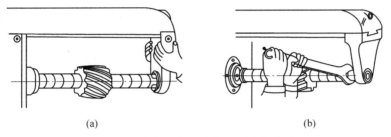

（a）   （b）

图 6-14 拧紧刀杆压紧螺母时注意事项

（5）初步拧紧螺母，开车观察铣刀是否装正，装正后用力拧紧螺母，如图 6-14（b）所示。

2）带柄铣刀的安装

（1）锥柄立铣刀的安装如图 6-15（a）所示。如果锥柄立铣刀的锥柄尺寸与主轴孔内锥尺寸相同，则可直接装入铣床主轴中并用拉杆将铣刀拉紧；如果铣刀锥柄尺寸与主轴孔内锥尺寸不同，则根据铣刀锥柄的大小，选择合适的变锥套，将配合表面擦净，然后用拉杆把铣刀

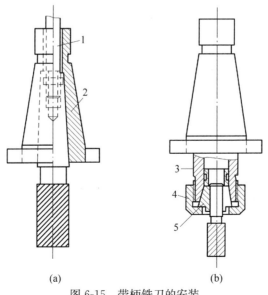

（a）   （b）

图 6-15 带柄铣刀的安装

1—拉杆；2—变锥套；3—夹头体；4—螺母；5—弹簧套

及变锥套一起拉紧在主轴上。

（2）直柄立铣刀的安装如图6-15(b)所示。这类铣刀多用弹簧夹头安装，铣刀的直径插入弹簧套的孔中，用螺母压弹簧套的端面，使弹簧套的外锥面受压而缩小孔径，即可将铣刀夹紧。弹簧套上有三个开口，故受力时能收缩，弹簧套有多种孔径，以适应各种尺寸的立铣刀。

6.1.4　铣削工艺

铣削工作范围很广，常见的有铣平面、铣沟槽、铣成形面、钻孔、镗孔以及铣螺旋槽等。

1. 铣削方式

1）周铣法

用圆柱铣刀的圆周刀齿加工平面，称为周铣法。周铣可分为逆铣和顺铣。

（1）逆铣。当铣刀和零件接触部分的旋转方向与零件的进给方向相反时称为逆铣，如图6-16(a)所示。

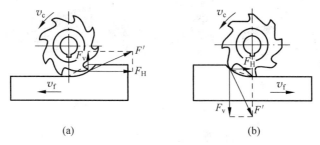

图6-16　逆铣和顺铣
(a) 逆铣；(b) 顺铣

（2）顺铣。当铣刀和零件接触部分的旋转方向与零件的进给方向相同时称为顺铣，如图6-16(b)所示。

由于铣床工作台的传动丝杠与螺母之间存在间隙，如无消除间隙装置，顺铣时会产生振动和造成进给量不均匀，所以通常情况下采用逆铣。

2）端铣法

用端铣刀的端面刀齿加工平面，称为端铣法，如图6-1(d)所示。

铣平面可用周铣法或端铣法，由于端铣法具有刀具刚性好、切削平稳（同时进行切削的刀齿多）、生产率高（便于镶装硬质合金刀片，可采用高速铣削）、加工表面粗糙度数值较小等优点，应优先采用端铣法。但是周铣法的适应性较广，可以利用多种形式的铣刀，故生产中仍常用周铣法。

2. 铣平面

1）铣水平面

铣平面可用周铣法或端铣法，并应优先采用端铣法。但在很多场合，例如在卧式铣床上铣平面，也常用周铣法。铣削平面的步骤如下：

（1）开车使铣刀旋转，升高工作台，使零件和铣刀稍微接触，记下刻度盘读数，如图6-17(a)所示。

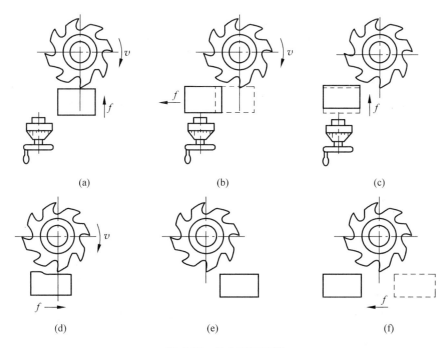

图 6-17　铣水平面步骤

（a）开车试铣，记读数；（b）停车；（c）调整侧吃刀量；（d）铣削；（e）停车，测量尺寸；（f）重复铣削至合格

（2）纵向退出零件，停车，如图 6-17（b）所示。

（3）利用刻度盘调整侧吃刀量（为垂直于铣刀轴线方向测量的切削层尺寸），使工作台升高到规定的位置，如图 6-17（c）所示。

（4）开车先手动进给，当零件被稍微切入后，可改为自动进给，如图 6-17（d）所示。

（5）铣完一刀后停车，如图 6-17（e）所示。

（6）退回工作台，测量零件尺寸，并观察表面粗糙度，重复铣削到规定要求，如图 6-17（f）所示。

2）铣斜面

可以用如图 6-18 所示的倾斜零件法铣斜面，也可用如图 6-19 所示的倾斜刀轴法铣斜面。铣斜面的这些方法，可视实际情况选用。

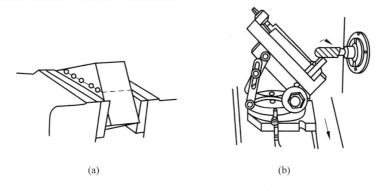

（a）　　　　　　　　　　　　　（b）

图 6-18　用倾斜零件法铣斜面

1—零件；2—垫铁；3—卡盘；4—零件

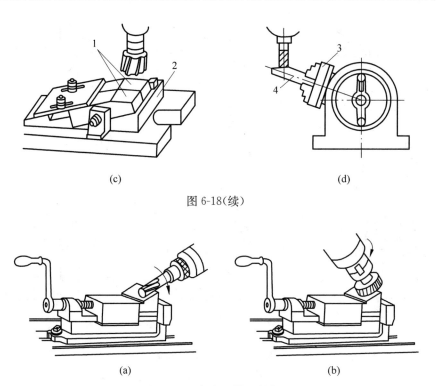

(c)   (d)

图 6-18(续)

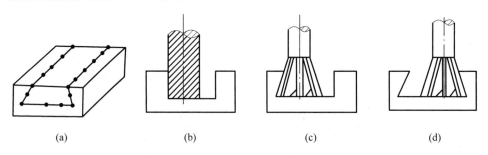

(a)   (b)

图 6-19 用倾斜刀轴法铣斜面

3. 铣沟槽

1) 铣键槽

键槽有敞开式键槽、封闭式键槽和花键三种。敞开式键槽一般用三面刃铣刀在卧式铣床上加工，封闭式键槽一般在立式铣床上用键槽铣刀或立铣刀加工，批量大时用键槽铣床加工。

2) 铣燕尾槽

铣燕尾槽的步骤如图 6-20 所示。

(a)   (b)   (c)   (d)

图 6-20 铣燕尾槽步骤

(a) 划线；(b) 铣直槽；(c) 铣左燕尾槽；(d) 铣右燕尾槽

4. 铣成形面

在铣床上常用成形刀加工成形面,如图 6-1(j)所示。

5. 铣齿轮齿形

齿轮齿形的切削加工,按原理分为成形法和展成法两大类。

1) 成形法

成形法是用与被切齿轮齿槽形状相似的成形铣刀铣出齿形的方法。铣削时,零件在卧式铣床上通过心轴安装在分度头和尾座顶尖之间,用一定模数和压力角的盘状模数铣刀铣削,如图 6-21 所示。在立式铣床上则用指状模数铣刀铣削。当铣完一个齿槽后,将零件退出,进行分度,再铣下一个齿槽,直到铣完所有的齿槽为止。

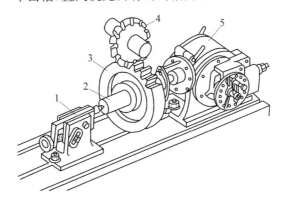

图 6-21　在卧式铣床上铣齿轮

1—尾座;2—心轴;3—零件;4—盘状模数铣刀;5—分度头

成形法加工的特点是:设备简单(用普通铣床即可),成本低,生产效率低;加工的齿轮精度较低,只能达到 IT9 级或 IT9 级以下,齿面粗糙度 Ra 值为 $3.2 \sim 6.3\ \mu m$。这是因为齿轮齿槽的形状与模数和齿数有关,故要铣出准确齿形,需对同一模数的每一种齿数的齿轮制造一把铣刀。为方便刀具制造和管理,一般将铣削模数相同而齿数不同的齿轮所用的铣刀制成一组 8 把,分为 8 个刀号,每号铣刀加工一定齿数范围的齿轮。而每号铣刀的刀齿轮廓只与该号数范围内的最少齿数齿轮齿槽的理论轮廓相一致,对其他齿数的齿轮只能获得近似齿形。

根据以上特点,成形法铣齿轮多用于修配或单件制造某些转速低、精度要求不高的齿轮。

2) 展成法

展成法是建立在齿轮与齿轮或齿条与齿轮的相互啮合原理基础上的齿形加工方法。滚齿加工如图 6-22 所示,插齿加工如图 6-23 所示,均属展成法加工齿形。随着科学技术的发展,齿轮传动的速度和载荷不断提高,因此传动平稳与噪声、冲击之间的矛盾日益尖锐。为解决这一矛盾,就需相应提高齿形精度和降低齿面粗糙度数值,这时插齿和滚齿已不能满足要求,常用剃齿、珩齿和磨齿来解决,其中磨齿加工精度最高,可达 IT4 级。

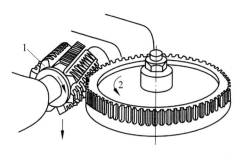

图 6-22　滚齿法

1—滚刀；2—分齿运动

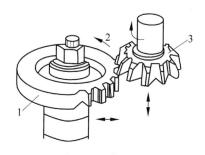

图 6-23　插齿法

1—零件；2—分齿运动；3—插齿刀

6.2　基 本 技 能

6.2.1　铣削安全技术

1. 开车前

（1）擦去导轨面灰尘，往各导轨滑动面及油孔加油；

（2）检查各手柄是否处于正常位置；

（3）工件和刀具装夹紧固；

（4）工作台上不准放置其他的工件和量具等。

2. 开车后

（1）不准开车变速或做其他调整工作；

（2）不准用手摸铣刀及其他旋转部件；

（3）不准开车度量工件尺寸；

（4）工作时不准离开机床，要精神集中，并站在合适的位置上；

（5）发现异常要立即停车。

3. 下班前

（1）擦净机床，整理好工具和工件，清扫场地；

（2）机床各手柄应回复到停止位置，将工作台摇到合适位置；

（3）关闭电源。

4. 发生事故后

（1）立即切断机床电源；

（2）保护好现场；

（3）及时向有关人员汇报，分析原因，总结教训。

6.2.2 铣削操作训练

1. 训练目的

（1）熟悉铣床基本操作；

（2）了解铣床常用附件以及铣刀的选择、使用；

（3）了解零件的安装及铣削方法；

（4）能独立操作铣床加工一般的平面、简单沟槽和分度工作。

2. 设备及工具

（1）设备：X6132 卧式铣床、X5032 立式铣床、机用平口虎钳、万能分度头等附件。

（2）器材：各种常用铣刀、垫铁等。

3. 训练内容及步骤

1）V 形块的铣削加工

以图 6-24 所示 V 形块的综合加工为例，分析单件小批量生产时选用的铣削设备、刀具和加工操作步骤。

毛坯为 54 mm×64 mm×74 mm 的六面体，材料为 45 钢锻件。这种零件具有 V 形槽和单件生产等特点，适合在卧式铣床上铣削加工。采用平口钳进行安装，先分别铣出六面体的各面，后铣沟槽。具体铣削步骤见表 6-1。

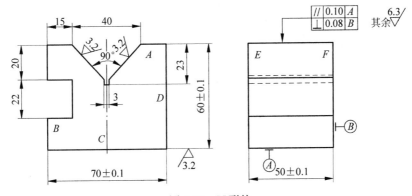

图 6-24　V 形块

表 6-1　V 形块的铣削步骤

加工序号		加工内容	加工简图	刀具	设备	装夹方法
铣六面体各面	1	以 B 面为定位（粗）基准，铣 A 面至尺寸 62 mm		ϕ110 mm 硬质合金镶齿端铣刀	X5032 立式铣床	200 mm 机用平口虎钳、平垫铁等

续表

加工序号	加工内容	加工简图	刀具	设备	装夹方法
铣六面体各面	2 以已加工的 A 面为定位（精）基准，紧贴钳口，C 面钳口压一圆棒，铣 D 面至尺寸 72 mm		ϕ110 mm 硬质合金镶齿端铣刀	X5032 立式铣床	200 mm 机用平口虎钳、平垫铁等
	3 以 D 和 A 面为定位基准，D 面紧靠钳口，A 面置于平行垫铁上，铣 C 面至尺寸 70±0.1 mm				
	4 以 C 面为基准，铣平面 B，使 B、D 面间至尺寸 60±0.1 mm				
	5、6 以 C 和 A 面为定位基准，分别铣 E、F 两面，使 E、F 面尺寸分别为 50 mm 和 50±0.1 mm				
铣直槽	7 以 A 和 D 面为定位基准，铣 B 面上的直通槽，宽 22 mm、深 15 mm		三面刃铣刀	X6132 卧式铣床	200 mm 机用平口虎钳、平垫铁等
铣空刀槽	8 以 D 和 C 平面为定位基准，铣空刀槽，宽 3 mm、深 23 mm		锯片铣刀	X6132 卧式铣床	200 mm 机用平口虎钳、平垫铁等
铣 V 形槽	9 继续以 D 和 C 平面为基准，铣 V 形槽，保证开口处尺寸为 40 mm		角度铣刀	X6132 卧式铣床	200 mm 机用平口虎钳、平垫铁等

2) 螺钉坯六边形的铣削加工

以图 6-25 所示分度头加工螺钉坯六边形为例，单件生产时的铣削加工操作步骤如表 6-2 所示。

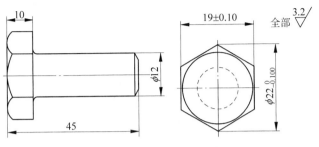

图 6-25 螺钉坯六边形

表 6-2 螺钉坯六边形铣削步骤

加工序号		加工内容	加工简图	刀具	设备	装夹方法
铣六边形各面	1	用三爪自定心卡盘装夹 $\phi12$ mm 处，外伸 15 mm，铣刀旋转接触工件后工作台上升 1.5 mm 铣任意一边				
	2	按公式 $n=40/z$ 计算后得：$n=6\frac{16}{24}$。选第一块分度盘正面圈孔数为 24，转 6 圈后再转 16 个孔，铣第二边		$\phi25$ mm 带柄立铣刀	X5032 立式铣床	三爪卡盘、万能分度头
	3~6	以后的 4 边分别按上述方法分度后依此类推铣削各边				

复习思考题

1. 铣削加工有什么特点？

2. 分度头由哪几部分组成？

3. 铣床上零件的主要装夹方法有哪些？

4. 试叙述铣床主要附件的名称和用途。

5. 铣削能加工哪些表面？一般加工能达到几级精度和表面粗糙度？

6. 卧式铣床与立式铣床的主要区别是什么？

7. 什么叫顺铣？什么叫逆铣？实际生产中常采用哪种铣削方式？为什么？

8. 拟铣齿数为30的直齿圆柱齿轮，试用分度法计算出每铣一齿，分度头手柄应在孔数为多少的孔圈上转过多少圈又多少个孔距？

7 CHAPTER 7

刨 削

7.1 基 本 知 识

7.1.1 刨削概述

刨削在单件、小批生产和修配工作中得到广泛应用,主要用于加工各种平面(水平面、垂直面和斜面)、各种沟槽(直槽、T 形槽、燕尾槽等)和成形面等,如图 7-1 所示。

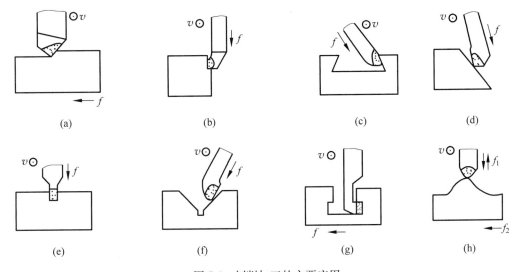

图 7-1　刨削加工的主要应用

(a) 平面刨刀刨平面;(b) 偏刀刨垂直面;(c) 角度偏刀刨燕尾槽;(d) 偏刀刨斜面;
(e) 切刀切断;(f) 偏刀刨 V 形槽;(g) 弯切刀刨 T 形槽;(h) 成形刨刀刨成形面

刨削加工的尺寸精度一般为 IT9～IT8,表面粗糙度 Ra 值为 $1.6～6.3\ \mu m$,用宽刀精刨时,Ra 值可达 $1.6\ \mu m$。此外,刨削加工还可保证一定的相互位置精度,如面对面的平行度和垂直度等。

刨削加工有两个主要特点:

(1) 生产率一般较低。刨削是不连续的切削过程,刀具切入、切出时切削力有突变,将引起冲击和振动,限制了刨削速度的提高。此外,单刃刨刀实际参加切削的长度有限,一个表面往往要经过多次行程才能加工出来,刨刀返回行程时不进行工作。由于以上原因,刨削生产率一般低于铣削，但对于狭长表面的加工以及在龙门刨床上进行多刀、多件加工，其生产率可高于铣削。

（2）刨削加工通用性好、适应性强。刨床结构较车床、铣床等简单，调整和操作方便；刨刀形状简单，和车刀相似，制造、刃磨和安装都较方便；刨削时一般不需加切削液。

7.1.2　刨床

1. 刨床概述

刨床主要有牛头刨床和龙门刨床，常用的是牛头刨床。牛头刨床最大的刨削长度一般不超过 1000 mm，适合于加工中小型零件。龙门刨床由于其刚性好，而且有 2～4 个刀架可同时工作，因此，它主要用于加工大型零件或同时加工多个中、小型零件，其加工精度和生产率均比牛头刨床高。刨床上加工的典型零件如图 7-2 所示。

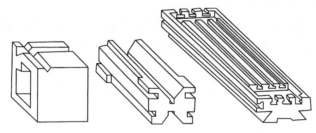

图 7-2　刨床上加工的典型零件

牛头刨床工作的特点是：刨刀的纵向往复直线运动为主运动，零件随工作台作横向间歇进给运动。

2. 牛头刨床的组成

如图 7-3 所示为 B6065 型牛头刨床的外形。型号 B6065 表示的含义为：

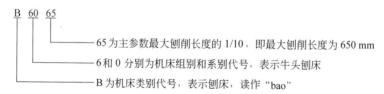

B6065 型牛头刨床主要由以下几部分组成。

（1）床身：用以支撑和连接刨床各部件。其顶面水平导轨供滑枕带动刀架进行往复直线运动，侧面的垂直导轨供横梁带动工作台升降。床身内部有主运动变速机构和摆杆机构。

（2）滑枕：用以带动刀架沿床身水平导轨作往复直线运动。滑枕往复直线运动的快慢、行程的长度和位置，均可根据加工需要调整。

（3）刀架：用以夹持刨刀，其结构如图 7-4 所示。当转动刀架手柄 9 时，滑板 7 带着刨刀沿刻度转盘 6 上的导轨上、下移动，以调整背吃刀量或加工垂直面时作进给运动。松开刻度转盘 6 上的螺母，将转盘扳转一定角度，可使刀架斜向进给，以加工斜面。刀座 1 装在滑板 7 上。抬刀板 2 可绕刀座上的销轴向上抬起,以使刨刀在返回行程时离开零件已加工表面,以减少刀具与零件的摩擦。

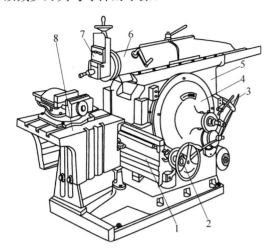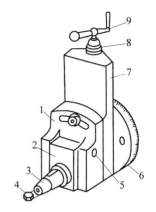

图 7-3   B6065 型牛头刨床结构

1—横梁;2—进刀机构;3—变速机;

4—摆杆机构;5—床身;6—滑枕;

7—刀架;8—工作台

图 7-4   刀架

1—刀座;2—抬刀板;3—刀夹;

4—紧固螺钉;5—轴;6—刻度转盘;

7—滑板;8—刻度环;9—手柄

（4）工作台:用以安装零件,可随横梁作上下调整,也可沿横梁导轨作水平移动或间歇进给运动。

3. 牛头刨床的传动机构

B6065 型牛头刨床的传动系统主要包括摆杆机构和棘轮机构。

1）摆杆机构

摆杆机构的作用是将电动机传来的旋转运动变为滑枕的往复直线运动,结构如图 7-5 所示。摆杆 7 上端与滑枕内的螺母 2 相连,下端与支架 5 相连。摆杆齿轮 3 上的偏心滑块 6 与摆杆 7 上的导槽相连。当摆杆齿轮 3 由小齿轮 4 带动旋转时,偏心滑块就在摆杆 7 的导槽内上下滑动,从而带动摆杆 7 绕支架 5 中心左右摆动,于是滑枕便作往复直线运动。摆杆

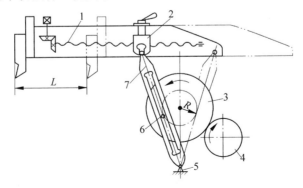

图 7-5   摆杆机构

1—丝杠;2—螺母;3—摆杆齿轮;4—小齿轮;5—支架;6—偏心滑块;7—摆杆

齿轮转动一周,滑枕带动刨刀往复运动一次。

2）棘轮机构

棘轮机构的作用是使工作台在滑枕完成回程与刨刀再次切入零件之前的瞬间,作间歇横向进给,横向进给机构如图7-6(a)所示,棘轮机构的结构如图7-6(b)所示。齿轮5与摆杆齿轮为一体,摆杆齿轮逆时针旋转时,齿轮5带动齿轮6转动,使连杆4带动棘爪3逆时针摆动。棘爪3逆时针摆动时,其上的垂直面拨动棘轮2转过若干齿,使横向丝杠8转过相应的角度,从而实现工作台的横向进给。而当棘爪顺时针摆动时,由于棘爪后面为一斜面,只能从棘轮齿顶滑过,不能拨动棘轮,所以工作台静止不动,这样就实现了工作台的横向间歇进给。

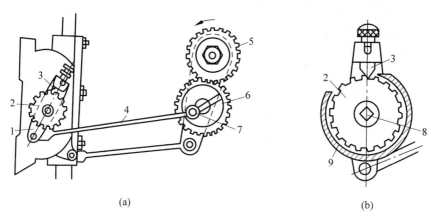

(a)   (b)

图 7-6　牛头刨床横向进给机构

（a）横向进给机构；（b）棘轮机构

1—棘爪架；2—棘轮；3—棘爪；4—连杆；5、6—齿轮；7—偏心销；8—横向丝杠；9—棘轮罩

4. 牛头刨床的调整

1）滑枕行程长度、起始位置、速度的调整

刨削时,滑枕行程的长度一般应比零件刨削表面的长度长 30～40 mm,滑枕行程长度的调整方法是通过改变摆杆齿轮上偏心滑块的偏心距离,其偏心距越大,摆杆摆动的角度就越大,滑枕的行程长度也就越长;反之,则越短。松开滑枕内的锁紧手柄,转动丝杠,即可改变滑枕行程的起始点,使滑枕移到所需要的位置。调整滑枕速度时,必须在停车之后进行,否则将打坏齿轮,可以通过变速机构来改变变速齿轮的位置,使牛头刨床获得不同的转速。

2）工作台横向进给量的大小及方向的调整

工作台的进给运动既要满足间歇运动的要求,又要与滑枕的工作行程协调一致,即在刨刀返回行程即将结束时,工作台连同零件一起横向移动一个进给量。牛头刨床的进给运动是由棘轮机构实现的。如图7-6所示,棘爪架空套在横梁丝杠轴上,棘轮用键与丝杠轴相连。工作台横向进给量的大小,可通过改变棘轮罩的位置,从而改变棘爪每次拨过棘轮的有效齿数来调整。棘爪拨过棘轮的齿数较多时,进给量大;反之则小。此外,还可通过改变偏心销的偏心距来调整,偏心距小,棘爪架摆动的角度就小,棘爪拨过的棘轮齿数少,进给量就小;反之,进给量则大。若将棘爪提起后转动180°,可使工作台反向进给。当把棘爪提起后转动 90°时,棘轮便与棘爪脱离接触,此时可手动进给。

5. 其他刨床

1) 龙门刨床

龙门刨床因有一个"龙门"式的框架而得名。与牛头刨床不同的是,在龙门刨床上加工时,零件随工作台的往复直线运动为主运动,垂直刀架沿横梁上的水平移动和侧刀架在立柱上的垂直移动为进给运动。

龙门刨床适用于刨削大型零件,零件长度可达几米、十几米、甚至几十米。也可在工作台上同时装夹几个中、小型零件,用几把刀具同时加工,故生产率较高。龙门刨床特别适于加工水平面、垂直面及各种组合平面的导轨面、T 形槽等。龙门刨床的外形如图 7-7 所示。

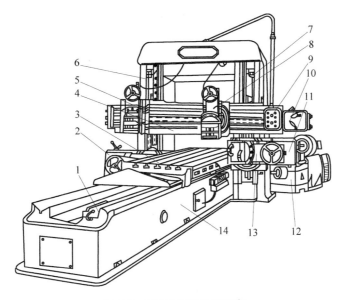

图 7-7 B2010A 型龙门刨床

1—液压安全器;2—左侧刀架进给箱;3—工作台;4—横梁;5—左垂直刀架;6—左立柱;
7—右立柱;8—右垂直刀架;9—悬挂按钮站;10—垂直刀架进给箱;
11—右侧刀架进给箱;12—工作台减速箱;13—右侧刀架;14—床身

龙门刨床的主要特点是:自动化程度高,各主要运动的操纵都集中在机床的悬挂按钮站和电气柜的操纵台上,操纵十分方便;工作台的工作行程和空回行程可在不停车的情况下实现无级变速;横梁可沿立柱上下移动,以适应不同高度零件的加工;所有刀架都有自动抬刀装置,并可单独或同时进行自动或手动进给;垂直刀架还可转动一定的角度,用来加工斜面。

2) 插床

插床实际上是一种立式刨床,其结构与牛头刨床略有区别,插床外形结构如图 7-8(a)所示。插床主要用于加工工件的内部表面(加工部位应先钻孔),如方孔、多边形孔和内键槽(见图 7-8(b))等。

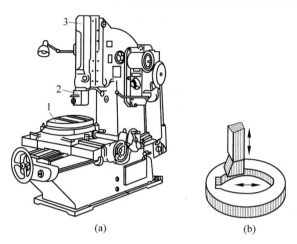

图 7-8　插床外形结构和插削工件内键槽

(a) 插床外形；(b) 插削工件内键槽

1—工作台；2—刀架；3—滑枕

6. 零件的安装

在刨床上零件的安装方法视零件的形状和尺寸而定。常用的有平口虎钳安装、工作台安装和专用夹具安装等，装夹零件的方法与铣削相同。

7.1.3　刨刀

1. 刨刀概述

刨刀的几何形状与车刀相似，但刀杆的截面积比车刀大 1.25～1.5 倍，承受较大的冲击力。刨刀的前角比车刀稍小，刃倾角取较大的负值，以增加刀头的强度。刨刀的一个显著特点是刨刀的刀头往往做成弯头，如图 7-9 所示为弯、直头刨刀比较示意图。做成弯头的目的是为了防止"扎刀"，即当刀具碰到零件表面上的硬点时，刀头能绕 O 点向后上方弹起，使切削刃离开零件表面，不会啃入零件已加工表面或损坏切削刃。

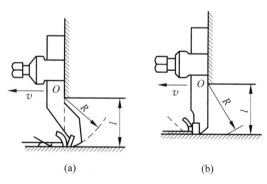

图 7-9　弯头刨刀和直头刨刀

(a) 弯头刨刀；(b) 直头刨刀

2. 刨刀的种类及其应用

刨刀的形状和种类依加工表面形状不同而有所不同。刨刀分平面刨刀、偏刀、角度偏刀、切刀、弯切刀等。平面刨刀用以加工水平面;偏刀用于加工垂直面、台阶面和斜面;角度偏刀用以加工角度和燕尾槽;切刀用以切断或刨沟槽;内孔刀用以加工内孔表面(如内键槽);弯切刀用以加工 T 形槽及侧面上的槽;成形刀用以加工成形面。

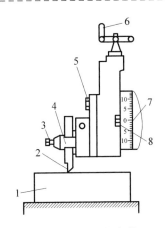

图 7-10　刨刀的安装
1—零件;2—刀头;3—刀夹螺钉;
4—刀夹;5—刀座螺钉;
6—刀架进给手柄;7—转盘对准零线;
8—转盘螺钉

3. 刨刀的安装

如图 7-10 所示,安装刨刀时,将转盘对准零线,以便准确控制背吃刀量,刀头不要伸出太长,以免产生振动和折断。直头刨刀伸出长度一般为刀杆厚度的 1.5～2 倍,弯头刨刀伸出长度可稍长些,以弯曲部分不碰刀座为宜。装刀或卸刀时,应使刀尖离开零件表面,以防损坏刀具或者擦伤零件表面,必须一只手扶住刨刀,另一只手使用扳手,用力方向自上而下,否则容易将抬刀板掀起,碰伤或夹伤手指。

7.2　基　本　技　能

7.2.1　刨削安全技术

1. 开车前

(1) 擦去导轨面灰尘,往各导轨滑动面及油孔加油;
(2) 检查各手柄是否处于正常位置,检查刀架、刀排与床身是否碰撞;
(3) 工件和刀具要夹紧;
(4) 工作台上不准放置其他的工件和量具等。

2. 开车后

(1) 不准开车变速或做其他调整工作;
(2) 不准用手摸刨刀及其他旋转部件;
(3) 不准开车测量工件尺寸;
(4) 工作时不准离开机床,要精神集中,并站在合适的位置上;
(5) 发现异常现象要立即停车。

3. 下班前

(1) 擦净机床,整理好工具和工件,清扫场地;
(2) 机床各手柄应回复到停止位置,将工作台摇到合适位置;

（3）关闭电源。

4. 发生事故后

（1）立即切断机床电源；

（2）保护好现场；

（3）及时向有关人员汇报，分析原因，总结教训。

7.2.2　刨削操作训练

1. 刨平面

1）刨水平面

（1）正确安装刀具和零件。

（2）调整工作台的高度，使刀尖轻微接触零件表面。

（3）调整滑枕的行程长度和起始位置。

（4）根据零件材料、形状、尺寸等要求，合理选择切削用量。

（5）试切。先用手动试切，进给 1～1.5 mm 后停车，测量尺寸，根据测得结果调整背吃刀量，再自动进给进行刨削。当零件表面粗糙度 Ra 值低于 6.3 μm 时，应先粗刨，再精刨。精刨时，背吃刀量和进给量应小些，切削速度应适当高些。此外，在刨刀返回行程时，用手掀起刀座上的抬刀板，使刀具离开已加工表面，以保证零件表面质量。

（6）检验。零件刨削完工后，停车检验，尺寸和加工精度合格后即可卸下。

2）刨垂直面和斜面

刨垂直面和斜面均采用偏刀，刨垂直面的方法如图 7-11 所示，并使刀具的伸出长度大于整个刨削面的高度。刀架转盘应对准零线，以使刨刀沿垂直方向移动。刀座必须偏转 $10°\sim15°$，以使刨刀在返回行程时离开零件表面，减少刀具的磨损，避免零件已加工表面被划伤。刨垂直面和斜面的加工方法一般在不能或不便于进行水平面刨削时才使用。

刨斜面与刨垂直面基本相同，只是刀架转盘必须按零件所需加工的斜面扳转一定角度，以使刨刀沿斜面方向移动。如图 7-12 所示，转动刀架手柄进行进给，可以刨削左侧或右侧斜面。

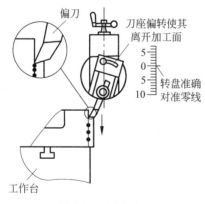

图 7-11　刨垂直面

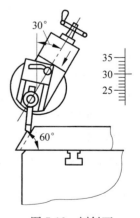

图 7-12　刨斜面

2. 刨沟槽

1) 刨直槽

刨直槽(见图 7-13)时用切刀以垂直进给来完成加工,如表 7-1 所示。

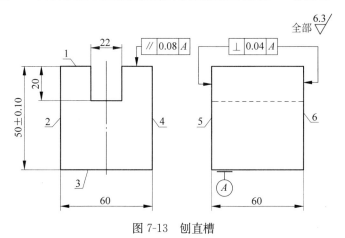

图 7-13　刨直槽

表 7-1　直槽刨削步骤(用牛头刨床加工,用 200 mm 机床用平口虎钳装夹)

加工序号	加 工 内 容	加 工 简 图	刀　具
1	将 3 面紧靠在平口虎钳导轨面上的平行垫铁上,即以 3 面为基准,零件在两钳口间被夹紧,刨平面 1,使 1、3 面间尺寸至 52 mm		
2	以 1 面为基准,紧贴固定钳口,在零件与活动钳口间垫圆棒,夹紧后刨平面 4,使 2、4 面间尺寸至 62 mm		平面刨刀
3	以 1 面为基准,紧贴固定钳口,翻转 180°,使面 4 朝下,紧贴平形垫铁,刨平面 2,使 2、4 面间尺寸至 60 mm		
4	以 1 面为基准,刨平面 3,使 1、3 面间尺寸至 50±0.10 mm		

续表

加工序号	加工内容	加工简图	刀具
5	将平口虎钳转 90°，使钳口与刨削方向垂直，5 面与刨削方向平行，刨削平面 5，使 5、6 面间尺寸至 62 mm		
6	刨削平面 6，使 5、6 面间尺寸至 60 mm	（略）	
7	划出直槽加工线并找正，用切槽刀垂直进给刨出直槽，切至槽深 20 mm，横向进给，依次切槽宽至 22 mm		切槽刀

2）刨 V 形槽

如图 7-14 所示，先按刨平面的方法把 V 形槽粗刨出大致形状，如图 7-14（a）所示；然后用切刀刨 V 形槽底的直角槽，如图 7-14（b）所示；再按刨斜面的方法用偏刀刨 V 形槽的两斜面，如图 7-14（c）所示；最后用样板刀精刨至图样要求的尺寸精度和表面粗糙度，如图 7-14（d）所示。

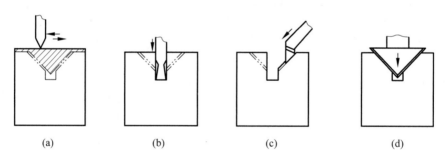

(a) (b) (c) (d)

图 7-14　刨 V 形槽

(a) 刨平面；(b) 刨直槽；(c) 刨左右斜面；(d) 样板刀精刨 V 形槽

3）刨 T 形槽

刨 T 形槽时，应在零件端面和上平面划出加工线，并打上样冲眼。用切槽刀刨出垂直槽，再分别用左、右弯刀刨出两侧凹槽，最后用 45°刨刀倒角，如图 7-15 所示。

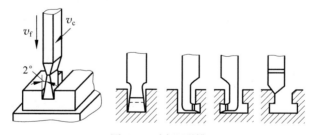

图 7-15　刨 T 形槽

4）刨燕尾槽

刨燕尾槽应先在零件端面和上平面划出加工线,并打上样冲眼。刨燕尾槽的过程和刨 T 形槽相似,但刨侧面时须用角度偏刀,刀架转盘要扳转一定角度,如图 7-16 所示。

图 7-16 刨燕尾槽

3. 刨成形面

在刨床上刨削成形面,通常是先在零件的侧面划线,然后根据划线分别移动刨刀作垂直进给和移动工作台作水平进给,从而加工出成形面。也可用成形刨刀加工,使刨刀刃口形状与零件表面一致,一次成形。

复习思考题

1. 试述 B6050 的含义。
2. 刨床的主运动是什么? 进给运动是什么?
3. 为什么刨刀往往做成弯头?
4. 牛头刨床主要由哪几部分组成? 各部分有何作用?
5. 刨削前,牛头刨床需进行哪几方面的调整? 如何调整?
6. 简述刨削正六面体零件的操作步骤。

CHAPTER 8

磨　削

8.1　基本知识

8.1.1　磨削概述

在机床上,用高速旋转砂轮表面的磨粒对工件表面进行刻划和摩擦,去除工件表层微屑,改变上道工序留下的不正确的几何形状及误差,使产品质量在较短时间内得到明显改善和提高的加工工艺过程,称为磨削。它是一种微刃多刀的切削方式,也是机械零件制造过程中的一道精加工工序。

磨削加工与刀具切削加工,如车、铣、刨削等加工方式比较,有以下一些工艺特点:

(1) 能获得很高的加工精度和较低的粗糙度值。通常能满足的加工精度为 IT6～IT5 级,粗糙度 Ra 值为 $0.2～0.8~\mu m$。在采用高精度的镜面磨削法加工时,精度可达到 IT4～IT3 级,粗糙度 Ra 值小于 $0.01~\mu m$。

(2) 能加工刀具不能切削的高硬度材料,如淬火钢、硬质合金、光学玻璃、陶瓷等,同时还可以对黄铜、硬橡胶、硬塑料等材料进行加工。

(3) 切削速度高。一般磨削砂轮线速度为 $30～35~m/s$,高速磨削时线速度达 $45～100~m/s$,切削速度高,能提高生产率,但磨削温度也高达 $1000℃$ 左右。为避免工件烧伤,磨削时应使用大量冷却液,降低磨削温度,以提高产品质量。

随着科学技术的发展,对现代机器零件制造要求的提高,以及高硬度、高耐磨、长寿命零件的大量使用,磨削加工在机械零件制造中所占的比重越来越大,而且,随着精密毛坯制造技术(精密锻造、铸造等)的应用和高生产率磨削方法(高速磨削、强力磨削等)的发展,使某些零件有可能不经其他切削加工,而直接由磨削加工完成,这将使磨削加工发挥更加巨大的作用。

8.1.2　磨床

根据用途不同,可分为外圆磨床、内圆磨床、平面磨床、工具磨床、螺纹磨床、齿轮磨床和导轨磨床等。又由于磨削方式及使用性能的不同,每一类磨床可分为很多品种,如外圆磨床可细分为普通或万能及无心外圆磨床等。另外,还有为数众多的专用磨床,如花键轴、凸轮轴、曲轴、轧辊磨床等。以下是几种常用的磨床。

(1) 外圆磨床:主要用于轴、套类零件的外圆柱、外圆锥面,台阶轴外圆面及端面的磨削。

（2）内圆磨床：主要用于轴套类零件和盘套类零件内孔表面及端面的磨削。

（3）平面磨床：主要用于各种零件的平面及端面的磨削。

（4）工具磨床：主要用于磨削各种切削刀具的刃口，如车刀、铣刀、铰刀、齿轮刀具、螺纹刀具等。装上相应的机床附件，可对体积较小的轴类外圆、矩形平面、斜面、沟槽等外形复杂的机具、夹具、模具进行磨削加工。

1. 外圆磨床的组成

常用的外圆磨床分为普通外圆磨床和万能外圆磨床。在普通外圆磨床上可磨削零件的外圆柱面和外圆锥面；在万能外圆磨床上由于砂轮架、头架和工作台上都装有转盘，能回转一定的角度，且增加了内圆磨具附件，所以万能外圆磨床除可磨削外圆柱面和外圆锥面外，还可磨削内圆柱面、内圆锥面及端平面，故万能外圆磨床较普通外圆磨床应用更广。如图 8-1 所示为 M131W 型万能外圆磨床。

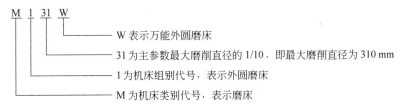

M131W 型万能外圆磨床由床身、工作台、头架、顶尖尾座、砂轮架和内圆磨头等部分组成。

（1）床身：铸铁的箱体，用来支承、固定和安装各个部件。上端有两组相互垂直的导轨，纵向导轨（较长）安装工作台，可引导工作台上的磨削零件沿轴线方向获得纵向往复的进给运动；横向导轨（较短）安装砂轮架，并引导它对工件实现径向切入，完成横向进给运动；床身内有油池、液压传动装置和其他传动机构，前端有电器控制箱及操纵手柄等。

（2）工作台：分为上下两层。上层相对下层转动一定角度（顺时针 3°，逆时针 9°）以实现两顶针间较小角度锥体零件的磨削，还可通过角度微调，消除轴套类零件轴向上的微锥误差现象。整个工作台可被液压传动或手动机构带动，完成纵向进给运动。

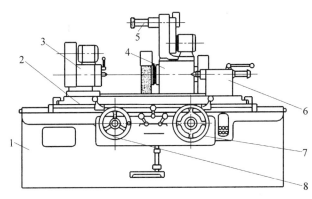

图 8-1　M131W 型万能外圆磨床

1—床身；2—工作台；3—头架；4—砂轮架；5—内圆磨头；6—尾座；7、8—手轮

（3）头架与尾座：均安装于工作台斜10°的台面两端，头架主轴可安装顶针或卡盘，与尾架上的后顶针配合完成工件的夹持，并带动其旋转，实现圆周进给运动。

头架上的变速机构，由一组四槽三角皮带轮配合，可以调整工件的转速（35、70、140、280 r/min）。尾座可左右移动，以适应不同长度零件的安装。头架同样可移动，由于太重，因此不常使用。头架底部有一转盘，可通过其旋转（角度）磨削锥体较短、斜度较大的圆锥体零件。

（4）砂轮座：将砂轮安装于主轴上（外圆砂轮）。由电动机带动旋转，实现主运动，并由液压系统带动实现快速进退（在原停留位置快速移动50 mm）或手动与自动地周期性径向进给（横向）。砂轮座的快速进退动作，可使操作者方便、准确测量和安全装卸工件。砂轮座底部可转动角度±30°。

（5）内圆磨具：安装于砂轮座平台上方，装有内圆砂轮轴，使用时翻转向下，可实现在外圆磨床上对内孔的磨削。

（6）冷却箱：位于机床后端，通过水泵加压将冷却液输送到零件炽热的磨削区域内，实现冷却、润滑、洗涤的作用，避免工件烧伤、退火、变形等现象的产生，保证产品加工质量。该系统采用循环和沉淀的方式，既降低了乳化油的使用成本，也解决了清洁过滤。

2. 外圆磨床的传动

磨床传动广泛采用液压传动，这是因为液压传动具有无级调速、运转平稳、无冲击振动等优点。外圆磨床的液压传动系统比较复杂，图8-2为其液压传动原理示意图。工作时，液压泵9将油从油箱8中吸出，转变为高压油，高压油经过转阀7、节流阀5和换向阀4流入液压缸3的右腔，推动活塞、活塞杆及工作台2向左移动。液压缸3左腔的油则经换向阀4流入油箱8。当工作台2移至左侧行程终点

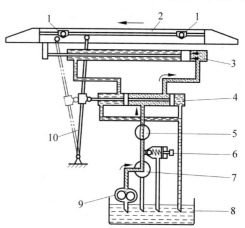

图8-2　外圆磨床液压传动原理示意图
1—挡块；2—工作台；3—液压缸；4—换向阀；
5—节流阀；6—安全阀；7—转阀；8—油箱；
9—液压泵；10—换向手柄

时，固定在工作台2前侧面的挡块1推动换向手柄10至虚线位置，于是高压油流入液压缸3的左腔，使工作台2向右移动，液压缸3右腔的油则经换向阀4流入油箱8。如此循环，工作台2便得到往复运动。

3. 其他磨床

1）平面磨床

平面磨床主要用于磨削零件上的平面。图8-3为M7120A型平面磨床外形图。在型号中，7为机床组别代号，表示平面磨床；1为机床系列代号，表示卧轴矩台平面磨床；20为主参数工作台面宽度的1/10，即工作台面宽度为200 mm。平面磨床与其他磨床不同的是工作台上安装有电磁吸盘或其他夹具，用作装夹零件。磨头2沿滑板3的水平导轨可作横向进给运动，这可由液压驱动或横向进给手轮4操纵。滑板3可沿立柱6的导轨垂直移动，以

调整磨头 2 的高低位置及完成垂直进给运动,该运动也可操纵垂直进给手轮 9 实现。砂轮由装在磨头壳体内的电动机直接驱动旋转。

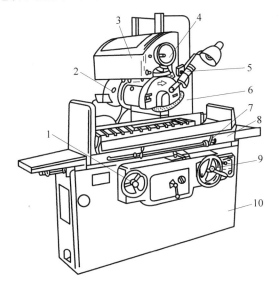

图 8-3　M7120A 型平面磨床外形图

1—驱动工作台手轮;2—磨头;3—滑板;4—横向进给手轮;5—砂轮修整器;
6—立柱;7—行程挡块;8—工作台;9—垂直进给手轮;10—床身

2) 内圆磨床

内圆磨床主要用于磨削内圆柱面、内圆锥面、端面等。图 8-4 所示为 M2120 型内圆磨床外形图,型号中 2 和 1 分别为机床组别、系别代号,表示内圆磨床;20 为主参数最大磨削孔径的 1/10,即最大磨削孔径为 200 mm。

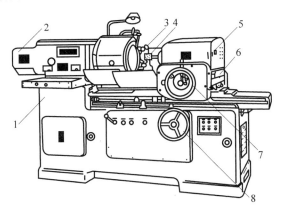

图 8-4　M2120 型内圆磨床外形图

1—床身;2—头架;3—砂轮修整器;4—砂轮;5—磨具架;
6—工作台;7—操纵磨具架手轮;8—操纵工作台手轮

内圆磨床的结构特点为砂轮转速特别高,一般可达 10 000~20 000 r/min,以适应磨削速度的要求。加工时,零件安装在卡盘内,磨具架 5 安装在工作台 6 上,可绕垂直轴转动一个角度,以便磨削圆锥孔。磨削运动与外圆磨削基本相同,只是砂轮与零件按相反方向旋转。

4. 零件的安装及磨床附件

在磨床上安装零件的主要附件有顶尖、卡盘、花盘和心轴等。

1）外圆磨削工件的安装

在外圆磨床上磨削外圆,零件常采用顶尖安装、卡盘安装和心轴安装三种方式。

（1）顶尖安装

顶尖安装适用于两端有中心孔的轴类零件。如图 8-5 所示,零件支承在顶尖之间,其安装方法与车床顶尖装夹基本相同,不同点是磨床所用顶尖是不随零件一起转动的(称死顶尖),这样可以提高加工精度,避免由于顶尖转动带来的误差。同时,尾座顶尖靠弹簧推力顶紧零件,可自动控制松紧程度,这样既可以避免零件轴向窜动带来的误差,又可以避免零件因磨削热可能产生的径向弯曲变形。

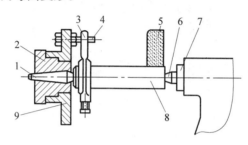

图 8-5　顶尖安装

1—前顶尖；2—头架主轴；3—鸡心夹头；4—拨杆；5—砂轮；
6—后顶尖；7—尾座套筒；8—零件；9—拨盘

（2）卡盘安装

磨削短零件上的外圆可视装卡部位形状不同,分别采用三爪自定心卡盘、四爪单动卡盘或花盘安装。安装方法与车床基本相同。

（3）心轴安装

磨削盘套类空心零件常以内孔定位磨削外圆,大都采用心轴安装,如图 8-6 所示。装夹方法与车床所用心轴类似,只是磨削用的心轴精度要求更高一些。

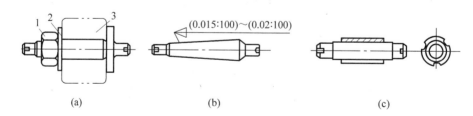

图 8-6　心轴安装

（a）圆柱心轴安装；（b）圆锥心轴；（c）胀力心轴安装

1—螺母；2—垫圈；3—零件

2）平面磨削工件的安装

在平面磨床上磨削平面,零件安装常采用电磁吸盘和精密虎钳两种方式。

（1）电磁吸盘安装

磨削平面通常是以一个平面为基准磨削另一平面。若两平面都需磨削且要求相互平行，则可互为基准，反复磨削。

磨削中小型零件的平面，常采用电磁吸盘工作台吸住零件。电磁吸盘工作台有长方形和圆形两种，分别用于矩台平面磨床和圆台平面磨床。当磨削键、垫圈、薄壁套等尺寸小而壁较薄的零件时，因零件与工作台接触面积小，吸力弱，易被磨削力弹出造成事故。因此安装这类零件时，需在其四周或左右两端用挡铁围住，以免零件走动。

（2）精密虎钳安装

电磁吸盘只能安装钢、铸铁等磁性材料的零件，对于铜、铜合金、铝等非磁性材料制成的零件，可在电磁吸盘上安放一精密虎钳安装零件。精密虎钳与普通虎钳相似，但精度很高。

3）内圆磨削工件的安装

磨削零件内圆，大都以其外圆和端面作为定位基准，通常采用三爪自定心卡盘、四爪单动卡盘、花盘及弯板等安装零件。

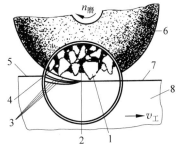

图 8-7　砂轮及磨削
1—磨粒；2—结合剂；3—加工表面；
4—空隙；5—待加工表面；6—砂轮；
7—已加工表面；8—工件

8.1.3　砂轮

砂轮是磨削的主要工具，它是由磨料和结合剂构成的多孔物体，如图 8-7 所示。砂轮表面上杂乱地排列着许多磨粒，磨削时砂轮高速旋转，切下粉末状切屑。磨粒、结合剂、粒度、硬度、组织和空隙是构成砂轮的要素。

1. 砂轮的特性

砂轮的特性主要包括磨料、粒度、硬度、结合剂、组织、形状和尺寸等。磨料直接担负着切削工作，必须硬度高、耐热性好，还必须有锋利的棱边和一定的强度。常用磨料有刚玉类、碳化硅类和超硬磨料。常用磨料的名称、代号、特点及用途见表 8-1。

表 8-1　常用磨料的名称、代号、特点及用途

磨料名称	代号	特　　点	用　　　途
棕刚玉	A	硬度高，韧性好，价格较低	适合于磨削各种碳钢、合金钢和可锻铸铁等
白刚玉	WA	比棕刚玉硬度高，韧性低，价格较高	适合于加工淬火钢、高速钢和高碳钢
黑色碳化硅	C	硬度高，性脆而锋利，导热性好	用于磨削铸铁、青铜等脆性材料及硬质合金刀具
绿色碳化硅	GC	硬度比黑色碳化硅更高，导热性好	主要用于加工硬质合金、宝石、陶瓷和玻璃等

粒度是指磨粒颗粒的大小。粒度号越大，磨料越细，颗粒越小。可用筛选法或显微镜测量法来区别。粗磨或磨软金属时，用粗磨料；精磨或磨硬金属时，用细磨料。硬度是指砂轮上磨料在外力作用下脱落的难易程度。磨粒易脱落，表明砂轮硬度低，反之则表明砂轮硬度高。砂轮的硬度与磨料的硬度无关。

常用结合剂有陶瓷结合剂(代号 V)、树脂结合剂(代号 B)、橡胶结合剂(代号 R)等。其中陶瓷结合剂做成的砂轮耐蚀性和耐热性很高,应用广泛。组织是指砂轮中磨料、结合剂、空隙三者体积的比例关系。组织号是由磨料所占的百分比来确定的。

根据机床结构与磨削加工的需要,砂轮制成各种形状和尺寸。为方便选用,在砂轮的非工作表面上印有特性代号,如代号 PA60KV6P300×40×75,表示砂轮的磨料为铬刚玉(PA)、粒度为 60#、硬度为中软(K)、结合剂为陶瓷(V)、组织号为 6 号、形状为平形砂轮(P)、尺寸外径为 300 mm、厚度为 40 mm、内径为 75 mm。

2. 砂轮的选择

(1) 磨削硬材料,应选择软的、粒度号大的砂轮;磨削软材料,应选择硬的、粒度号小的、组织号大的砂轮。磨削软而韧的工件时,应选大气孔的砂轮。

(2) 提高生产效率,应选择粒度号小、软的砂轮。精磨时选择粒度号大、硬的砂轮。

3. 砂轮的安装与平衡

砂轮因在高速下工作,安装时应首先检查外观没有裂纹后,再用木槌轻敲,如果声音嘶哑,则禁止使用,否则砂轮破裂后会飞出伤人。砂轮的安装方法如图 8-8 所示。

为使砂轮工作平稳,一般直径大于 125 mm 的砂轮都要进行平衡试验,如图 8-9 所示。将砂轮装在心轴 2 上,再将心轴放在平衡架 6 的平衡轨道 5 的刃口上。若不平衡,较重部分总是转到下面。这时可移动法兰盘端面环槽内的平衡铁 4 进行调整。经反复平衡试验,直到砂轮可在刃口上任意位置都能静止,即说明砂轮各部分的质量分布均匀。

4. 砂轮的修整

砂轮工作一定时间后,磨粒逐渐变钝,砂轮工作表面空隙被堵塞,使之丧失切削能力。同时,由于砂轮硬度不均匀及磨粒工作条件不同,使砂轮工作表面磨损不匀,形状被破坏,这时必须修整。修整时,将砂轮表面一层变钝的磨粒切去,使砂轮重新露出完整锋利的磨粒,以恢复砂轮的几何形状。砂轮常用金刚石笔进行修整,如图 8-10 所示。修整时要使用大量的冷却液,以免金刚石因温度急剧升高而破裂。

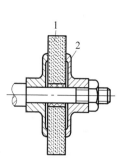

图 8-8　砂轮的安装

1—砂轮；2—弹性垫板

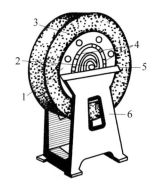

图 8-9　砂轮的平衡

1—砂轮套筒；2—心轴；3—砂轮；
4—平衡铁；5—平衡轨道；6—平衡架

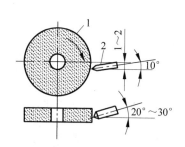

图 8-10　砂轮的修整

1—砂轮；2—金刚石笔

8.1.4 磨削工艺

由于磨削的加工精度高,表面粗糙度值小,能磨高硬脆的材料,因此应用十分广泛。现仅就内外圆柱面、内外圆锥面及平面的磨削工艺进行讨论。

1. 外圆磨削

外圆磨削是一种基本的磨削方法,它适于轴类及外圆锥零件的外表面磨削。在外圆磨床上磨削外圆常用的方法有纵磨法、横磨法和综合磨法 3 种。

1) 纵磨法

如图 8-11 所示,磨削时,砂轮高速旋转起切削作用(主运动),零件转动(圆周进给)并与

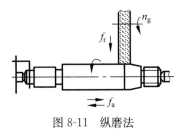

图 8-11 纵磨法

工作台一起作往复直线运动(纵向进给),当每一纵向行程或往复行程结束时,砂轮作周期性横向进给(背吃刀量)。每次背吃刀量很小,磨削余量是在多次往复行程中磨去的。当零件加工到接近最终尺寸时,采用无横向进给的几次光磨行程,直至火花消失为止,以提高零件的加工精度。由于纵磨法每次的径向进给量少,磨削力小,散热条件好,充分提高了工件的磨削精度和表面质量,能满足较高的加工质量要求,但磨削效率较低。纵磨法磨削外圆适合磨削较大的工件,是单件、小批量生产的常用方法,尤其适用于细长轴的磨削。

2) 横磨法

如图 8-12 所示,横磨削时,采用砂轮的宽度大于零件表面的长度,零件无纵向进给运动,而砂轮以很慢的速度连续地或断续地向零件作横向进给,直至余量被全部磨掉为止。该法适于磨削长度较短、刚性较好的零件。短阶梯轴轴颈的精磨工序,通常采用这种磨削方法。

3) 综合磨法

如图 8-13 所示,是先用横磨分段粗磨,相邻两段间有 5~15 mm 重叠量,然后将留下的 0.01~0.03 mm 余量用纵磨法磨去。当加工表面的长度为砂轮宽度的 2~3 倍以上时,可采用综合磨法。综合磨法能集纵磨、横磨法的优点为一身,既能提高生产效率,又能提高磨削质量。

2. 内圆磨削

如图 8-14 所示,内圆磨削方法与外圆磨削相似,只是砂轮的旋转方向与磨削外圆时相

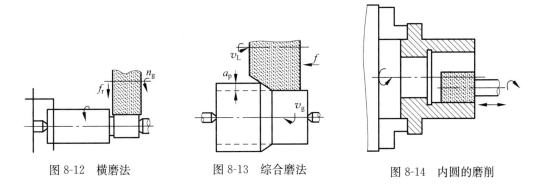

图 8-12 横磨法   图 8-13 综合磨法   图 8-14 内圆的磨削

反，操作方法以纵磨法应用最广。磨削内圆时，工件大多数是以外圆或端面作为定位基准，装夹在卡盘上进行磨削；磨内圆锥面时，只需将内圆磨具偏转一个圆周角即可。

与外圆磨削不同，内圆磨削时，砂轮的直径受到工件孔径的限制，一般较小，故砂轮磨损较快，需经常修整和更换。内圆磨削使用的砂轮要比外圆磨削使用的砂轮软些，这是因为内圆磨削时砂轮和工件接触的面积较大。另外，砂轮轴直径比较小，悬伸长度较大，刚性很差，故磨削深度不能大，从而降低了生产率。但由于磨孔具有万能性，不需成套刀具，故在单件、小批生产中应用较多，特别是淬火零件，磨孔仍是精加工孔的主要方法。

3. 平面磨削

平面磨削常用的方法有周磨和端磨两种，当采用砂轮周边磨削方式时，磨床主轴按卧式布局；当采用砂轮端面磨削方式时，磨床主轴按立式布局。平面磨削时，工件可安装在作往复直线运动的矩形工作台上，也可安装在作圆周运动的圆形工作台上。

在卧轴矩台式平面磨床的磨削如图 8-15(a)所示，在这种机床中，工件由矩形电磁工作台吸住。砂轮作旋转主运动，工作台作纵向往复运动，砂轮架作间歇的竖直切入运动和横向进给运动。

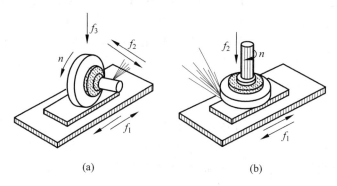

图 8-15　平面磨削加工
(a) 周磨；(b) 端磨

在立轴矩台式平面磨床的磨削如图 8-15(b)所示，在这种机床上，砂轮作旋转主运动，矩形工作台作纵向往复运动，砂轮架作间歇的竖直切入运动。

周磨和端磨的优缺点比较见表 8-2。

表 8-2　周磨和端磨的优缺点比较

分类	砂轮与零件的接触面积	排屑及冷却条件	零件发热变形	加工质量	效率	适用场合
周磨	小	好	小	较高	低	精磨
端磨	大	差	大	低	高	粗磨

4. 圆锥面磨削

圆锥面磨削通常有转动工作台法和转动零件头架法两种。

(1) 转动工作台法：磨削外圆锥表面如图 8-16 所示，磨削内圆锥面如图 8-17 所示。转动工作台法大多用于锥度较小、锥面较长的零件。

（2）转动零件头架法：常用于锥度较大、锥面较短的内外圆锥面。

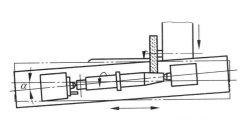

图 8-16　转动工作台磨外圆锥面

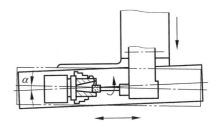

图 8-17　转动工作台磨内圆锥面

8.2　基本技能

8.2.1　磨削安全技术

1. 开车前

（1）检查供油情况，按规定加注润滑油脂；

（2）检查各手柄是否处于正常位置，砂轮罩是否罩好；

（3）禁止在导轨上或工作台上放置工件和量具等；

（4）严格检查砂轮是否有裂纹，安装前进行砂轮平衡调整，安装时严禁敲击砂轮；

（5）对磨床进行保护性空运转一段时间；

（6）采用电磁吸盘吸牢工件，一定要检查工件的吸牢程度，做到安全可靠；

（7）吸磨较高、较小工件时，要适当加好保护性安全靠板，并禁止在边缘区吸磨工件；

（8）调整定位挡块，位置合适后再紧固螺钉，一定要手动检查安全可靠后，方可开车正式磨削加工。

2. 开车后

（1）不准用手触摸砂轮及其他旋转部件；

（2）不准开车装卸工件和度量尺寸；

（3）砂轮退离工件时不得中途停车；

（4）工作时不准离开机床，要精神集中，并站在合适的位置上；

（5）发现异常要立即停车。

3. 下班前

（1）擦净机床，整理好工具和工件，清扫场地；

（2）机床各手柄应回复到停止位置，将工作台摇到合适位置；

（3）关闭电源。

4. 发生事故后

（1）立即切断机床电源；

（2）保护好现场；

（3）及时向有关人员汇报,分析原因,总结教训。

8.2.2　磨削操作训练

1. 训练目的

（1）熟悉平面磨削的基本方法及应用；

（2）熟悉外圆磨削的基本方法及应用。

2. 设备及器材

M7130平面磨床、M131W万能外圆磨床和各种附件。

3. 训练步骤及内容

1) 平面磨削练习

材料尺寸：60 mm×40 mm×30 mm,Q235,如图8-18所示。

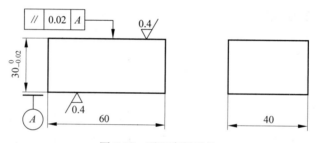

图8-18　平面磨削零件

（1）磨削前的准备工作：启动油泵,开动磨床进行自动润滑和排气运行,砂轮空转运行检查,并了解磨削前做这些准备工作的目的。

（2）清洁工作台面、清理工件毛刺后,安装其上,打开磁力开关,检查工件是否吸附牢固（对"小、薄、高"等零件要加上合适的挡块）。

（3）调整工作台行程挡块,开动机床对刀,打开冷却水,选择合适进给量,分粗、精磨完成上平面磨削（其间测量尺寸,留下一半余量）。

（4）停车,取下工件。清洁工作台面与工件,翻面安装,打开磁性开关,检查工件是否吸附牢固。

（5）开动机床,分粗、精磨完成另一面磨削,停车检查测量工件至合格后,取下工件。

（6）清洁机床,将各部件复位,关闭各控制阀门和电源。

（7）用千分尺、刀形平尺及百分表检查尺寸以及平行度误差,并评价加工质量和工艺分析。

2) 外圆磨削练习

材料及尺寸：ϕ35 mm×250 mm细长轴,45钢,如图8-19所示。

（1）磨削前的准备：启动油泵,开动磨床进行自动润滑和排气运行,砂轮空转运行检查,各部件运转正常后,停车。

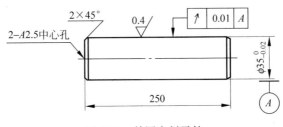

图 8-19　外圆磨削零件

（2）安装工件，将夹头紧固工件左端，清洁顶针孔，并加油。调整顶针尾座与前顶针之间的距离，安装好工件。点动车头微动开关，保证定位安全。

（3）调整工作台换向挡块，启动砂轮对刀，打开冷却液，用纵磨法进行磨削，选择合适的进给量进行粗、精磨，测量工件两端外径尺寸，如有微锥现象，要调整工作台角度，消除微锥，将工件磨到尺寸后取下工件。

（4）调头装夹磨另一端，调整好工作台行程挡块，选择同上方法将另一端磨到尺寸，要保证接头处无接痕；退刀，用外径千分尺、百分表检查外径尺寸和径向跳动误差，合格后卸下工件。

（5）清洁机床，将部件开关复位后，关闭电源。

（6）对该工件作质量和工艺分析。

复习思考题

1. 什么叫磨削加工？它可以加工的表面主要有哪些？
2. 为什么软砂轮适于磨削硬材料？
3. 常用磨床有哪些？
4. 磨削加工的特点是什么？
5. 万能外圆磨床由哪几部分组成？
6. 磨削外圆和平面时，零件的安装各用什么方法？

钳 工

9.1 基 本 知 识

9.1.1 钳工概述

钳工是机械制造中重要的工种之一,在机械生产过程中起着重要的作用。钳工是利用手持工具对金属进行切削加工的一种方法,其作用是:生产前的准备,单件小批生产中的部分加工,生产工具的调整,设备的维修和产品的装配等。钳工按照专业性质分为普通钳工、工具钳工、划线钳工、模具钳工、装配钳工和机修钳工等。

钳工主要是手工作业,所以作业的质量在很大程度上依赖于操作者的技艺和熟练程度。

钳工主要利用虎钳、手用工具和一些机械工具完成零件的加工,部件、机器的装配和调试,以及各类机械设备的维护、修理等任务。

钳工的基本操作包括:划线、凿削、锯割、锉削、钻孔、扩孔、锪孔、铰孔、攻螺纹、套螺纹、装配、刮削、研磨、矫正和弯曲以及铆接等。

1. 钳工的工作范围

(1) 用钳工工具进行修配及小批量零件的加工。
(2) 精度较高的样板及模具的制作。
(3) 整机产品的装配和调试。
(4) 机器设备使用中的调试和维修。

2. 钳工加工特点

钳工是一个技术工艺比较复杂、加工程序细致、工艺要求高的工种。它具有使用工具简单、加工灵活多样、操作方便和适应能力强等特点。目前虽然有各种先进的加工方法,但很多工作还不可替代,仍然需要钳工来完成,钳工在保证产品质量中起重要作用。

3. 钳工常用的设备和工具

钳工常用的设备有钳工工作台、虎钳、砂轮机、钻床、手电钻等。常用的手用工具有划线盘、錾子、手锯、锉刀、刮刀、扳手、螺钉旋具和锤子等。

1）钳台

钳工工作台简称钳台,如图9-1(a)所示,用于安装虎钳,进行钳工操作。有单人使用和多人使用的两种,用硬质木材或钢材做成。工作台要求平稳、结实,台面高度一般以装上台虎钳后钳口高度与人手肘齐平为宜。工作时,应将工具和量具分开放置,工具摆放在常用和方便拿取处,量具则摆放在离工具较远处,避免工、量具混放而影响量具精度。工作结束后,应将工、量具擦净保养并分别整齐地放进柜子和抽屉内。

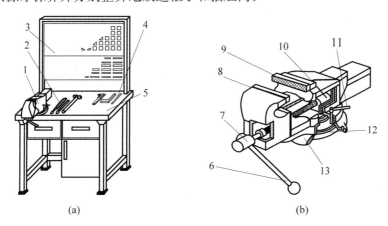

(a)　　　　　　　　　　　　(b)

图 9-1　钳台及虎钳

（a）钳台；（b）虎钳

1—虎钳；2—工具；3—防护网；4—量具；5—钳桌；6—夹紧手柄；7—丝杠；8—活动钳口；

9—固定钳口；10—螺母；11—锁紧手柄；12—锁紧盘；13—转盘座

2）虎钳

虎钳是钳工最常用的一种夹持工具。錾切、锯割、锉削以及许多其他钳工操作都是在虎钳上进行的。

钳工常用的虎钳有固定式和回转式两种。如图 9-1(b)所示为回转式台虎钳。其主体是用铸铁制成,由固定和活动两部分组成。固定部分由锁紧螺钉固定在转盘座上,转盘座内装有夹紧盘,放松锁紧螺钉手柄,固定部分就可以在转盘座上转动,用以改变虎钳夹持方向。转盘座用螺栓固定在钳台上。连接手柄的螺杆穿过活动部分旋入固定部分上的螺母内。转动手柄使螺杆从螺母中旋入或旋出,带动活动钳口合拢或张开,以放松或夹紧工件。夹紧工件时,不得用榔头敲打夹紧手柄或用加力杠增加力臂。

为延长虎钳的使用寿命,在虎钳的咬口处用螺钉紧固着两块经过淬硬的钢质钳口。钳口的工作面上有斜形齿纹,使零件夹紧时不致滑动。夹持零件精加工表面时,应在钳口和零件间垫上纯铜皮或铝皮等软材料制成的护口片(俗称软钳口),以免损伤零件表面。

虎钳规格以钳口的宽度来表示,一般常用为 100～150 mm。

3）钻床

钻床是用于加工孔的一种机械设备,它的规格用可加工孔的最大直径表示。这类钻床小型轻便、操作方便、转速高,适于加工 $\phi16$ mm 以下的小孔。如图 9-2(a)所示为台式钻床外形图。

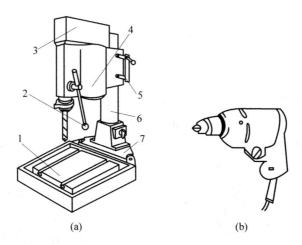

(a)　　　　　　　　(b)

图 9-2　孔加工设备

(a) 台式钻床；(b) 手电钻

1—工作台；2—进给手柄；3—变速箱；4—电动机；5—升降锁紧装置；6—主轴架；7—机座

4）手电钻

手电钻主要用于钻 $\phi12$ mm 以下的孔，如图 9-2(b) 所示，常用于不便使用钻床钻孔的场合。手电钻的电源有单相（220 V、36 V）和三相（380 V）两种。手电钻携带方便，操作简单，使用灵活，应用极广。

此外，还有摇臂钻床、立式钻床等，适于加工 $\phi16$ mm 以上的孔。

9.1.2　划线、锯削和锉削

划线、锯削及锉削是钳工操作中的主要工序，是加工、维修、装配时不可缺少的钳工基本操作。

1. 划线

根据图样要求，在毛坯或工件上用划线工具划出待加工部位的轮廓或作为基准的点线叫划线。

在钳工实习操作中，加工工件的第一步是从划线开始的，所以划线准确度是保障工件加工质量的前提，如果划线误差太大，会造成整个工件的报废。所以，应该按照图纸的要求，在零件的表面准确的划出加工界限。

划线分平面划线和立体划线两种，如图 9-3 所示。平面划线是在零件的一个平面或几个互相平行的平面上划线。立体划线是在工件的几个互相垂直或倾斜平面上划线。

划线多数用于单件、小批量生产，新产品试制和工、夹、模具制造。划线的精度较低，用划针划线的精度为 0.25～0.5 mm，用高度尺划线的精度为 0.1 mm 左右。

1）划线的目的

（1）划出清晰的尺寸界线以及尺寸与基准间的相互关系，既便于零件在机床上找正、定位，又使机械加工有明确的标志。

（2）检查毛坯的形状与尺寸，及时发现和剔除不合格的毛坯。

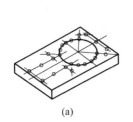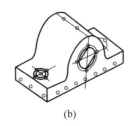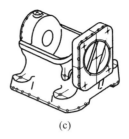

(a)   (b)   (c)

图 9-3　划线的种类

(a) 平面划线；(b) 轴承座立体划线；(c) 水泵托架立体划线

（3）通过对加工余量的合理分配（即划线"借料"的方法），使零件加工符合要求。

2）划线工具

（1）基准工具

划线平板、划线方箱是零件划线用的基准工具。划线平板又称划线平台，用铸铁制成，它的上平面经过精刨或刮削，是划线的基准平面。方箱用于支承划线的零件，如图 9-4 所示，是用灰铸铁制成的空心长方体。它的 6 个面经过精加工，相对的平面互相平行，相邻的平面互相垂直。

（2）测量工具

① 量高尺：如图 9-5 所示，是用来校核划线盘划针高度的量具，其上的钢尺零线紧贴平台。

② 高度游标尺：如图 9-6 所示，是量高尺与划针盘的组合。划线脚与游标连成一体，前端镶有硬质合金，一般用于已加工面的划线。

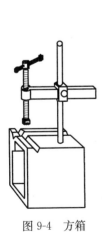

图 9-4　方箱　　　　　　图 9-5　量高尺　　　　　图 9-6　高度游标尺

③ 90°角尺：简称直角尺，它的两个工作面经精磨或研磨后呈精确的直角。90°角尺是划线工具，又是精密量具，分为扁座 90°角尺和宽座 90°角尺两种。前者用于平面划线中在没有基准面的零件上划垂直线，如图 9-7（a）所示；后者用于立体划线中，用它靠住零件基准面划垂直线，如图 9-7（b）所示，或用它找正零件的垂直线或垂直面。

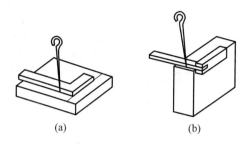

图 9-7　90°角尺划线

(a) 在无基准面的零件上划垂直线；(b) 靠住零件基准面划垂直线

（3）划线工具

常用的划线工具有划针、划规、划钱盘和样冲。

划针是在零件上直接划出线条的工具（见图 9-8），由工具钢淬硬后将尖端磨锐或焊上硬质合金的尖头。弯头划针可用于直线划针划不到的地方和找正零件。使用划针划线时必须使针尖紧贴钢直尺或样板，如图 9-9 所示。

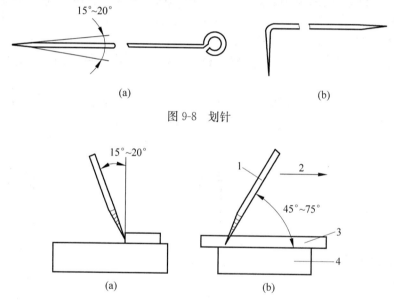

图 9-8　划针

图 9-9　划针使用

(a) 直头划针；(b) 弯头划针

1—划针；2—划线方向；3—钢直尺；4—零件

划线盘如图 9-10 所示，它的直针尖端焊上硬质合金，用来划与针盘平行的直线；另一端弯头针尖用来找正零件用。

常用划规如图 9-11 所示，它适合在毛坯或半成品上划圆。

样冲如图 9-12 所示，用工具钢制成并经淬硬。样冲用于在划好的线条上打出小而均匀的样冲眼，以免零件上已划好的线在搬运、装夹过程中因碰、擦而模糊不清，影响加工。对于有孔的中心，应打较大的样冲眼，利于钻孔时钻头的定心。样冲使用时，榔头边敲锤，样冲边转动。

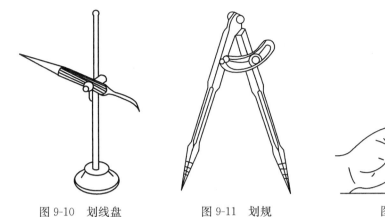

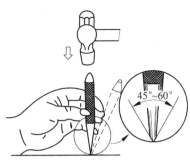

图 9-10　划线盘　　　　　图 9-11　划规　　　　　图 9-12　打样冲眼

（4）夹持工具

① V 形铁：如图 9-13 所示，主要用于安放轴、套筒等圆形零件。一般 V 形铁都是两块一副，即平面与 V 形槽是在一次安装中加工的。V 形槽夹角为 90°或 120°，也可当方箱使用。

② 千斤顶：如图 9-14 所示，常用于支承毛坯或形状复杂的大零件划线。使用时，三个一组顶起零件，调整顶杆的高度便能方便地找正零件。

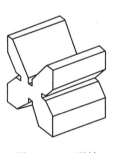

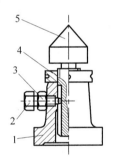

图 9-13　V 形铁　　　　　　图 9-14　千斤顶

1—底座；2—导向螺钉；3—锁紧螺母；4—圆螺母；5—顶杆

3）划线方法与步骤

（1）平面划线方法与步骤

平面划线的实质是平面几何作图问题。平面划线是用划线工具将图样按实物大小 1∶1 划到零件上去的。

① 根据图样要求，选定划线基准。

② 对零件进行划线前的准备（清理、检查、涂色，在零件孔中装中心塞块等）。在零件上划线部位涂上一层薄而均匀的涂料（即涂色），使划出的线条清晰可见。零件不同，涂料也不同。一般在铸、锻毛坯件上涂石灰水，小的毛坯件上也可以涂粉笔，钢铁半成品上一般涂龙胆紫（也称"蓝油"）或硫酸铜溶液，铝、铜等有色金属半成品上涂龙胆紫或墨汁。

③ 划出加工界限（直线、圆及连接圆弧）。

④ 在划出的线上打样冲眼。

（2）立体划线

立体划线是平面划线的复合运用。它和平面划线有许多相同之处，如划线基准一经确定，其后的划线步骤大致相同。它们的不同之处在于立体划线要找正三次。

2. 锯割

用手锯把原材料和零件割开，或在其上锯出沟槽的操作叫锯割。

1）手锯

手锯由锯弓和锯条组成。

（1）锯弓

锯弓有固定式锯弓和可调式锯弓两种，如图 9-15 所示。

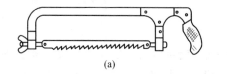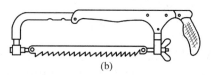

(a)   (b)

图 9-15　手锯

(a) 固定式锯弓；(b) 可调式锯弓

（2）锯条

锯条一般用工具钢或合金钢制成，并经淬火和低温回火处理。锯条规格用锯条两端安装孔之间的距离表示，常用手工锯条长 300 mm、宽 12 mm、厚 0.8 mm，并按锯齿齿距分为粗齿、中齿、细齿三种，锯齿的粗细度选择见表 9-1。

表 9-1　锯齿的粗细度选择

粗细度	每 25 mm 齿数	应 用
粗	14～18	铝、纯铜、软钢
中	22～24	中等硬度钢、厚壁钢管、铜管
细	32	薄板、薄壁管

锯齿在制造时按一定的规律左右错开，排列成一定形状形成锯路，其作用是使锯缝宽度大于锯背的厚度，目的是防止锯割时锯条卡在锯缝中，以减少锯条与锯缝之间的摩擦阻力，锯割省力，排屑顺畅，工作效率高。

2）锯割操作要领

（1）锯条安装

安装锯条时，锯齿尖倾斜方向朝前，锯条绷紧程度要适当，过松锯条不走直线，过紧锯条容易断。

（2）握锯及锯割操作

一般握锯方法是右手握稳锯柄，左手轻扶弓架前端。锯割时站立位置如图 9-16 所示。锯割时推力和压力由右手控制，左手压力不要过大，主要应配合右手扶正锯弓，锯弓向前推出时加压力，回程时不加压力，在零件上轻轻滑过。锯割往复运动速度应控制在 40 次/min 左右。锯割时，锯条参加切削的往返长度

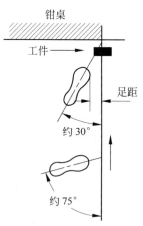

图 9-16　锯割时的站立位置

不应小于锯条全长的 2/3。

（3）起锯

锯条开始切入零件称为起锯。起锯方式有近起锯和远起锯两种,如图 9-17 所示。用左手拇指靠近并挡住锯条后,右手平稳推动锯弓,短距离往复运动。起锯角为 10°～15°。锯弓往复行程要短,压力要轻,锯条要与零件表面垂直,当锯出到槽深 0.5～2 mm 的锯口时,起锯结束,开始逐渐进行正常锯割。

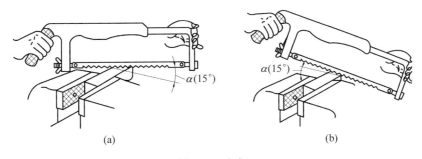

(a)　　　　　　　　　　(b)

图 9-17　起锯

(a) 近起锯；(b) 远起锯

3. 锉削

用锉刀从零件表面锉掉多余的金属,使零件达到图样要求的尺寸、形状和表面粗糙度的操作叫锉削。锉削的加工范围包括平面、曲面、型孔、沟槽、内外倒角和各种形状的孔,也用于成形样板、模具、型腔以及部件、机器装配时的工件修整。

1) 锉刀

锉刀是锉削的主要工具,锉刀用高碳钢（T12、T13）制成,并经热处理淬硬至 62～67 HRC,是专业厂生产的一种标准工具。锉刀的构造及各部分名称如图 9-18 所示。

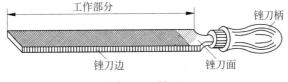

图 9-18　锉刀

锉刀分类如下所述。

(1) 按锉齿的大小分为粗齿锉、中齿锉、细齿锉和油光锉等。

(2) 按齿纹分为单齿纹和双齿纹。单齿纹锉刀的齿纹只有一个方向,与锉刀中心线成70°,一般用于锉软金属,如铜、锡、铅等。双齿纹锉刀的齿纹有两个互相交错的排列方向,先剁上去的齿纹叫底齿纹,后剁上去的齿纹叫面齿纹。底齿纹与锉刀中心线成 45°,齿纹间距较疏;面齿纹与锉刀中心线成 65°,间距较密。由于底齿纹和面齿纹的角度不同,间距疏密不同,所以,锉削时锉痕不重叠,锉出来的表面平整而且光滑。

(3) 按断面形状（见图 9-19(a)）可分成:板锉（平锉）,用于锉平面、外圆面和凸圆弧面;方锉,用于锉平面和方孔;三角锉,用于锉平面、方孔及 60°以上的锐角;圆锉,用于锉圆孔和内弧面;半圆锉,用于锉平面、内弧面和大的圆孔。图 9-19(b) 为特种锉刀,用于加工各种零件的特殊表面。

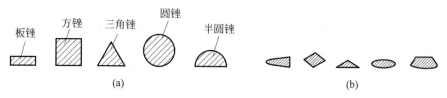

图 9-19　锉刀断面形状

(a) 普通锉刀断面形状；(b) 特种锉刀断面形状

锉刀的规格和适用范围见表 9-2。此外，由各种形状组成的特种"什锦"锉刀，用于修锉小型零件及模具上难以机械加工的部位。普通锉刀的规格一般是用锉刀的长度、齿纹类别和锉刀断面形状表示的。

表 9-2　锉刀的规格和适用范围

类　　别	锉纹号	长度/mm									加工余量/mm	达到的表面粗糙度值 Ra/mm
		100	125	150	200	250	300	350	400	450		
		每 100 mm 长度内主要锉纹条数										
粗齿锉	Ⅰ	14	12	11	10	9	8	7	6	5.5	0.5～1.0	12.5
中齿锉	Ⅱ	20	18	16	14	12	11	10	9	8	0.2～0.5	6.6～12.5
细齿锉	Ⅲ	28	25	22	20	18	16	14	14	—	0.1～1.2	3.2～6.3
粗油光锉	Ⅳ	40	36	32	28	25	22	20	—	—	0.05～0.1	6.3～3.2
细油光锉	Ⅴ	56	50	45	40	36	32	—	—	—	0.02～0.05	0.8～1.6

2）锉削操作要领

（1）握锉

锉刀的种类较多，规格、大小不一，使用场合也不同，故锉刀握法应随之改变，如图 9-20 所示。

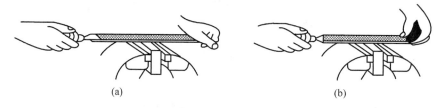

图 9-20　握锉

(a) 大锉刀的握法；(b) 中、小锉刀的握法

（2）锉削姿势

锉削时人的站立位置与锯削相似，见图 9-16。锉削操作姿势如图 9-21 所示，身体重量放在左脚，右膝要伸直，双脚始终站稳不移动，靠左膝的屈伸而作往复运动。开始时，身体向前倾斜10°左右，右肘尽可能向后收缩如图 9-21(a)所示。在最初 1/3 行程时，身体逐渐前倾至 15°左右，左膝稍弯曲如图 9-21(b)所示。其次 1/3 行程，右肘向前推进，同时身体也逐渐前倾到 18°左右，如图 9-21(c)所示。最后 1/3 行程，用右手腕将锉刀推进，身体随锉刀向前

推的同时自然后退到 15°左右的位置上,如图 9-21(d)所示,锉削行程结束后,把锉刀略提起一些,身体姿势恢复到起始位置。

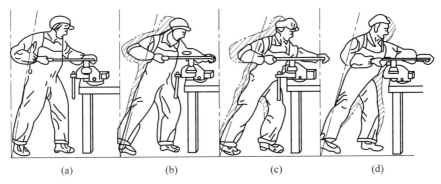

图 9-21　锉削姿势

锉削过程中,两手用力也时刻在变化。开始时,左手压力大推力小,右手压力小推力大。随着推锉过程,左手压力逐渐减小,右手压力逐渐增大。锉刀回程时不加压力,以减少锉齿的磨损。锉刀往复运动速度一般为 30～40 次/min,推出时慢,回程时可快些。

3) 锉削方法

(1) 平面锉削

锉削平面的方法有三种,如图 9-22 所示。顺向锉:适用于加工余量较小的细锉削;交叉锉:主要用于加工余量较大的粗锉削;推锉:用于加工余量很小的精锉削。锉削平面时,锉刀要按一定方向进行锉削,并在锉削回程时稍作平移,这样逐步将整个面锉平。

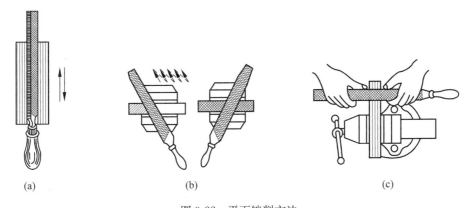

图 9-22　平面锉削方法
(a) 顺向锉;(b) 交叉锉;(c) 推锉

(2) 弧面锉削

外圆弧面一般可采用平锉进行锉削,常用的锉削方法有两种,如图 9-23 所示。顺锉:横着圆弧方向锉,可锉成接近圆弧的多菱形(适用于曲面的粗加工)。滚锉:锉刀向前锉削时右手下压,左手随着上提,使锉刀在零件圆弧上作转动。

(3) 检验工具及其使用

检验工具有刀口形直尺、90°角尺、游标角度尺等。刀口形直尺、90°角尺可检验零件的直线度、平面度及垂直度。下面介绍用刀口形直尺检验零件平面度的方法。

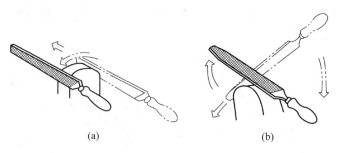

图 9-23　圆弧面锉削方法

(a) 顺锉法；(b) 滚锉法

将刀口形直尺垂直紧靠在零件表面,并在纵向、横向和对角线方向逐次检查,如图 9-24 所示。检验时,如果刀口形直尺与零件平面透光微弱而均匀,则该零件平面度合格;如果透光强弱不一,则说明该零件平面凹凸不平。可在刀口形直尺与零件紧靠处用塞尺插入,根据塞尺的厚度即可确定平面度的误差,如图 9-25 所示。

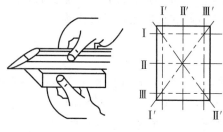

图 9-24　用刀口形直尺检验平面度

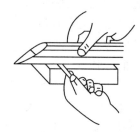

图 9-25　用塞尺测量平面度误差值

9.1.3　钻孔、扩孔、铰孔和锪孔

零件上孔的加工,除去一部分由车、镗、铣和磨等机床完成外,很大一部分是由钳工利用各种钻床和钻孔工具完成的。钳工加工孔的方法有钻孔、扩孔和铰孔。

一般情况下,孔加工刀具都应同时完成两个运动,如图 9-26 所示。主运动:刀具绕轴线的旋转运动;进给运动:刀具沿着轴线方向的直线运动。

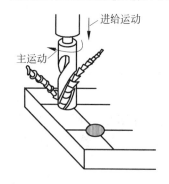
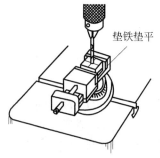

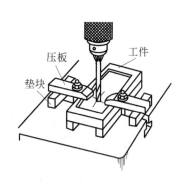

图 9-26　孔加工切削运动

用钻头在实体零件上加工孔叫钻孔。钻孔的尺寸公差等级低,为IT14~IT11,表面粗糙度 Ra 值为 $12.5\sim25\,\mu\mathrm{m}$。

1. 标准麻花钻

麻花钻如图 9-27 所示,是钻孔的主要刀具。麻花钻用高速钢制成,工作部分经热处理淬硬至 62~65 HRC。麻花钻由柄部、颈部和工作部分组成。

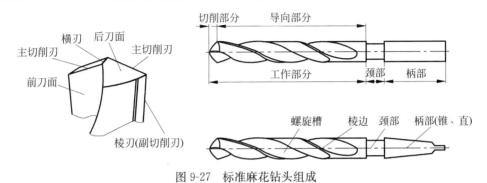

图 9-27 标准麻花钻头组成

(1) 柄部:钻头的尾部,用于装夹并传递扭矩和轴向力。按麻花钻直径的大小,分为直柄和锥柄两种。直柄:传递扭矩较小,用于直径小于 12 mm 的钻头。锥柄:对中性好,传递扭矩较大,用于直径大于 13 mm 的钻头。

(2) 颈部:工作部分和尾部间的过渡部分,供磨削时砂轮退刀和打印标记用。

(3) 工作部分:钻头的主要部分,分成导向与切削两部分。导向部分依靠两条狭长的螺旋形的高出齿背约 0.5~1 mm 的棱边(刀带)起导向作用。它的直径前大后小,略有倒锥度,倒锥量为 0.03~0.12 mm/100 mm,可以减少钻头与孔壁间的摩擦。导向部分经铣、磨或轧制形成两条对称的螺旋槽,用以排除切屑和输送切削液。

2. 零件装夹

如图 9-28 所示,钻孔时零件夹持方法与零件生产批量及孔的加工要求有关。生产批量较大或精度要求较高时,零件一般用钻模装夹;单件小批生产或加工要求较低时,零件经划线确定孔中心位置后,多数装夹在通用夹具或工作台上钻孔。常用的附件有手虎钳、平口虎钳、V 形铁和压板螺钉等,这些工具的使用和零件形状及孔径大小有关。

3. 钻头的装夹

钻头的装夹方法,按其柄部的形状不同而异。锥柄钻头可以直接装入钻床主轴锥孔内,较小的钻头可用过渡套筒安装,如图 9-29(a)所示。直柄钻头用钻夹头安装,如图 9-29(b)所示。钻夹头(或过渡套筒)的拆卸方法是将楔铁插入钻床主轴侧边的扁孔内,左手握住钻夹头,右手用锤子敲击楔铁卸下钻夹头,如图 9-29(c)所示。

4. 钻削用量

钻孔的钻削用量包括钻头的钻削速度(m/min)或转速(r/min)和进给量(钻头每转一

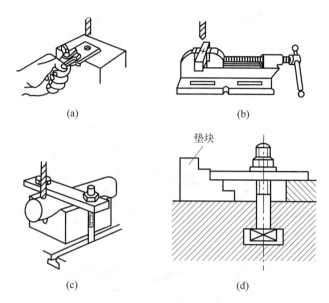

图 9-28   零件夹持方法

（a）手虎钳夹持零件；（b）平口虎钳夹持零件；（c）V形铁夹持零件；（d）压板螺钉夹紧零件

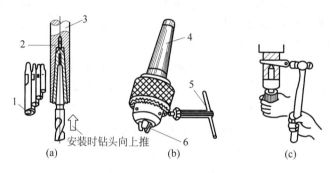

图 9-29   安装拆卸钻头

（a）安装锥柄钻头；（b）钻夹头；（c）拆卸钻夹头

1—过渡锥度套筒；2—锥孔；3—钻床主轴；4—锥柄；5—紧固扳手；6—自动定心夹爪

周沿轴向移动的距离）。钻削用量受到钻床功率、钻头强度、钻头耐用度和零件精度等许多因素的限制。因此，如何合理选择钻削用量直接关系到钻孔生产率、钻孔质量和钻头的寿命。

选择钻削用量可以用查表方法，也可以考虑零件材料的软硬、孔径大小及精度要求，凭经验选定一个进给量。

5. 钻孔方法

钻孔前先用样冲在孔中心线上打出样冲眼，用钻尖对准样冲眼锪一个小坑，检查小坑与所划孔的圆周线是否同心（称试钻）。如稍有偏离，可移动零件找正，若偏离较多，可用尖凿或样冲在偏离的相反方向凿几条槽，如图 9-30 所示。对较小直径的孔也可在偏离的方向用垫铁垫高些再钻。直到钻出的小坑完整，与所划孔的圆周线同心或重合时才可正式钻孔。

6. 扩孔

扩大零件上原有的孔叫扩孔,一般用麻花钻或扩孔钻扩孔。在扩孔精度要求较高或生产批量较大时,还采用专用扩孔钻(见图 9-31)扩孔。扩孔钻一般有 3～4 条切削刃,导向性好,没有横刃,轴向切削力小,扩孔能得到较高的尺寸精度(可达 IT10～IT9)和较小的表面粗糙度(Ra 值为 3.2～6.3 μm)。

由于扩孔的工作条件比钻孔时好得多,故在相同直径情况下扩孔的进给量可比钻孔大1.5～2 倍。扩孔钻削用量可查表,也可按经验选取。

7. 铰孔

用铰刀对孔进行提高尺寸精度和表面质量的加工叫铰孔,如图 9-32 所示。铰孔精度高(可达 IT8～IT6),表面粗糙度小(Ra 值为 0.4～1.6 μm)。铰孔的加工余量较小,粗铰为0.15～0.5 mm,精铰 0.05～0.25 mm。钻孔、扩孔、铰孔时,要根据工作性质和零件材料选用适当的切削液,以降低切削温度,提高加工质量。

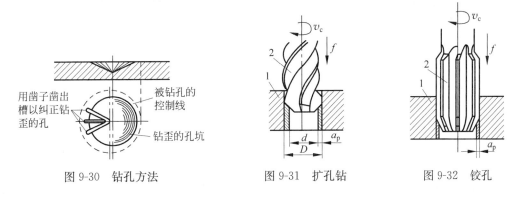

图 9-30　钻孔方法　　　图 9-31　扩孔钻　　　图 9-32　铰孔

(1) 铰刀

铰刀是孔的精加工刀具。铰刀分为机铰刀和手铰刀两种,机铰刀为锥柄,手铰刀为直柄。如图 9-33 所示为手铰刀。铰刀一般是制成两支一套的,其中一支为粗铰刀(它的刃上开有螺旋形分布的分屑槽),一支为精铰刀。

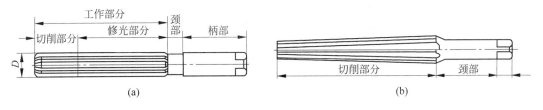

图 9-33　手铰刀
(a) 圆柱铰刀;(b) 圆锥铰刀

(2) 手铰孔方法

将铰刀插入孔内,两手握铰杠手柄,顺时针转动并稍加压力,使铰刀慢慢向孔内进给,注意两手用力要平衡,使铰刀铰削时始终保持与零件垂直。铰刀退出时,也应边顺时针转动边向外拔出。

8. 锪孔

在孔口表面用锪钻加工出一定形状的孔或凸台的平面，称为锪孔，如图 9-34 所示。

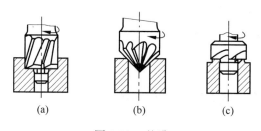

图 9-34   锪孔

（a）锪圆柱形埋头孔；（b）锪圆锥形埋头孔；（c）锪凸台平面

9.1.4　攻螺纹和套螺纹及刮削

常用的三角螺纹零件，除采用机械加工外，还可以用钳工攻螺纹和套螺纹的方法获得。

1. 攻螺纹

攻螺纹是用丝锥加工出内螺纹。

1）丝锥

（1）丝锥的结构

丝锥是加工小直径内螺纹的成形工具，如图 9-35 所示。它由切削部分、校准部分和柄部组成。切削部分磨出锥角，以便将切削负荷分配在几个刀齿上。校准部分有完整的齿形，用于校准已切出的螺纹，并引导丝锥沿轴向运动。柄部有方榫，便于装在铰手内传递扭矩。丝锥切削部分和校准部分一般沿轴向开有 3～4 条容屑槽以容纳切屑，并形成切削刃和前角 γ。切削部分的锥面上铲磨出后角 α。为了减少丝锥校准部对零件材料的摩擦和挤压，它的外、中径均有倒锥度。

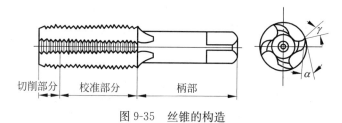

切削部分　校准部分　柄部

图 9-35   丝锥的构造

（2）成组丝锥

由于螺纹的精度、螺距大小不同，丝锥一般为头攻、二攻、三攻成组使用。使用成组丝锥攻螺纹孔时，要顺序使用来完成螺纹孔的加工。

（3）丝锥的材料

常用高碳优质工具钢或高速钢制造丝锥，手用丝锥一般用 T12A 或 9SiCr 制造。

2）手用丝锥铰手

丝锥铰手是扳转丝锥的工具，如图 9-36 所示。常用的铰手有固定式和可调节式，以便夹持各种不同尺寸的丝锥。

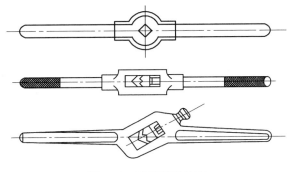

图 9-36　手用丝锥铰手

3）攻螺纹方法

（1）攻螺纹前的孔径 d（钻头直径）略大于螺纹底径。其选用丝锥尺寸可查表，也可按经验公式计算，对于攻普通螺纹，

加工钢料及塑性金属时：

$$d = D - t$$

加工铸铁及脆性金属时：

$$d = D - 1.1t$$

式中：D——螺纹基本尺寸；

t——螺距。

若孔为盲孔，由于丝锥不能攻到底，所以钻孔深度要大于螺纹长度，其尺寸按下式计算：

$$孔的深度 = 螺纹长度 + 0.7D$$

（2）手工攻螺纹的方法如图 9-37 所示。双手转动铰手，并轴向加压力，当丝锥切入零件 1～2 牙时，用 90°角尺检查丝锥是否歪斜，如丝锥歪斜，要纠正后再往下攻。当丝锥位置与螺纹底孔端面垂直后，轴向就不再加压力。两手均匀用力，为避免切屑堵塞，要经常倒转 1/4～1/2 圈，以达到断屑。头锥、二锥应依次攻入。攻铸铁材料时加煤油而不加切削液，钢件材料加切削液，以保证铰孔表面的粗糙度要求。

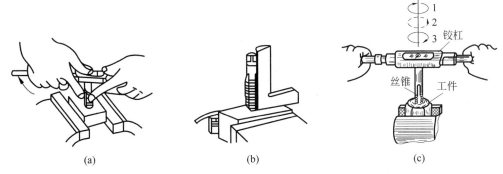

(a)　　　　　　　　(b)　　　　　　　　(c)

图 9-37　手工攻螺纹的方法

(a) 攻入孔内前的操作；(b) 检查垂直度；(c) 攻入螺纹的方法

2. 套螺纹

套螺纹是用板牙在圆杆上加工出外螺纹。

1）套螺纹的工具

（1）圆板牙

板牙是加工外螺纹的工具。圆板牙就像一个圆螺母，不过上面钻有几个屑孔并形成切削刃，如图9-38所示。板牙两端带 2ϕ 的锥角部分是切削部分，它是铲磨出来的阿基米德螺旋面，有一定的后角。切削部分磨损后可调头使用。中间一段是校准部分，也是套螺纹时的导向部分。

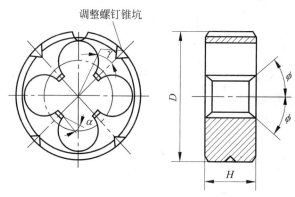

图 9-38　圆板牙

用圆板牙套螺纹的精度较低，表面粗糙度 Ra 值为 $3.2\sim6.3~\mu\mathrm{m}$。圆板牙一般选用合金工具钢 9SiCr 或高速钢 W18Cr4V 制造。

（2）圆锥管螺纹板牙

圆锥管螺纹板牙的基本结构与普通圆板牙一样，因为管螺纹有锥度，所以只在单面制成切削锥。这种板牙所有切削刃都参加切削，板牙在零件上的切削长度影响管子与相配件的配合尺寸，套螺纹时要用相配件旋入管子来检查是否满足配合要求。

（3）铰手

手工套螺纹时需要用圆板牙铰手，如图9-39所示。

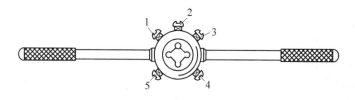

图 9-39　铰手

1、3—调整板牙螺钉；2—撑开板牙螺钉；4、5—紧固板牙螺钉

2）套螺纹方法

（1）套螺纹前零件直径的确定

确定螺杆的直径可直接查表，也可按零件直径 $d=D-0.13P$ 的经验公式计算。

（2）套螺纹操作

套螺纹的方法如图 9-40 所示,将板牙套在圆杆头部倒角处,并保持板牙与圆杆垂直,右手握住铰手的中间部分,加适当压力,左手将铰手的手柄顺时针方向转动,在板牙切入圆杆 2～3 牙时,应检查板牙是否歪斜,发现歪斜,应纠正后再套,当板牙位置正确后,再往下套就不加压力。套螺纹和攻螺纹一样,应经常倒转以切断切屑。套螺纹应加切削液,以保证螺纹的表面粗糙度要求。

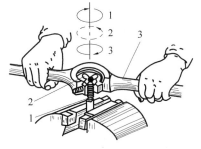

图 9-40　套螺纹的方法

1—工件；2—板牙；3—板牙架

3. 刮削

用刮刀从工件表面上刮去一层很薄的金属,是精加工的一种方法,这种加工方法称为刮削。

刮削属于精密加工,加工后表面的形状精度较高,表面粗糙度 Ra 值较低。常用于加工车床导轨、滑动轴承和划线平板等,在机器制造、工量具制造和修理中占有重要作用,应用十分广泛。刮削如图 9-41 所示。

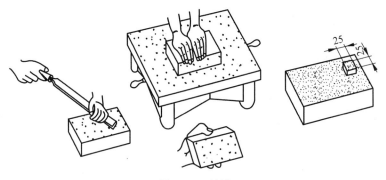

图 9-41　刮削

刮削表面精度是以 25 mm×25 mm 的面积内均匀分布的研点数来表示的。刮削时,工件反复受到刮刀负前角的推挤,产生压光作用,同时表面组织变得比原来紧密。刮削后的工件表面,有均匀的微浅凹坑,形成存油空间,可减少摩擦阻力,提高工件的耐磨性。刮削切削量小、产生热量小、装夹没有变形,能获得很高的精度,但生产率低、劳动强度大。

刮削工具有平面刮刀（见图 9-42）和曲面刮刀（见图 9-43）。常用的校准工具有标准平板、校准直尺、角度直尺。常用红丹粉作为显示剂。

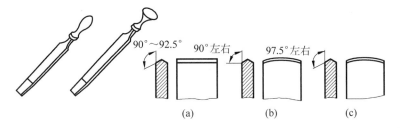

图 9-42　平面刮刀

（a）粗刮刀；（b）细刮刀；（c）精刮刀

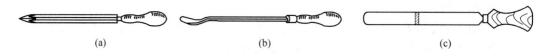

(a)   (b)   (c)

图 9-43　曲面刮刀
(a) 三角刮刀；(b) 匙形刮刀；(c) 圆头刮刀

9.2　基　本　技　能

9.2.1　钳工安全技术

（1）使用带柄的工具时，检查手柄是否牢固；

（2）虎钳装夹时，工件应尽量放在钳口中部夹紧，锉削时手不准摸工件，不准用嘴吹工件和铁屑；

（3）錾子头部（锤击处）不准淬火，不准有飞刺，不能沾油，錾削时要戴眼镜；

（4）用手锯时锯条要装正、接紧，不能用力过大、过猛；

（5）手锤必须有铁楔，抡锤的方向要避开旁人；

（6）套螺纹时，各种板牙架的尺寸要合适，防止滑脱伤人；

（7）使用手电钻时要检查导线是否绝缘可靠，要保证安全接地，要戴绝缘手套；

（8）操作钻床不准戴手套，运转时不准变速，不准用手摸工件和钻头；

（9）正确使用夹头、套管、铁楔和钥匙，不准乱打乱砸；

（10）下班前擦净机床，清扫场地的铁屑，整理好工具，切断电源；

（11）发生事故后立即切断电源，保护好现场，及时向有关人员汇报，分析原因，总结经验教训。

9.2.2　钳工操作训练

1. 训练目的

（1）训练钳工的各项基本操作；

（2）掌握钳工常用工具、量具的使用方法；

（3）能按零件图熟练加工较复杂零件。

2. 设备与器材

台钻、钳台（钳桌和虎钳）、各种锉刀、划线工具等。

3. 训练步骤及内容

1）锤头操作训练

以典型零件——锤头（见图 9-44）加工为例，其加工手段和方法很多，目的只有一个：以最高的效率、最简单的加工手段和最低的成本达到图纸要求。锤头加工工序见表 9-3。

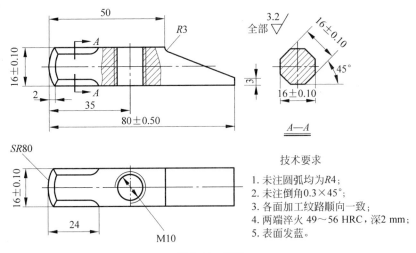

图 9-44　锤头

表 9-3　锤头加工工序

工序号	工序名称	加 工 简 图	工 序 内 容	设备、工具、量具
1	备料	20×20　83	下料：20×20×83 的 45 钢	手锯、钢直尺
2	锉削	1　2　3	锉削 1、2、3 三个相互垂直平面，要求平面平直，面与面之间垂直	大平粗锉刀、角尺、刀口尺
3	划线	1　2　3	以加工出来的 1、2、3 三个相互垂直的平面为基准，按图纸尺寸全部划出加工界限，并打样冲眼	划针、划规、钢直尺、样冲、手锤、划线平板、高度游标尺等
4	锯割		锯出榔头斜面，并留出加工线	手锯
5	锉削	1　2　3	锉削另外 3 个与基准 1、2、3 相互垂直的平面，锉 5 处圆弧，锉锤嘴斜面，锉锤头 4 小平面和球面，按图纸尺寸要求全部加工	粗、中平锉刀→、圆锉刀，细锉→，游标卡尺等
6	钻孔		钻通孔 $\phi 8.5$	台钻、$\phi 8.5$ 钻头

续表

工序号	工序名称	加 工 简 图	工 序 内 容	设备、工具、量具
7	攻丝		攻通孔螺纹 M10	M10 丝锥,铰杠
8	修光		精锉各面,加工纹路顺向一致	细锉刀,游标卡尺,刀口尺等
9	热处理		淬火,两头锤击部分表面 49~56 HRC	加热炉、冷却介质等
10	检验		自检后,送老师检测	游标卡尺等

2) 立体划线操作训练

立体划线——以 $1\frac{1}{2}$ BA-6A 水泵托架（见图 9-45）为例,分析划线方法和步骤,其划线工序见表 9-4。

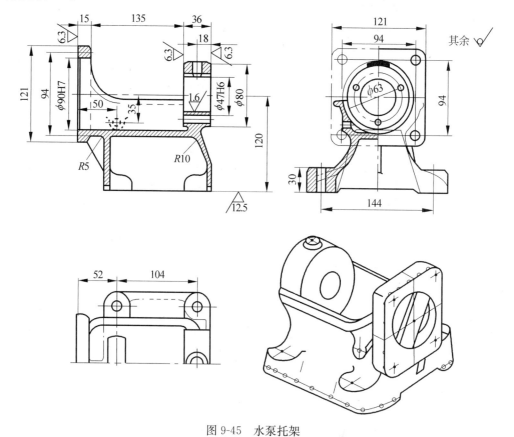

图 9-45　水泵托架

表 9-4　托架立体划线工序　　　　　mm

工序	工序名称	划 线 简 图	工 序 内 容	工具量具
一、主视图划线位置	1. 划线前的准备工作	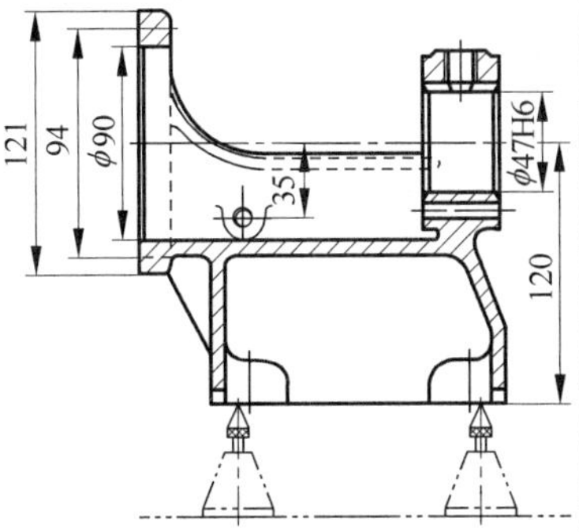	在需划线的部位涂色,用铅块堵工件两端的圆孔并找出圆心	涂料、量高尺、划线平板等
	2. 支承工件		用 3 个千斤顶按工件主视图方向支撑工件	千斤顶
	3. 工件找正		用划针盘找正 $\phi90$、$\phi47$ 圆心在同一高度线上(调整千斤顶);用直角尺测量工件正方形 121×121 的两边垂直间隙,使其相等。第一次找正后应复查	划针盘、直角尺
	4. 划线		划线以 $\phi90$、$\phi47$ 的中心为基准绕工件划一周,并在量高尺上记下高度尺寸。以基准线($\phi90$、$\phi47$ 的中心线)为起点,分别加、减 94/2,减 35,减 120 划线	划针盘、量高尺、直角尺等
二、俯视图划线位置	5. 支承工件	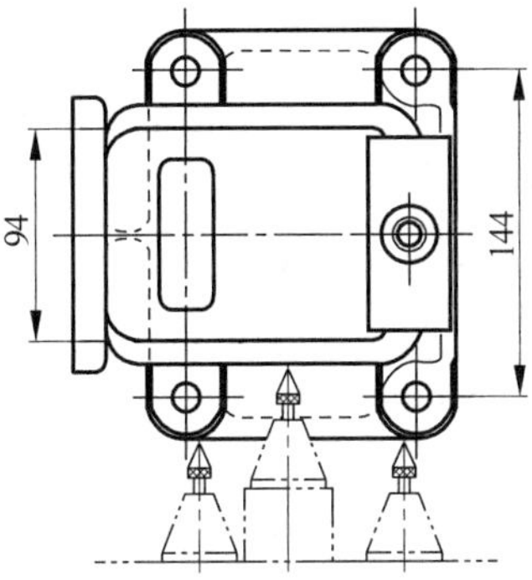	将工件主视图成水平旋转 $90°$,用 3 个千斤顶支承	千斤顶
	6. 工件找正		先用划针盘找正 $\phi90$、$\phi47$ 的圆心在同一高度线上,再用直角尺找正前一次的划线与角尺垂直,复查找正达到要求	划针盘、量高尺、直角尺等
	7. 划基准线		以 $\phi90$、$\phi47$ 的中心高度绕工件划一周并在量高尺上记下高度尺寸	
	8. 划线		以中心线为基准,分别加、减 94/2 和加、减 144/2 划线	
三、主视图顺时针转90°划线位置	9. 支承工件	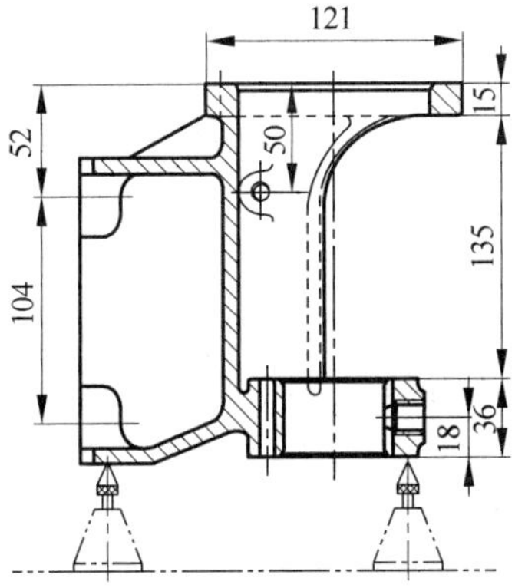	将工件正方形 121×121 向上,用 3 个千斤顶支承	千斤顶
	10. 工件找正		用直角尺找正前两次所划的线段与直角尺垂直,复查划正达到要求	划针盘、量高尺、直角尺等
	11. 划基准线		以工件方形上端面为基准在量高尺上记下高度尺寸	
	12. 划线		分别减 15 划线一周、减 50、减 52、减 52+104、减 15+135、减 15+135+36、减 15+135+36-18 划线	
四	检查	如图 9-45 三视图所示	按图纸要求,复核各部划线尺寸	划针盘、量高尺等
五	打样冲眼	如图 9-45 立体图所示	分别在所有划线处均匀打 $\phi0.5$ 样冲眼,孔中心处打 $\phi2$ 样冲眼	样冲

3）平板刮削操作训练

原始划线平板的刮削步骤如图 9-46 所示。原始平板的刮削一般采用渐近法,即不用标准平板,而是以三块平板依次循环对磨和互刮来达到平板的平面度要求。

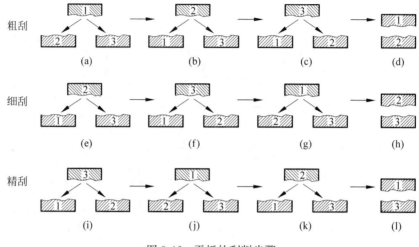

图 9-46　平板的刮削步骤

（1）粗刮

如果平板表面比较粗糙,机械加工痕迹较明显时,应先进行粗刮。粗刮特点是:用粗刮刀(见图 9-42（a）),刮削痕迹较大,一般刀迹长 10～15 mm,宽约 10 mm,刮削痕迹顺向,刮点成片分布且不重复。刮削方法如图 9-46（a）所示:以未刮削的原始铸铁划线平板 1 为基准,在 1、2、3 块平板上抹少许用机油稀释的红丹粉,双手把持平板 1,用一边转动一边交叉移动的方法分别推磨平板 2、3。用平面刮刀以平面刮削的方式,分别对 1、2、3 块平板上的高点(即没有红丹的凸点或"亮点")进行铲刮。

图 9-46（b）的刮削以刮削的平板 2 为基准,用图 9-46（a）的方法进行相互铲刮。

图 9-46（c）的刮削以刮削的平板 3 为基准,用图 9-46（a）的方法进行互刮。

图 9-46（d）的刮削以平板 1、2 对磨互刮。

当粗刮点为每 25 mm×25 mm 中有 4～6 个点时,粗刮结束。

（2）细刮

将粗刮后的高点进一步刮去。细刮特点是:用细刮刀(见图 9-42（b）),刮削痕迹较小,一般刀迹长 5～10 mm,宽约 6 mm,刮削痕迹顺向,刮点分散分布。其刮削方法同粗刮类似。但刮完图 9-46（e）后再刮图 9-46（f）时,要成 45°或 60°方向交叉刮网纹,以此类推互刮如图 9-46（g）和（h）所示。

当细刮点为每 25 mm×25 mm 中有 10～14 个点时,细刮结束。

（3）精刮

将细刮后的高点再进一步刮去。精刮特点是:用精刮刀(见图 9-42（c）),刮削痕迹很小,一般刀迹长宽约 4 mm,刮削痕迹顺向,刮点分散分布。其刮削方法同细刮类似,依次对如图 9-46（i）、（j）、（k）和（l）所示进行互刮。

当精刮点为每 25 mm×25 mm 中有 20～25 个点时,精刮结束。

（4）刮花

为了使平板表面美观和积存润滑油，平板刮削的最后一道工序要进行刮花。刮花的花纹有斜花纹、鱼鳞花纹和燕形花纹等。另外，通过观察花纹的完整程度来判断平面工作后的磨损程度。

复习思考题

1. 钳工主要工作包括哪些？
2. 什么是划线？划线的主要作用是什么？
3. 有哪几种起锯方式？起锯时应注意哪些问题？
4. 什么是锉削？其加工范围包括哪些？
5. 钻孔、扩孔与铰孔各有什么区别？
6. 什么是攻螺纹？什么是套螺纹？

CAD/CAM 基础

10.1 基 本 知 识

10.1.1 CAD/CAM 技术概述

1. CAD/CAM 的基本概念

计算机辅助设计(computer aided design,CAD)和计算机辅助制造(computer aided manufacturing,CAM),是计算机技术在机械制造领域中应用的两个主要方面。由于 CAD 和 CAM 是紧密联系和互相影响的两个阶段,CAD 的输出结果常常作为 CAM 的输入信息,因此,在发展过程中 CAD 和 CAM 很自然地结合起来,并逐渐趋于集成,构成了一体化的 CAD/CAM 系统,简称为 CAD/CAM。

1972 年 10 月,国际信息处理联合会(International Federation of Information Processing,IFIP)在荷兰召开的"关于 CAD 原理的工作会议"上对 CAD 给出如下定义:CAD 是一种技术,其中人与计算机结合为一个问题求解组,紧密配合,发挥各自所长,从而使其工作优于每一方,并为应用多学科方法的综合性协作提供了可能。即 CAD 是指工程技术人员以计算机为工具,对产品和工程进行总体设计、绘图、分析和编写技术文档等设计活动的总称。

在机械设计与制造领域,CAD 是一种现代化设计方法。CAD 是使用计算机来辅助一项机械产品设计的建立、修改、分析和优化。即整个机械产品设计工作先由设计人员构思,再利用计算机进行产品的二维、三维数学建模,然后根据产品的功能和性能要求进行产品的相关计算与分析、各种设计方案比较以及优化设计,以获得满意的机械产品设计结果。

机械产品的 CAD 系统应能完成以下工作:零件的几何建模设计、部件的装配设计、零件图及部件装配图设计、零件的有限元分析、各台微机之间的零部件数据(包括图形)交换等。具体说,其主要功能如下:

(1) 造型功能;

(2) 二维图形与三维图形的相互转换功能;

(3) 参数化设计功能;

(4) 图形处理功能;

(5) 三维运动机构的分析和仿真功能;

（6）物体质量特征计算功能；

（7）有限元分析功能；

（8）数据处理与数据交换功能。

对于 CAM 的定义有狭义与广义之分。狭义的 CAM 指利用计算机进行数控加工程序编制，包括刀具路径规划、刀位文件生成、刀具轨迹仿真及数控（numerical control，NC）代码生成等。广义的 CAM 指利用计算机辅助完成从生产准备到产品制造整个过程的活动，如零件加工的 NC 编程、计算机辅助工艺设计（computer aided processing planning，CAPP）、计算机辅助测试（computer aided test，CAT）、计算机辅助生产计划编制（computer aided production planning simulation，PPS），以及计算机辅助生产管理（computer aided production management，CAPM）。此外，还包括制造活动中与物流有关的所有过程（加工、装配、检验、存储、输送）的监视、控制和管理。本书涉及的 CAM 指狭义的 CAM。

机械产品的 CAM 系统应能提供一种交互式编程并产生加工轨迹的方法，它包括：加工规划、刀具设定、工艺参数设置等内容。具体地说，应具备以下几方面功能：

（1）系统应可以建立二维和三维刀具路径；

（2）系统应能实现多种加工方法；

（3）系统应能实现刀具路径的编辑和修改；

（4）系统应具备刀具数据库和材料数据库，系统应能自动生成进给速度和主轴转速；

（5）系统有内置的防碰撞和防过切功能；

（6）系统应能人工调整任何机加工默认值（如进给速度、主轴转速等）；

（7）系统应能对加工过程进行模拟，并可以估算加工时间。

2. CAD/CAM 技术的发展历程

机械产品的生产可以分为产品设计和产品制造两个阶段。设计与制造是密切相关的，应当统一起来考虑。CAD 和 CAM 的发展也是密切相关的。CAD/CAM 技术从产生到现在，经历了形成、发展、提高和集成等阶段。

1）准备和酝酿时期（20 世纪 50 年代初至 60 年代初）

自 1946 年世界上第一台电子计算机在美国出现后，人们就不断地将计算机技术引入机械设计、制造领域。1948 年，美国帕森斯公司接受美国空军委托，研制飞机螺旋桨叶片轮廓样板的加工设备。由于样板形状复杂多样，精度要求高，一般加工设备难以适应，于是提出由计算机控制机床的设想。1949 年，该公司在美国麻省理工学院伺服机构研究室的协助下，开始数控机床的研究，并于 1952 年试制成功第一台由大型立式仿形铣床改装而成的三坐标数控铣床，不久即开始正式生产。该机床通过改变数控程序即可完成不同零件的加工，奠定了 CAM 的硬件基础。

NC 加工发展初期，控制程序都是由手工编制的，效率很低。1955 年，美国麻省理工学院的 D. T. Ross 研制了在通用计算机上运行的自动编程工具（automatically programmed tools，APT），应用这种语言对刀具轨迹进行描述，就可以自动实现计算机辅助编制 NC 加工程序。在发展这一程序系统的同时，人们就提出了一种设想：能否不描述刀具轨迹，而是直接描述被加工工件的轮廓形状和尺寸？由此产生了人机协同设计零件的设想，开始了计算机图形学的研究。

1958年，人们成功研制了自动换刀镗铣加工中心（machining center，MC），使得在一次装夹中能完成多工序的集中加工，提高了NC机床的加工效率和加工质量。

1962年，第一台工业机器人诞生，实现了物流搬运柔性自动化；第一台通用计算机集中控制多台数控机床的实现，降低了数控装置的制造成本，提高了工作可靠性。

1963年，年仅24岁的麻省理工学院研究生I. E. Sutherland在其博士论文中首次提出了计算机图形学、交互技术及图形符号的存储采用分层的数据结构等思想，第一次证实了人机对话式工作的可能性，对CAD技术的应用起到了重要的推动作用。

CAD技术的发展引起了工业界的重视。也是在1963年，第一个正式的CAD系统DAC-1（DAC是design augmented by computers的简称）在美国通用汽车公司问世，IBM公司也发展了2250系统图形显示终端。这些产品在今天看来尽管是粗糙和不完善的，但在当时却大大推动了人们对CAD的关注和兴趣。首先作出响应的是美国的汽车工业，接着日本、意大利等国的汽车公司也开始了实际应用，并逐渐扩展到其他部门。

2）蓬勃发展及进入应用时期（20世纪60—70年代）

从20世纪60年代中期开始，CAD技术得到了蓬勃发展，并出现了主要以自动绘图为目标的成套CAD系统。它们由小型计算机、图形工作站、数字化仪、图形显示终端和绘图机等硬件组成，并和软件配套出售。这些系统大都以具有某一特点的产品为对象，有些系统也可以进行分析计算，能获得有限元网格，或者能制成NC纸带。20世纪60年代末期到70年代中期是CAD技术趋于成熟的阶段。这一时期计算机硬件的性能价格比不断提高，数据库管理系统等软件陆续开发，以小型和超级小型计算机为主机的CAD系统进入市场并形成主流。20世纪60年代末期，显示技术的突破使CAD系统的性能价格比大幅度提高，用户以每年30%的速度增加，形成CAD产业。当时的CAD技术还是以二维绘图和三维线框图形系统为主。1967年，英国莫林公司建造了第一条计算机集中控制的自动化制造系统，包括6台加工中心和1条自动运输线，用计算机编制程序、作业计划和报表。美国辛辛那提机床公司研制出了类似的系统，于20世纪70年代初期定名为柔性制造系统（flexible manufacturing system，FMS）。

从20世纪70年代初期开始，随着计算技术、数据库技术和软件系统的发展，特别是小型机功能的提高和微型机的采用，计算机的性能价格比大大提高，彩色图像终端的功能日臻完善，计算机图形处理技术更加成熟，再加上设计理论（设计方法学、数学模型的建立等）本身的发展，以及几何造型技术、图形处理技术和数控编程后置处理技术的发展和应用，出现了交互式图形编程系统，为CAD/CAM集成奠定了基础。

20世纪70年代中期，由于微处理机（大规模集成电路）的出现，计算机的性能成倍提高，体积及成本大大下降，从而促进了柔性制造技术迅猛发展，各种微机数控（computerized numerical control，CNC）技术获得了广泛的应用。

3）突飞猛进及集成化、智能化发展时期（20世纪80—90年代）

20世纪80年代是CAD技术迅速发展的时期，超大规模集成电路的出现，使计算机硬件成本大幅度下降，计算机外围设备（例如彩色高分辨率图形显示器、大型数字化仪、自动绘图机等品种齐全的输入输出装置）已成系列产品，为推进CAD技术向高水平发展提供了必要的条件。同时,相应的软件技术,如数据管理、有限元分析、优化设计等技术也迅速提高。商品化软件的出现,促进了 CAD/CAM 技术的推广和应用,使其从大中型企业向小企业发展,从发达国家向发展中国家发展,从用于产品设计发展到用于工程设计。这一时期,实体造型技术成为主流并走向成熟,大大拓展了 CAD 应用技术领域。20 世纪 90 年代,CAD/CAM 技术已不只是停留在过去单一模式、单一功能、单一领域的水平,而是向着标准化、集成化、智能化的方向发展。为了实现系统的集成,实现资源共享和产品生产与组织管理的高度自动化,提高产品的竞争能力,就需要在企业、集团内的 CAD/CAM 系统之间或各个子系统之间进行统一的数据交换。为此,一些工业先进国家和国际标准化组织都在从事标准接口的开发工作。CAD、CAM 在各自领域所产生的巨大推动作用被认同,加之设计和制造自动化的需求,出现了集成化的 CAD/CAM 系统。

3. CAD/CAM 技术在机械工业中的应用

目前,CAD/CAM 技术已经渗透到工程技术和人类生活的几乎所有领域,成为一个令人瞩目的高技术产业。尤其是在机械、电子、航空、航天、兵器、汽车、船舶、电力、化工、建筑和服装等行业中的应用已较为普遍。CAD/CAM 技术的发展把计算机的高速度、准确性和大储存量与技术人员的思维能力、综合分析能力结合起来,从而大幅度地提高了生产效率,缩短了产品的研制周期,提高了设计和制造的质量,节约了原材料和能源,加速了产品的更新换代,提高了企业的竞争能力。

据统计,机械制造领域的设计工作有 56% 属于适应性设计,20% 属于参数化设计,只有 24% 属于创新设计。某些标准化程度高的领域,参数化设计达到 50% 左右。上述数据说明,工程技术人员的大部分时间和精力消耗在了重复性工作或局部小修小改之中,不可能有充沛的精力去从事创造性劳动,也不会有足够的时间去学习、掌握新知识和新技能,久而久之,人的创造性思维能力也会随着日复一日、年复一年的重复和烦琐的劳动而萎缩。尤其在市场竞争激烈的条件下,很难适应发展的需要。因此,要使设计方法及设计手段科学化、系统化、现代化,实现 CAD 是非常必要的。

从机械制造行业来看,50 件以下的小批量生产约占 75%。据统计,一个零件在车间的平均停留时间中,只有 5% 的时间是在机床上,而在这 5% 的时间中,又只有 30% 的时间用于切削加工。由此可见,零件在机床上的切削时间只占零件在车间停留时间的 1.5%。要提高零件的加工效率,改善经济性,就要减少零件在车间的流通时间和在机床上装卸、调整、测量、等待切削的时间。而做到这一点必须综合考虑生产的管理、调度、零件的传送和装卸方法等多方面因素。这需要通过计算机辅助人们作全面安排,控制加工过程。

CAD/CAM 系统已成为新一代生产及技术发展的核心技术。随着计算机硬件和软件的不断发展,CAD/CAM 系统的性能价格比不断提高,使得 CAD/CAM 技术的应用领域也不断扩大。航空航天、造船、机床制造都是国内外应用 CAD/CAM 技术较早的工业部门。首先是用于飞机、船体、机床零部件的外形设计;其次是用于进行一系列的分析计算,如结构分析、优化设计、仿真模拟;同时还用于根据 CAD 的几何数据与加工要求生成数控加工程序。机床行业应用 CAD/CAM 系统进行模块化设计,实现了对用户特殊要求的快速响应制造,缩短了设计制造周期,提高了整体质量。

目前，CAD/CAM技术的应用水平已成为衡量一个国家工业现代化水平的重要标志。我国近些年来CAD/CAM技术的研究与应用虽然已取得了可喜成绩，但与工业发达国家相比差距依然很大，特别是在应用CAD/CAM技术进行新产品的研发方面，差距更大，需要我们的共同努力。

4. 常见的几种CAD/CAM软件简介

1）CAXA制造工程师

CAXA制造工程师是我国北京北航海尔软件公司研制开发的全中文、面向数控铣床和加工中心的三维CAD/CAM软件。它既具有线框造型、曲面造型和实体造型的设计功能，又具有生成二至五轴的加工代码的数控加工功能，可用于加工具有复杂三维曲面的零件。其特点是易学易用、价格较低，已在国内众多高校、企业和研究院所得到应用。

2）UGII系统

UGII是由美国UGS(Unigraphics Solutions)公司研制开发的软件。该软件不仅具有复杂造型与数控加工功能，还具有管理复杂产品装配、进行多种设计方案的对比分析和优化等功能。该软件具有较好的二次开发环境和数据交换能力，其庞大的模块群为企业提供了从产品设计、产品分析、加工装配、检验，到过程管理、虚拟运作等全系列的技术支持。目前该软件在国际CAD/CAM/CAE市场上占有较大的份额。

3）Pro/Engineer

Pro/Engineer是美国PTC公司研制开发的软件。该软件开创了三维CAD/CAM参数化的先河，具有基于特征、全参数、全相关和单一数据库等特点，可用于设计和加工复杂的零件。此外，该软件还具有零件装配、机构仿真、有限元分析、逆向工程、并行工程等功能。该软件还具有较好的二次开发环境和数据交换能力。Pro/Engineer已广泛应用于模具、工业设计、汽车、航天、玩具等行业，在国际CAD/CAM/CAE市场上占有较大的份额。

4）CATIA

CATIA是最早实现曲面造型的软件，它开创了三维设计的新时代，首次实现了以计算机语言完整描述产品零件的主要信息，使得CAM技术的开发有了现实的基础。目前，CATIA系统已发展成为从产品开发、产品分析、加工、装配和检验，到过程管理、虚拟运作等众多功能的大型CAD/CAM/CAE软件。

5）Mastercam

Mastercam是由美国CNC Software公司推出的基于PC平台的CAD/CAM软件，具有很强的加工功能，尤其在复杂曲面自动生成加工代码方面，具有独特的优势。由于Mastercam主要针对数控加工，零件的设计造型功能不强，但对硬件要求不高，且操作灵活，易学易用，同时价格较低，受到中小企业的欢迎，在我国应用较为普遍。因此，该软件被认为是一个图形交互式CAD/CAM数控编程系统。

6）CIMATRON

CIMATRON是以色列Cimatron公司提供的CAD/CAM/CAE软件，是较早在微机平台上实现三维CAD/CAM的全功能系统。它具有三维造型、生成工程图、数控加工等功能，具有各种通用和专用的数据接口及产品数据管理(PDM)等功能。该软件较早在我国得到全面汉化，已积累了一定的应用经验。

10.1.2　CAD/CAM 三维造型技术

1. 几何造型方法

造型就是以计算机能够理解的方式,对实体进行确切的定义,赋予一定的数学描述,再以一定的数据结构形式对所定义的几何实体加以描述,从而在计算机内部构造一个实体的模型。几何造型通过对点、线、面、体等几何元素,经过平移、旋转等几何变换和交、并、差等布尔运算,产生实体模型。几何造型技术作为 CAD/CAM 技术的基础,在机械工程领域应用极为广泛。各种机械设计均可采用几何造型技术建立计算机模型,在汽车车身、轮船船体及飞机机身等设计中不仅可以代替实物模型的制作,而且可以大大缩短设计周期,节省人力、物力。

按照对零件几何信息和拓扑信息的描述及存储方法,可将几何造型划分为线框造型、曲面造型和实体造型。

1) 线框造型

线框造型是利用基本线素来定义设计目标的棱线部分而构成的立体框架图。线框造型生成的实体模型是由一系列的直线、圆弧、点及自由曲线组成的,描述的是零件的轮廓外形。

线框造型分为二维线框造型和三维线框造型。二维线框造型以二维平面的基本图形元素(如点、直线、圆弧等)为基础表达二维图形。二维线框造型虽然比较简单,但各视图及剖面图是独立产生的,因此不可能将描述同一个零件的不同信息构成一个整体模型。所以当一个视图改变时,其他视图不可能自动改变,这是二维线框造型的一个很大弱点。三维线框造型用三维的基本图形元素来描述和表达物体,同样仅限于点、线和曲线的组成。

线框造型所需信息最少,数据运算简单,所占存储空间较小,对计算机硬件的要求不高,计算机处理时间短。但线框造型所构造的实体模型只有离散的边,而没有边与边的关系,由于信息表达不完整,会对物体形状的判断产生多义性。

2) 曲面造型

曲面造型是将物体分解成组成物体的表面(平面或二次曲面)、边线和顶点,用顶点、边线和表面的有限集合来表示和建立物体的计算机内部模型。

曲面造型过程是将很多基本元素(平面或二次曲面)连接成若干个组成面,再将这些面拼接成三维模型的外表面。曲面造型方法通常用于构造复杂的曲面物体,一般可以用多种不同的曲面表达方式造型。

曲面造型表达了零件表面和边界定义的数据信息,有助于对零件进行渲染等处理,有助于系统直接提取有关表面的信息,生成数控加工指令,因此,大多数 CAD/CAM 系统都具备曲面造型的功能。在物体性能计算方面,曲面造型中表面信息的存在有助于对物性方面进行与面积有关的特征计算,同时对于封闭的零件来说,采用扫描等方法也可实现对零件进行与体积等物理性能有关的特征计算。曲面造型事实上是以蒙面的方式构造零件形体的,因此容易在零件造型中漏掉某个甚至某些面的处理,这就是常说的"丢面"。同时,依靠蒙面的方法把零件的各个面贴上去,往往会在两个表面相交处出现缺陷,如重叠或间隙,不能保证零件的造型精度。

3）实体造型

现实世界的物体具有三维形状和质量，因而三维实体造型可以更加真实地、完整地、清楚地描述物体。

实体造型是利用一些基本体素，如长方体、圆柱体、球体、锥体、圆环体以及扫描体等通过布尔运算生成复杂形体的一种造型技术。实体造型主要包括两部分内容，即体素的定义与描述以及体素之间的布尔运算（交、并、差）。

实体造型的特点在于三维实体的表面与其实体同时生成。由于实体造型能够定义三维物体的内部结构形状，因此能完整地描述物体的所有几何信息和拓扑信息，包括物体的体、面、边和顶点的信息。实体造型还可以实现对可见边的判断，具有消隐的功能。由于三维实体造型能唯一、准确、完整地表达物体的形状且容易理解和实现，因而被广泛应用于机械设计和制造中。三维实体造型对在某一方向具有固定剖面的产品造型是一种实用而有效的方法。三维实体模型可用于产品的特性分析、运动分析、干涉检验以及加工过程的仿真等。

2. 基于特征的实体造型

基于特征的实体造型过程可以形象地比喻为一个由粗到精的泥塑过程，即在一个初始泥坯（基本特征）的基础上，通过不断增加胶泥材料（增加附加特征）或去除胶泥（减去附加特征），逐步获得一个精美的雕塑（三维实体模型）。

通常，基于特征的实体造型大致遵循下列步骤：

（1）造型方案规划：主要包括分析零件的特征组成，分析零件特征之间的相互关系，分析特征的构造顺序以及特征的构造方法。

（2）创建基本特征：构造零件上的基本特征。

（3）创建其他附加特征：根据造型方案规划，逐一添加上其他附加特征。

（4）编辑修改特征：在特征造型过程中任意时刻均可修改特征，包括修改特征的形状、尺寸、位置或特征的从属关系，甚至可以删除已经构造好的特征。

（5）衍生成工程图：采用三维到二维技术交互生成二维工程图。

1）草图特征

零件的基本特征是零件的基本结构要素，代表着零件最基本的形状。在创建零件时，基本特征为构造该零件的其他附加特征提供了一个基础。

在建立零件的三维模型时，首先要分析或考虑零件的整体结构，确定出若干个简单的形状；然后寻找最简单的形状作为零件的基本特征，其余则作为零件的附加特征；最后确定增加附加特征的顺序。草图特征是根据二维轮廓生成三维特征的方法。草图特征主要有以下3种。

图 10-1   拉伸特征

（1）拉伸特征。生成拉伸特征（见图 10-1）须具备两个基本要素，即封闭的二维轮廓草图和拉伸厚度，还可以在拉伸的过程中加入一个拉伸角度，以形成一个带拔模斜度的拉伸特征。拉伸的方式多种多样，例如，单向拉伸、双向拉伸、从一个面拉伸到另一个面等。拉伸特征是一种最常用的草图特征。

（2）旋转特征。生成旋转特征（见图 10-2）必须具备两个基本要素，即封闭的二维轮廓草图和旋转轴。最常见的旋转方式是360°旋转，但是也可以采取其他旋转方式：小于 360°

旋转、旋转到某一个指定的平面或曲面、沿双向对称旋转、从一个面旋转到另一个面。旋转特征也是一种最常见的草图特征。

（3）扫描特征。根据截面轮廓线（线框）和扫描轨迹线可以生成复杂的扫描特征。截面轮廓线的形状各异。扫描方式有垂直扫描和平行扫描。所谓垂直扫描，是指截面与扫描轨迹线始终垂直；所谓平行扫描，是指截面与扫描轨迹线始终互相平行。扫描轨迹线可以是复杂的二维曲线或三维螺旋线。这种方法可以生成形状复杂的实体模型，如图 10-3 所示。

图 10-2　旋转特征

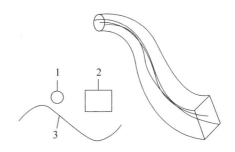

图 10-3　扫描特征

2）放置特征

放置特征是参数化特征，改变特征的位置尺寸和形状参数，就可以改变特征形状。放置特征一般是在零件造型的后期才逐渐加入的，因为这些特征是对零件设计的补充和细化，如过早加入，将给造型带来不便。

（1）孔特征。孔的截面是圆，因此只需给出孔的相关尺寸（如孔的直径和深度）并指定孔所在的位置即可构造孔特征。孔特征有多种类型，如通孔、直孔、阶梯孔等。

（2）倒圆和倒角特征。倒圆和倒角是将相邻的表面、复杂凸面形状或顶角进行连接。当需要在零件的两个表面之间增加倒圆和倒角时，无须绘制特征的截面轮廓，只需要指定倒圆和倒角的边和几何数据。

（3）阵列特征。阵列是将已有的同类型特征按照一定的规律在空间的不同位置上排布而成的形状，即阵列是一系列相同特征的空间有序排列。阵列分圆形阵列和矩形阵列两种。

圆形阵列是将已有的同类型特征周向排列在一个指定的圆周上；矩形阵列是将已有的同类型特征在二维坐标平面的两个坐标轴方向（如 X 向和 Y 向）构成有序的排列。

3）辅助特征

为了造型方便，CAD/CAM 系统还设计了一类辅助特征：基准点、基准轴、基准面、基准坐标系和基准曲线（有的系统称为参考点、参考轴和参考面等，有的系统称为工作面、工作轴和工作点等）。这些特征不具备体积，不能直接构成零件的几何结构，它们仅仅是为了构造其他特征方便而专门设计的。例如，在建立特征时，有时需要知道轴的轴线信息或轴端面的圆心信息，可以依次把它们定义为基准轴和基准点；有时需要在一个过轴线的平面上绘制特征草图，这时可以事先建立一个通过轴线的基准面。

实体的几何图形对于定义尺寸关系或拓扑关系通常不充分。可以用辅助特征补充零件的几何图形，使得既容易做各种特征造型又保持相关性。辅助特征中包含了一系列几何约束或尺寸约束，所以这类特征也是参数化的。如果对基准面的有关数据作了修改，则基准面也会随着变化。

4）高级特征

（1）曲面切割特征。曲面是面模型，不是实体模型，但是可以利用事先生成的曲面去切割一个实体，得到曲面切割特征，以便实现复杂形状零件的造型。

（2）加料特征。加料特征是给曲面模型加上一层均匀的壁厚或完全填充成实心件，使其成为实体模型。也可使用加料特征增加零件任何所选面的厚度。

（3）除料特征。除料特征（或抽壳特征）用于创建薄壁类零件。除料即在已创建的实心零件基础上，自动挖去中心部位的材料，并保证规定的壁厚。给零件添加抽壳特征时，系统会自动使零件的各个表面向内（或向外，或同时向内外）同时偏移一定距离，生成新的表面，并在两层表面之间加入材料，同时去除中心部位的材料。使用除料特征可以创建单个、薄壁的三维实体零件并从零件上偏移指定面。

（4）布尔运算特征。可以在两个独立的零件之间用布尔运算生成一个新的零件，即把一个零件通过布尔运算加到另一个零件上，这个加上去的零件便成为被加入零件的一个组成部分，而不再是单独的一个零件。这样生成的特征称为布尔运算特征。使用布尔运算特征可以借助现有零件快速生成一个新的零件，这样就可以把一个已经存在的零件（比如标准件）作为另一个零件的特征。当一个零件很复杂时，可以由几个人同时设计不同的部分（并行工程），最后再利用布尔运算把各个部分结合起来。

3. CAD/CAM 自动编程技术

1）自动编程的基本概念

自动编程是采用计算机辅助数控编程技术实现的，现代数控编程软件主要分为以批处理命令方式为主的各种类型的语言编程系统和交互式 CAD/CAM 编程系统。

APT 是一种自动编程工具（automatically programmed tool）的简称，是对工件、刀具的几何形状及刀具相对于工件的运动等进行定义时所用的一种接近于英语的符号语言。在编程时，编程人员依据零件图样以 APT 语言的形式表达出加工的全部内容，再把用 APT 语言书写的零件加工程序输入计算机，经 APT 语言编程系统编译产生刀位文件，通过后置处理后，生成数控系统能接受的零件数控加工程序的过程，称为 APT 语言自动编程。

在语言自动编程系统中，计算机对信息的处理采用的是批处理方式，编程人员必须一次性将编程的全部信息向计算机交代清楚，计算机一次就把这些信息处理完毕，如果信息输入正确就可马上得到结果。编程人员要依据所用编程语言的编程手册以及零件图样，用规定的编程语言编写好零件源程序，将源程序输入计算机处理，如果源程序编写正确，就可以通过语言自动编程系统直接获得所需的机床 NC 加工程序。但语言自动编程方法的缺点是：当零件复杂时，一旦出错，查找错误语句并加以改正则是非常费时且需要丰富经验的工作。

交互式 CAD/CAM 系统自动编程是现代 CAD/CAM 系统中常用的方法，在编程时编程人员首先利用软件本身（CAD 部分）的零件造型功能，构建出零件几何形状，然后对零件进行工艺分析，确定加工方案，其后还需利用软件的计算机辅助制造功能（CAM 部分），完成工艺方案的制定、切削用量的选择、刀具及其参数的设定，自动计算并生成刀位轨迹文件，利用后置处理功能生成指定数控系统用的加工程序。这种自动编程方法被称为图形交互式自动编程。

交互式自动编程采用人机对话的编程方法，编程人员根据屏幕菜单提示的内容反复与计算机对话,选择菜单指令或回答计算机提问,直到把该答的问题全部答完,最后得到所需的 NC 加工程序。这种编程方法对刀具的选择、起刀点的确定、走刀路线的安排以及加工参数的选择等过程都是在对话方式下完成的,不存在编程语言的问题。图形交互式自动编程系统是一种 CAD 与 CAM 高度结合的自动编程系统。

图形交互式自动编程是一种全新的编程方法,与语言自动编程比较,主要有以下几个特点:

(1) 图形交互式自动编程既不像手工编程那样需要用复杂的数学手工计算算出各节点的坐标数据,也不需要像 APT 语言编程那样用数控编程语言去编写描绘零件几何形状加工走刀过程及后置处理的源程序,而是在计算机上直接面向零件的几何图形,以光标指点、菜单选择及交互对话的方式进行编程,其编程结果也以图形的方式显示在计算机上。因此,该方法具有简便、直观、便于检查修改的优点。

(2) 图形交互式自动编程将加工零件的几何造型、刀位计算、图形显示和后置处理等结合在一起,有效地解决了编程数据来源、几何显示、走刀模拟、交互修改等问题,弥补了单一利用数控语言进行编程的不足。

(3) 图形交互式自动编程过程中,图形数据的提取、节点数据的计算、程序的编制及输出都是由计算机自动进行的。因此,编程的速度快、效率高、准确性好。

(4) 图形交互式自动编程有利于实现与 CAD/CAM 其他功能的结合。既可以把产品设计与零件编程结合起来,也可以与工艺过程设计、刀具设计等过程结合起来。

图形交互自动编程用户不需要编写任何源程序,当然也就省去了调试源程序的烦琐工作。如果零件图形设计是用 CAD 方式完成的,这种编程方法就更有利于计算机辅助设计和制造的集成。由于刀具轨迹可立即显示,直观、形象地模拟了刀具轨迹与被加工零件之间的关系,易发现错误并改正,因而可靠性大为提高,试切次数减少,对于不太复杂的零件,往往可以一次加工合格。

2) 图形交互式自动编程的基本步骤

由于各种 CAD/CAM 系统的图形交互自动编程部分的功能、面向用户的接口方式有所不同,因此,编程的具体过程及编程过程中所使用的指令也不尽相同。但从总体上讲,编程的基本原理及基本步骤大体上是一致的,可分为 5 个步骤:零件造型、加工工艺决策、刀具轨迹计算及生成、后置处理和程序输出。

(1) 零件造型。利用 CAD/CAM 系统的三维造型功能把要加工的工件的三维几何模型构造出来,并将零件被加工部位的几何图形准确地绘制在计算机屏幕上。与此同时,在计算机内自动形成零件三维几何模型数据库。这些三维几何模型数据是下一步刀具轨迹计算的依据。自动编程过程中,图形交互式自动编程软件将根据加工要求提取这些数据,进行分析判断和必要的数学处理,形成加工的刀具位置数据。

(2) 加工工艺决策。选择合理的加工方案以及工艺参数是准确、高效加工工件的前提条件。加工工艺决策内容包括设定毛坯尺寸、边界、刀具尺寸、刀具基准点、进给率、快进路径以及切削加工方式。首先按模型形状及尺寸大小设置毛坯的尺寸形状,然后定义边界和加工区域,选择合适的刀具类型及其参数,并设置刀具基准点。CAD/CAM 系统中有不同的切削加工方式供编程中选择,可为粗加工、半精加工、精加工各个阶段选择相应的切削加工方式。

（3）刀具轨迹计算及生成。图形交互式自动编程系统刀位轨迹的生成是面向屏幕上的零件模型交互进行的。首先在刀位轨迹生成菜单中选择所需的菜单项；然后根据屏幕提示，用光标选择相应的图形目标，指定相应的坐标点，输入所需的各种参数；图形交互式自动编程系统将自动从图形文件中提取编程所需的信息，进行分析判断，计算出节点数据，并将其转换成刀位数据，存入指定的刀位文件中或直接进行后置处理生成数控加工程序，同时，在屏幕上显示出刀位轨迹图形。

（4）后置处理。由于各种机床使用的控制系统不同，所用的数控指令文件的代码及格式也有所不同。为解决这个问题，图形交互式自动编程系统通常设置一个后置处理文件。在进行后置处理前，编程人员需对该文件进行编辑，按文件规定的格式定义数控指令文件所使用的代码、程序格式、圆整化方式等内容，计算机在执行后置处理命令时将自行按设计文件定义的内容生成所需要的数控指令文件。另外，由于某些 CAD/CAM 软件采用固定的模块化结构，其功能模块和数控系统是一一对应的，后置处理过程已固化在模块中，因此，在生成刀位轨迹的同时便自动进行后置处理，生成数控指令文件，而无须再进行单独后置处理。

（5）程序输出。图形交互式自动编程系统在计算机内自动生成刀位轨迹图形文件和数控程序文件，可采用打印机打印数控加工程序单，也可在绘图机上绘制出刀位轨迹图，使机床操作者更加直观地了解加工的走刀过程。有标准通信接口的机床数控系统可以和计算机直接联机，由计算机将加工程序直接送给机床控制系统。

10.2 基 本 技 能

10.2.1 三维造型方法训练

1. 五角星三维造型

1）训练目的

（1）掌握 CAXA 制造工程师软件的基本使用方法。

（2）初步理解零件的线框造型、曲面造型和实体造型方法。

2）训练内容及步骤

（1）线框造型。在 CAXA 制造工程师软件中，线框造型实际就是先绘制曲线（包括直线、圆弧、圆、椭圆、样条线、点、文字、公式曲线、二次曲线等），再对曲线进行编辑和修改，以及进行空间几何变换，从而完成加工造型。

① 选择平面 XY，利用曲线工具中的"圆"（圆心→半径 100）、"多边形"（中心→边数 5→内接）和"直线"（两点线→连续→非正交）等命令，以及线面编辑工具中的"裁剪"（快速裁剪）和"删除"等命令绘制出五角星的平面图形，如图 10-4 所示。

② 应用显示工具中的"旋转"命令将平面五角星轴侧显示，并利用"直线"命令（两点线→单个→非正交→输入坐标[0,0,20]）绘制一条通过坐标原点垂直于平面五角星的线段，长度 20，如图 10-5 所示。

③ 利用"直线"命令，将垂线顶点与平面五角星各个端点相连，形成五角星框架模型，如图 10-6 所示。

图 10-4   平面五角星

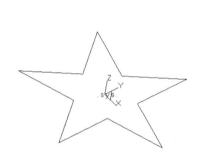

图 10-5   五角星框架模型

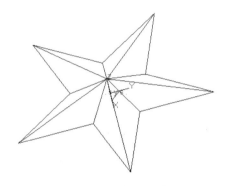

图 10-6   五角星垂线

（2）曲面造型。在 CAXA 制造工程师软件中,根据曲面特征线的不同组合方式,可以组织不同的曲面生成方法,如直纹面、旋转面、扫描面、边界面、平面、放样面、网格面、导动面、等距面和实体面等十种。

① 利用曲面工具中的"直纹面"命令（曲线＋曲线）,选择五角星框架模型上任一三角形的两条边,生成三角平面,如图 10-7 所示。

需要注意的是,当应用此命令生成的不是三角平面时,需要先"回退",然后重新选择三角形的两条边,直到生成的是三角平面为止,否则,后续工作无法完成。

图 10-7   生成三角平面

② 应用同样方法,按一定顺序（顺时针或逆时针）生成五角星曲面模型,如图 10-8 所示。

③ 在平面 XY 上,以坐标原点为圆心,绘制一个半径为 110 的圆,利用曲面工具中的"平面"命令（裁剪平面）,根据软件左下角提示进行选择,生成一个圆平面被平面五角星裁剪

后得到的"裁剪平面"，并编辑曲面模型颜色为灰色，结果如图 10-9 所示。

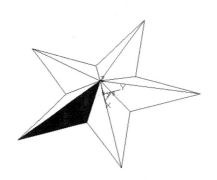

图 10-8　五角星曲面模型

图 10-9　五角星曲面裁剪模型

　　（3）实体造型。在 CAXA 制造工程师软件中，实体造型一般先要在一个平面上绘制二维图形，然后再运用各种方式生成三维实体。这里的二维图形指的是草图。草图是为实体造型准备的一个平面封闭图形，常以粗实线绘制，不同于线框图形。

　　① 选择"平面 XY"，单击右键选择"新建草图"，利用曲线工具中的"投影"命令，将圆平面的轮廓投影在平面 XY 上，得到拉伸草图，如图 10-10 所示。

　　② 选择特征工具中的"拉伸增料"命令（双向拉伸→深度 50），如图 10-11 所示。随即得到一个半径为 110、长度为 50 的圆柱体（覆盖五角星曲面裁剪模型），如图 10-12 所示。

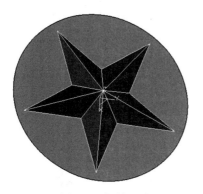

图 10-10　拉伸草图

图 10-11　参数设置

　　③ 选择特征工具中的"曲面裁剪除料"命令（裁剪曲面 11 个面→去除材料方向向上），用五角星曲面裁剪模型的 11 个面将圆柱体上半部分去除，并将多余的线、面隐藏，得到五角星实体模型（含底座），如图 10-13 所示。

2. 连杆三维造型

1）训练目的

（1）理解四种基于特征的实体造型方法。

（2）初步掌握草图特征造型方法。

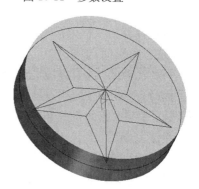

图 10-12　圆柱体

2）训练内容及步骤

用基于特征的实体造型方法生成连杆，连杆的设计尺寸如图 10-14 所示。

图 10-13　五角星实体模型

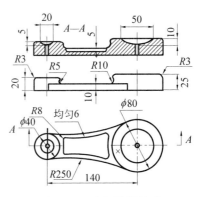

图 10-14　连杆设计尺寸

（1）拉伸增料特征造型

① 创建基本拉伸草图：选择平面 XY，单击绘制草图命令，进入草图状态。利用画圆命令，选择圆心-半径法，按回车输入圆心（70,0,0）和半径 20 绘制小圆，输入圆心（−70,0,0）和半径 40 绘制大圆；利用圆弧命令，选择两点-半径法，按空格键选取"切点"方式，输入半径 250 绘制与大、小圆相切的圆弧；利用快速裁剪命令对曲线进行裁剪，得到拉伸特征草图，如图 10-15 所示。

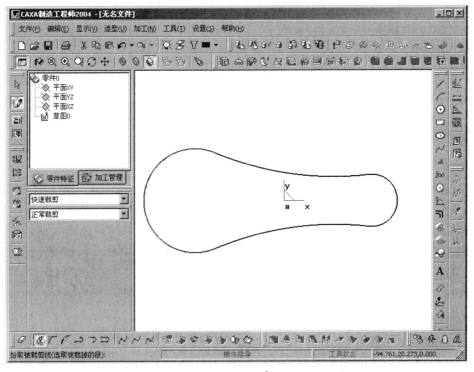

图 10-15　拉伸特征草图

②退出草图,选择特征工具中的拉伸增料命令,输入深度 10,勾选"增加拔模斜度",输入角度 5,单击"确定",即得到连杆基本拉伸实体,如图 10-16 所示。

图 10-16　基本拉伸实体生成

③在基本拉伸实体的上表面新建草图。利用圆命令,选择圆心-半径法,圆心为上表面小圆弧的圆心,半径与之相同,绘制小凸台拉伸草图。退出草图,选择"拉伸增料",深度 10,拔模斜度 5,单击"确定"生成小凸台。同理,可生成大凸台,如图 10-17 所示。

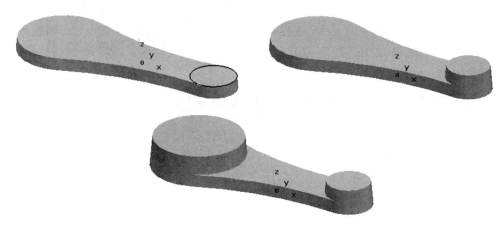

图 10-17　大、小凸台实体生成

（2）旋转减料特征造型

在零件特征树中的 XZ 平面新建草图。将小凸台上表面圆投影在草图平面得到一条直线段 1;作此直线段 1 的等距线,距离 10,拾取向上箭头,得到直线段 2;以直线段 2 的中心为圆心,半径 15 作圆;删除直线段 1,裁剪掉直线段 2 上的两端和圆的上半部分,得到小凸台凹坑的旋转除料草图。退出草图,作与半圆直径重合的空间直线为旋转除料的旋转轴。单击旋转除料按钮,得到小凸台凹坑实体模型,如图 10-18 所示。

同理,可得到大凸台凹坑实体模型。

（3）拉伸除料特征造型

在基本拉伸体实体的上表面新建草图。单击投影按钮,选择实体边界,得到各边界线;分别以等距半径 40 和 6 作边界线的等距线;单击曲线过渡按钮,对等距线生成的曲线座过渡;然后删除边界线,得到拉伸除料草图。退出草图,单击拉伸除料按钮,输入深度 6,拔模

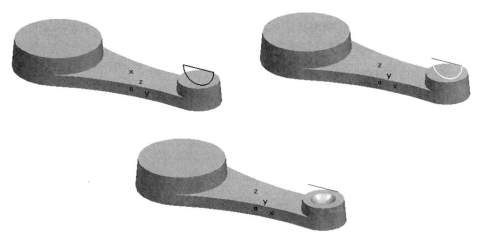

图 10-18　小凸台凹坑实体生成

斜度 30,最后得到基本实体的表面凹坑模型,如图 10-19 所示。

图 10-19　基本实体表面凹坑生成

（4）过渡特征造型

大凸台与拉伸实体交线的过渡。单击圆弧过渡按钮,在对话框中输入半径 10,拾取大凸台与基本拉伸体的交线,然后单击"确定",得到大凸台与基本拉伸实体的交线。同理,可得到小凸台与拉伸实体的交线,如图 10-20 所示。

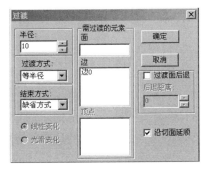

图 10-20　大凸台与拉伸实体之间过渡生成

所有棱边过渡。单击圆弧过渡按钮,输入半径 3,拾取所有棱边,单击"确定"得到最终过渡结果。

（5）打孔特征造型

单击打孔按钮，在对话框中选择第一种方式，选取基本拉伸实体的下表面大圆的圆心，单击下一步，在弹出"孔的参数"对话框中选择"通孔"，输入直径20，单击"完成"按钮，即得到打大孔后的实体模型，如图10-21所示。

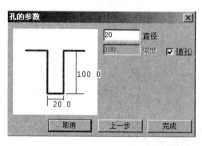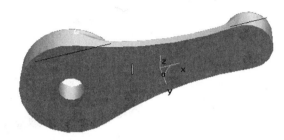

图 10-21　打孔特征生成

同理，可得到打小孔后的实体模型。删除多余的线，即得到连杆的最终实体造型，结果如图10-22所示。

图 10-22　连杆的最终实体模型

10.2.2　自动编程方法训练

1. 五角星自动编程

1）训练目的

（1）理解图形交互自动编程的方法和步骤。

（2）初步掌握毛坯设置和五轴曲面区域加工方法。

2）训练内容及步骤

（1）设定加工毛坯

① 单击"轨迹管理"，单击"毛坯"选择右键功能中的"毛坯定义"，在弹出的对话框中选择毛坯类型"柱面"，切换到显示"真实感"，拾取平面轮廓即"五角星圆柱体的边界"，输入毛坯高度尺寸"25"，如图10-23所示。

② 这样便可得到五角星的毛坯，如图10-24所示。

（2）编辑加工轨迹

① 选择"加工"→"多轴加工"→"五轴曲面区域加工"，系统弹出"五轴曲面区域加工"对话框，填写加工参数，如图10-25所示。

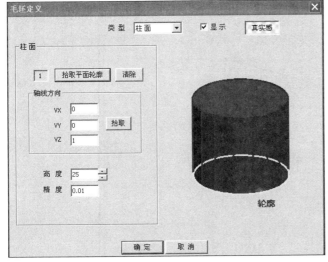

图 10-23　设定毛坯

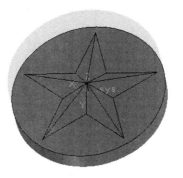

图 10-24　五角星毛坯

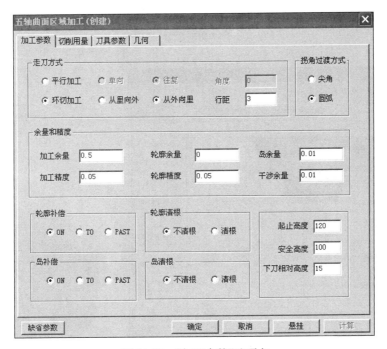

图 10-25　"加工参数"选项卡

② 修改切削用量参数表,如图 10-26 所示。

③ 根据零件的曲面过渡半径等特征,选用合适的刀具,如图 10-27 所示。

④ 生成刀具轨迹。根据软件左下角提示,首先选择加工面,然后拾取轮廓曲线,若无"岛屿与干涉面",则直接右击确认,最终生成刀具轨迹如图 10-28 所示。

实际操作中,紫色的线代表进刀路线,红色的线代表退刀路线,而绿色的线代表加工路线。

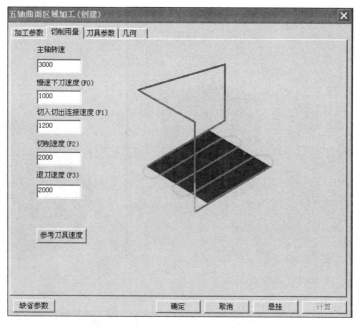

图 10-26　"切削用量"选项卡

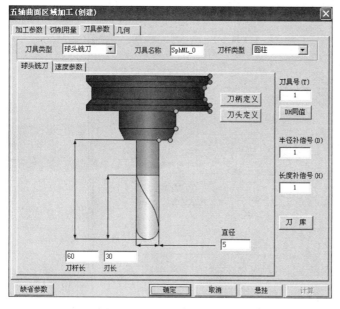

图 10-27　"刀具参数"选项卡

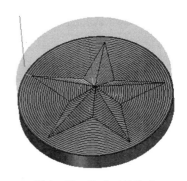

图 10-28　生成刀具轨迹

（3）仿真加工

选择"加工"→"实体仿真"，然后根据软件左下角提示，拾取刀具轨迹，右击确认，进入仿真加工界面，如图 10-29 所示。

然后，选择"控制"→"运行"，即进入仿真加工。在仿真过程中，可根据需要，设置运行的速度和运行进度控制。

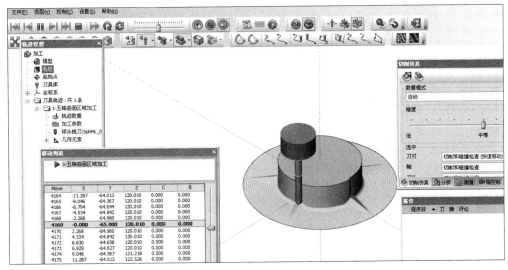

图 10-29　仿真加工界面

（4）程序生成

选择"加工"→"后置处理"→"生成 G 代码命令"，根据软件左下角提示，拾取刀具轨迹，在弹出的对话框中定义文件名，选择数控系统，如图 10-30 所示。

然后，单击图 10-30 中"确定"按钮，根据软件左下角提示，拾取刀具轨迹，再右击，随即弹出笔记本格式文件，亦即加工程序，如图 10-31 所示。

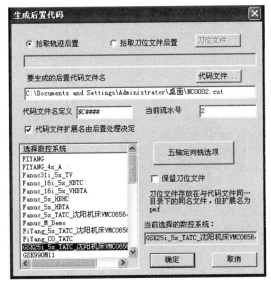

图 10-30　后置代码设置

图 10-31　五角星加工程序

2. 连杆的自动编程

1）训练目的

（1）掌握毛坯设置方法。

（2）初步掌握等高线加工和参数线加工方法。

2）训练内容及步骤

（1）设定加工毛坯

① 单击"直线"命令按钮，在菜单中选择"两点线"，直接输入以下各点：（−115，−50）、（105，−50）、（105，50）和（−115，50），在 XY 平面上得到一个矩形，如图 10-32 所示。

② 作矩形任意一边 Z 轴方向上距离为 30 的等距线，这样便可得到毛坯"拾取两点"方式的两角点。注意：两角点为长方体的对角点，如图 10-33 所示。

图 10-32　设定毛坯范围　　　　　　　图 10-33　生成两角点毛坯线架

（2）选用等高线粗加工

① 选择"应用"→"轨迹生成"→"等高线粗加工"菜单命令，系统弹出"等高线粗加工"对话框，选择"加工参数"选项卡填写各参数，如图 10-34 所示。

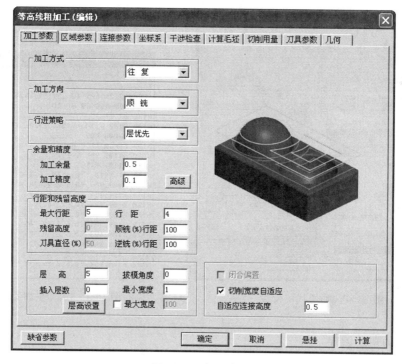

图 10-34　加工参数

② 根据零件的曲面过渡半径,选用合适的刀具,修改切削用量参数表,如图 10-35 所示。

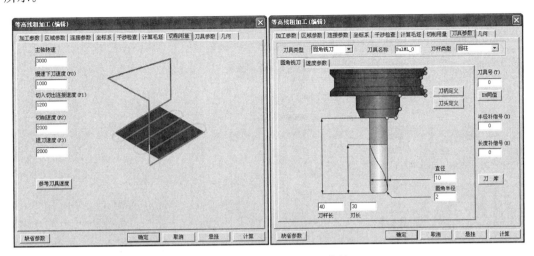

图 10-35 切削用量和刀具参数

③ 单击"确定"按钮后,按系统提示分别拾取毛坯第一角点和第二角点,如图 10-36 所示。之后系统提示"拾取加工曲面"。选中整个实体表面,系统将拾取得到的所有曲面变红,然后右击结束。结果如图 10-37 所示。

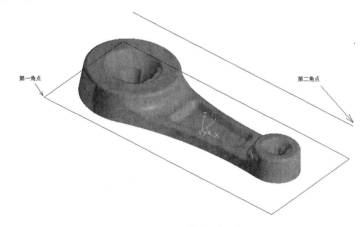

图 10-36 拾取两角点

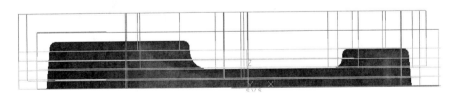

图 10-37 生成刀具轨迹

(3) 参数线精加工

① 选择"应用"→"轨迹生成"→"参数线加工"菜单命令,系统弹出"参数线精加工"对话

框，选择"加工参数"选项卡。系统提示"填写加工参数表"，填写线加工参数，如图 10-38 所示。其他参数与粗加工相同。

② 系统提示"拾取加工曲面"。按系统提示拾取需要参数线半精加工的曲面，然后右击鼠标确定。结果如图 10-39 所示。

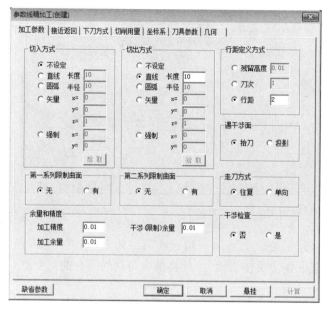

图 10-38　加工参数

图 10-39　拾取待加工曲面

③ 系统提示"拾取进刀点"。拾取曲面边界上一点，右击确定，如图 10-40 所示。

④ 系统提示"切换加工方向"。用左键切换加工方向，右击确定。系统提示"改变曲面方向"，在曲面上点取改变曲面方向并右击确定。接着系统又提示"拾取干涉面"，此处无干涉面，则直接右击确定。系统提示"正在准备曲面请稍候"，之后便自动生成参数线精加工轨迹，如图 10-41 所示。

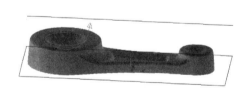

图 10-40　拾取进刀点

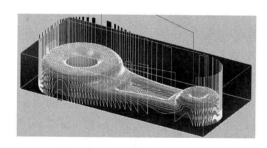

图 10-41　生成参数线加工轨迹

⑤ 用同样的方式加工另一个球面。

（4）后置处理

选择"加工"→"后置处理"→"生成 G 代码"命令，根据软件左下角提示，拾取刀具轨迹，在弹出的对话框中定义文件名，选择数控系统，如图 10-42 所示；然后根据软件左下角提示，拾取刀具轨迹，再右击，即生成加工程序，如图 10-43 所示。

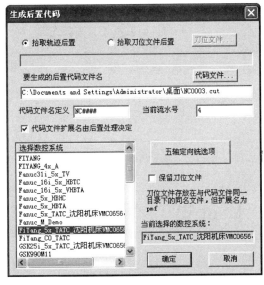

图 10-42　后置代码设置

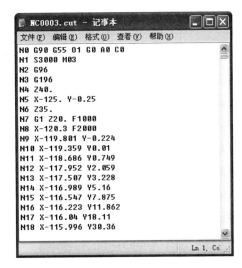

图 10-43　连杆加工程序

复习思考题

1. 理解 CAD/CAM 技术的基本概念及其在机械行业中的作用。
2. CAD/CAM 技术的主要造型方法有哪些？各有何特点？
3. 常用的 CAD/CAM 系统有哪些？
4. 自动编程有哪些方法？它们各有何特点？
5. 交互式图形自动编程的主要步骤是什么？

数控加工技术

11.1 基 本 知 识

11.1.1 数控加工基础

1. 数控加工的基本概念

1) 数控及数控加工

数控即数字控制,是用数字化信号对机床的运动及其加工过程进行控制的一种方法,简称数控。

数控加工即根据零件图样及工艺要求等原始资料来编制零件数控加工程序,再将程序输入到数控系统,从而控制数控机床中刀具与工件的相对运动,来实现对零件的加工。

2) 数控加工过程及原理

在数控机床上,传统加工过程中的人工操作控制被自动控制所取代。其工作过程为:首先将被加工零件的几何信息(加工图样)、工艺信息(包括对刀具与工件的相对运动轨迹、主轴转速、背吃刀量、冷却液的开关和换刀动作等)数字化,然后按规定的格式和代码(参照编程手册)编制数控加工程序,再将编好的程序通过输入装置输入数控系统,数控系统对加工程序作一系列的处理后发出指令驱动机床运动,从而实现对零件的自动化加工。如图 11-1 所示。

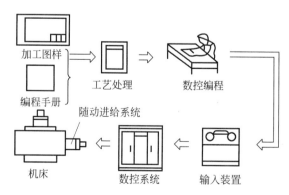

图 11-1 数据加工过程及原理

2. 数控加工的特点

1) 加工精度高

数控机床是按数字指令进行加工的。目前数控机床的脉冲当量普遍达到了 0.001 mm，且进给传动的反向间隙以及丝杠螺距误差等可由 CNC 进行补偿，数控机床的加工精度由过去的 ±0.01 mm 提高到 ±0.001 mm；此外，数控机床的传动系统与机床结构都具有较高的刚性和热稳定性，制造精度高；数控机床的加工方式避免了人为干扰因素，同一批零件的尺寸一致性好，合格率高，加工质量稳定。

2) 加工对象适应性强

在数控机床上更换加工零件时，只需要重新编写或更换程序就能实现对新零件的加工，从而对结构复杂的单件、小批量生产和新产品试制提供了极大的方便。

3) 自动化程度高

数控机床对零件的加工是按事先编制好的程序自动完成的，操作者除了操作键盘、装卸工件、关键工序的中间检测及观察外，不需要进行其他手工劳动，劳动强度大大减轻。另外，数控机床一般都具有较好的安全防护、自动排屑、自动冷却、自动润滑等装置，劳动条件大为改善。

4) 生产效率高

数控机床主轴转速和进给量的变化范围较大，因此在每道工序上都可选用最有利的切削用量。由于数控机床的结构刚性好，因此允许采用大切削用量的强力切削，这就提高了数控机床的切削效率，节省了加工时间。另外，数控机床的空行程速度快，工件装夹时间短，刀具自动更换，从而节省了辅助时间。数控机床加工质量稳定，一般只作首件检查或中间抽检，节省了停车检验时间。并且，一台机床可实现多道工序的连续加工，生产效率明显提高。

5) 经济效益显著

数控机床加工一般是不需要制造专用工装夹具，节省了工艺装备费用。数控机床加工精度稳定，废品率下降，使得生产成本降低。此外，数控机床可实现一人多机、一机多用，节省了厂房面积和建厂投资。

6) 有利于现代化管理

在数控机床上，零件的加工时间可由 CNC 精确计数，相同工件加工时间一致，因而工时和工时费用可精确估计，有利于精确控制生产进度，均衡生产。此外，数控机床使用数字信息及标准接口、标准代码输入，可实现计算机联网，成为现代集成制造系统的重要基础。

3. 数控加工的编程

1) 数控机床的坐标系
(1) 坐标系及运动方向

为了确定数控机床的运动方向和移动距离，需要在机床上建立一个坐标系。数控机床的坐标系采用右手直角坐标系，即大拇指指向为 X 轴正方向，食指指向为 Y 轴正方向，中指指向为 Z 轴正方向，如图 11-2 所示。在数控机床上规定：平行于机床主轴方向为 Z 轴；X 轴为水平方向，且垂直于 Z 轴并与工件的装夹面平行；Y 轴则根据已确定的 X、Z 轴，按右手直角坐标系确定。规定刀具远离工件的方向为各坐标轴的正方向。

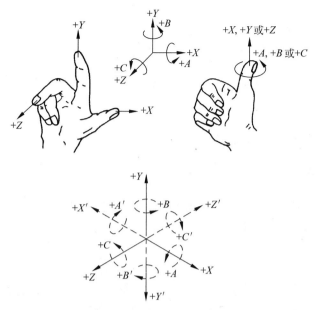

图 11-2　右手笛卡儿坐标系

　　另外,可根据已确定的 X、Y、Z 轴,用右手螺旋法则来确定 A、B、C 三个分别绕 X、Y、Z 轴旋转的回转坐标轴。若机床除有 X、Y、Z(第一组)主要的直线运动外,还有平行于它们的坐标运动,则分别命名为 U、V、W(第二组);若机床除有 A、B、C(第一组)回转运动外,还有其他回转运动,则命名为 D、E 等。

　　(2) 两种坐标系

　　数控机床的坐标系包括机床坐标系和工件坐标系两种。

　　① 机床坐标系:又称机械坐标系,是机床运动部件的进给运动坐标系,其坐标轴及方向按标准规定,而坐标原点的具体位置则由各机床生产厂家设定。

　　数控车床的机床坐标系(XOZ)的原点 O 一般位于卡盘端面与主轴轴心线相交处,如图 11-3 所示。

　　② 工件坐标系:又称编程坐标系,供编程用。规定工件坐标系是“刀具相对工件而运动”的刀具运动坐标系。见图 11-3 的 $X_P Z_P O_P$ 和图 11-4 中 $X_P Y_P Z_P O_P$ 所示。工件坐标系的原点,也称工件零点或编程零点,其位置由编程者设定,一般设在工件的设计基准或工艺基准处,便于计算。

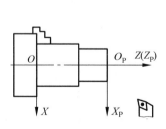

图 11-3　数控车床的两类坐标

XOZ—机床坐标系;$X_P O_P Z_P$—工件坐标系

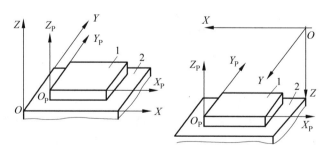

图 11-4　数控铣床的两种坐标

1—工件;2—工作台

2）数控加工工艺

数控加工工艺与普通加工工艺大致相同。

（1）工艺方案及工艺路线

数控机床上确定工艺方案、工艺路线的原则是：

① 保证零件的加工精度和表面粗糙度要求；

② 尽量缩短加工路线，减少空行程时间和换刀次数，以提高生产率；

③ 尽量使数值计算方便，程序段少，以减少编程工作量。

在划分工序时，除了按"先粗后精"、"先面后孔"等原则保证零件质量外，常用"刀具集中"的方法，即用一把刀加工完相应部位，再换另一把刀加工相应的其他部位，以减少空行程和换刀时间。

（2）零件的安装与夹具选择

数控机床上安装零件，应尽量做到：选择通用、组合夹具，在一次安装中加工出零件的所有加工面，零件的定位基准与设计基准重合，以减少定位误差。

（3）刀具和切削用量的选择

数控机床用的刀具应满足安装调整方便、刚性好、精度高、耐用度好等要求。

切削用量的选择包括：主轴转速的选择、进给速度的选择以及切削深度的选择等。

① 切削深度：由机床、刀具、工件的刚度确定，在刚度允许的条件下，粗加工取较大切削深度，以减少走刀次数，提高生产率；精加工取较小切削深度，以获得表面质量。

② 主轴转速：由机床允许的切削速度及工件直径选取。

③ 进给速度：按零件加工精度、表面粗糙度要求选取，粗加工取较大值，精加工取小值。最大进给速度受机床刚度及进给系统性能限制。

3）数控编程的一般步骤

编程即把零件的工艺过程、工艺参数及其他辅助动作，按动作顺序，把数控机床规定的指令、格式编制成加工程序的过程。编程的一般步骤如下所述。

（1）分析零件图样和工艺要求

分析零件图样和工艺要求的目的，是为了确定加工方法、制定加工计划，以及确认与生产有关的问题，其内容包括：

① 根据零件选用数控机床，选择合理的装夹方法和工装夹具；

② 确定采用何种刀具或采用多少把刀进行加工；

③ 确定加工路线，即选择对刀点、程序原点、走刀路线、程序终点；

④ 确定切削用量等切削参数；

⑤ 确定加工过程中机床的辅助动作等。

（2）数值计算

根据零件图样的几何尺寸确定工艺路线并设定工件坐标系，计算零件粗、精加工运动轨迹，得到刀位的运动数据。

对于点定位控制的数控机床（如数控冲床），一般不需要计算。只有当工件坐标系与编程坐标系不一致时，才需要进行坐标换算。

对于形状比较简单的零件（如由直线和圆弧组成的零件）的轮廓加工，需要计算出几何元素的起点、终点、圆弧的圆心、两几何元素的交点或切点的坐标值，有的还要计算刀具中心的运算轨迹坐标值。对于形状比较复杂的零件（如非圆曲线、曲面组成的零件），需要用直线段或圆弧段逼近，按要求的精度计算其节点坐标值。

（3）编制数控加工工艺文件

零件的加工路线、工艺参数及刀位数据确定后，编程人员根据数控系统规定的功能指令及程序段格式，逐段编制和填写加工程序单。此外，还应填写相关的工艺文件，如编程任务书、工件安装和零点设定卡片、数控加工工序卡片、数控刀具卡片、数控刀具明细表，以及数控加工轨迹运行图等。

（4）输入程序信息

程序单完成后，编程者或机床操作者可通过 CNC 机床的操作面板，在编辑方式下将程序信息直接输入到 CNC 系统程序存储器中；也可通过移动设备或网络传送将程序读入数控系统。

（5）程序校验与首件试切

程序必须经过校验和试切才能正式使用。

校验的方法是用输入的程序使机床空运转，以检查机床的运动轨迹是否正确。在有 CRT 图形显示屏的数控机床上，用模拟刀具与工件切削过程的方法进行检验。但这些方法只能检验运动轨迹是否正确，不能检验被加工零件的加工精度，因此还必须进行零件的首件试切。当零件的首件试切中有加工超差现象出现时，应分析产生的原因，找出问题所在，并加以修正。

4）数控编程的种类

（1）手工编程

手工编程是指从分析零件图样、确定工艺过程、计算数值、编写零件加工程序单、输入程序信息到校验程序等整个过程都由人工完成。

对于形状简单的零件加工，其计算比较简单，程序较短，采用手工编程可以完成。这是从事数控应用的技术人员必须掌握的。但对于形状复杂的零件，特别是具有自由曲线及曲面的零件，用手工编程就相当困难，可采用自动编程的方法编制程序。

（2）自动编程

自动编程即用计算机自动编制数控加工程序。编程人员根据加工零件的图样要求，进行参数选择和设置，由计算机自动进行数值计算、后置处理，编写出零件加工程序单，直至将加工程序通过直接通信的方式送入数控系统，控制机床进行加工。

自动编程主要应用于一些复杂型面的加工或加工程序很长的零件加工。

5）加工程序的结构与格式

加工程序是数控加工中的核心部分。不同的数控系统，其加工程序的结构与程序段格式之间可能有些差别。

一个完整的数控加工程序由若干个程序段组成，一个程序段又由若干个字组成，每个字又由字母（地址符）和数字（有些数字还带有符号）组成。而字母、数字、符号统称为字符。例如：

```
O1000
N01  G91  G00  X50.  Y60.；
N05  G01  X10. Y50.  F150.  S300  T12  M03；
```

```
N10  X20.Y0;
...
N50  G00  X-50.Y-60.;
N60  M02;
```

上例为一段完整的零件加工程序。它由程序号和若干个程序段组成,每个程序段都包括了开始、内容及结束部分。程序段以序号"N"开头,以";"结束,M02 作为整个程序结束的字符。每个程序段有若干个字,每个程序段都表示一个完整的加工工步或动作。

程序段中每个字都以地址符开始,其后再跟有符号和数字,代码字的排列顺序没有严格的要求,不需要的代码字以及与上段相同的续效字可以不写。这种格式的特点是:程序简单,可读性强,易于检查。因此,现代数控机床广泛采用这种格式。

6) 数控编程的代码标准

(1) 准备功能 G 指令

准备功能 G 指令(简称准备功能)即用来规定刀具和工件的相对运动轨迹、机床坐标系、坐标平面、刀具补偿、坐标偏置等多种加工操作的准备工作。在 JB/T 3208—1999 标准中规定:G 指令由字母 G 及其后面的两位数字组成,从 G00 到 G99 共有 100 种代码,如表 11-1 所示。

表 11-1 准备功能 G 指令

代 码	功 能	代 码	功 能
G00	点定位	G46	刀具偏置+/−
G01	直线插补	G47	刀具偏置+/−
G02	顺时针方向圆弧插补	G48	刀具偏置+/−
G03	逆时针方向圆弧插补	G49	刀具偏置+/−
G04	暂停	G50	刀具偏置
G05	不指定	G51	刀具偏置
G06	抛物线插补	G52	刀具偏置
G07	不指定	G53	直线偏移注销
G08	加速	G54	直线偏移 X
G09	减速	G55	直线偏移 Y
G10~G16	不指定	G56	直线偏移 Z
G17	XY 平面选择	G57	直线偏移 X、Y
G18	ZX 平面选择	G58	直线偏移 X、Z
G19	YZ 平面选择	G59	直线偏移 Y、Z
G20~G32	不指定	G60	准确定位1(精)
G33	螺纹切削,等螺距	G61	准确定位2(粗)
G34	螺纹切削,增螺距	G62	快速定位(粗)
G35	螺纹切削,减螺距	G63	攻螺纹
G36~G39	永不指定	G64~G67	不指定
G40	刀具补偿/刀具偏置注销	G68	刀具偏置,内角
G41	刀具补偿-左	G69	刀具偏置,外角
G42	刀具补偿-右	G70~G79	不指定
G43	刀具偏置-正	G80	固定循环注销
G44	刀具偏置-负	G81~G89	固定循环
G45	刀具偏置+/−	G90	绝对尺寸

续表

代 码	功 能	代 码	功 能
G91	增量尺寸	G95	主轴每转进给
G92	预置寄存	G96	恒线速度
G93	时间倒数,进给率	G97	每分钟转数(主轴)
G94	每分钟进给	G98～G99	不指定

模态指令(又称续效指令)是表示这种指令一经在一个程序段中指定,便保持有效,直到在以后的程序段中出现同组的另一指令时才失效。同组的任意两个指令不能同时出现在同一个程序段中。

"不指定"代码用作将来修订标准时指定新功能之用。"永不指定"代码,说明即使将来修订标准时,也不指定新的功能。但这两类代码均可由数控系统设计者根据需要自行定义。

(2) 辅助功能 M 指令

辅助功能指令,简称辅助功能,也叫 M 功能。JB/T 3208—1999 标准中规定：M 指令由字母 M 及其后面的两位数字组成,从 M00 到 M99 共有 100 种代码,如表 11-2 所示。M 指令也有续效指令与非续效指令之分。这类指令与 CNC 系统的插补运算无关,而是根据加工时机床操作的需要予以规定。例如主轴的正反转与停止、切削液的开关等。

表 11-2　辅助功能 M 指令

代 码	功 能	代 码	功 能
M00	程序停止	M36	进给范围 1
M01	计划停止	M37	进给范围 2
M02	程序结束	M38	主轴速度范围 1
M03	主轴顺时针方向	M39	主轴速度范围 2
M04	主轴逆时针方向	M40～M45	如有需要作为齿轮换挡,此外不指定
M05	主轴停止	M46～M47	不指定
M06	换刀	M48	注销 M49
M07	2 号切削液开	M49	进给率修正旁路
M08	1 号切削液开	M50	3 号切削液开
M09	切削液关	M51	4 号切削液开
M10	夹紧	M52～M54	不指定
M11	松开	M55	刀具直线位移,位置 1
M12	不指定	M56	刀具直线位移,位置 2
M13	主轴顺时针方向,切削液开	M57～M59	不指定
M14	主轴逆时针方向,切削液开	M60	更换工件
M15	正运动	M61	工件直线位移,位置 1
M16	负运动	M62	工件直线位移,位置 2
M17～M18	不指定	M63～M70	不指定
M19	主轴定向停止	M71	工件角度位移,位置 1
M20～M29	永不指定	M72	工件角度位移,位置 2
M30	纸带结束	M73～M89	不指定
M31	互锁旁路	M90～M99	永不指定
M32～M35	不指定		

注：M90～M99 可指定为特殊用途。

（3）F、S、T 指令

① F 功能是进给速度指令，为续效指令。指定进给速度通常有以下两种方法。

代码法：即 F 后跟二位数字，这些数字不直接表示进给速度的大小，而是进给速度数列的序号。指定序号在具体机床的数控系统中有对应的实际进给速度，可查表确定。

直接指定法：F 后跟的数字就是进给速度的大小，单位由数控系统设定，一般单位为mm/min，现在大多数数控系统采用这一指定方法。

② S 功能是主轴转速指令，为续效指令。其指定方法与 F 指令的指定方法基本相同，只是单位不同，常用的主轴转速单位为 mm/r。

③ T 功能是刀具序号指令。在可以自动换刀的数控系统中，用来选择所需的刀具。指令以 T 为首，后跟两位数字，以表示刀具的编号。有时 T 后跟有 4 位数字，后两位数字表示刀具补偿的序号。

7）典型的数控系统

数控系统是数控机床的核心。目前应用最为广泛的典型数控系统有 FANUC（日本）、SIEMENS（德国）等公司生产的数控系统。我国主要有华中数控、华兴数控、广州数控等数控系统。下面分别介绍几例。

（1）FANUC 数控系统

① 高可靠性的 POWERMATE O 系列：用于控制 2 轴的小型车床，取代步进电动机的伺服系统。可配画面清晰、操作方便、中文显示的 CRT/MDA，也可配性能/价格比好的DPUMDA。

② 普及型 CNC O-D 系列：O-TD 用于车床；O-MD 用于铣床及小型加工中心；O-GCD用于圆柱磨床；O-GSD 用于平面磨床；O-PD 用于冲床。

③ 全功能型的 O-C 系列：O-TC 用于通用车床、自动车床；O-MC 用于铣床、钻床、加工中心；O-GGC 用于内、外圆磨床；O-GSC 用于平面磨床。

（2）SIEMENS 数控系统

① SINUMERIK 802S/C：用于车床、铣床等，可控制 3 个进给轴和 1 个主轴。SINUMERIK 802S 适于步进电动机驱动，SINUMERIK 802C 适于伺服电动机驱动，具有数字 I/O 接口。

② SINUMERIK 802D：用于数字闭环驱动控制，最多可控制 6 个坐标轴（包括 1 个主轴和 1 个辅助主轴），具有紧凑型可编程 I/O 系统。

③ SINUMERIK 840D：全数字模块化数控设计，用于复杂机床、模块化旋转加工机床和传送机，可控制 31 个坐标轴。

11.1.2　数控车削基础

1. 数控车床的分类、组成及结构特点

1）数控车床的分类

数控车床是目前使用较为广泛的数控机床，约占数控机床总数的 25%。目前对数控车床的分类主要有以下几种不同的分类方法。

（1）按数控系统的功能分类

① 全功能型数控车床。它一般采用交、直流伺服电动机驱动形成闭环或半闭环控制系统，主电动机一般采用伺服电动机；具有 CRT 显示，不但有字符，而且有图形、人机对话、自诊断等功能；具有高刚度、高精度和高效率等优点。

② 经济型数控车床。其一般采用步进电动机驱动的开环控制的伺服系统，其控制部分结构简单，功能单一。它与全功能型数控车床相比，除了主电机采用变频电机、伺服控制方式采用开环控制、数控系统的档次较低、刚度及制造精度较全功能型数控车床低外，其他与全功能型车床已没有多大区别。从表 11-3 可看出不同档次数控车床的功能及技术指标。

表 11-3　不同档次数控车床的功能和指标

功　能	经济型	中　　档	标　准　型
系统分辨率/μm	10	1	0.1
G00 速度/(mm/min)	3～8	10～24	24 以上
伺服类型	开环及步进电机	闭环(半闭环)及交、直流伺服电机	闭环(半闭环)及交、直流伺服电机
驱动轴数	2～3	2～4	5 轴以上
通信功能	无	RS232C/DNC	RS232C/DNC/MAP
显示功能	LED 显示	CRT 显示	CRT 显示：三维图形、自诊断
内装 PLC	无	有	功能强大的内装 PLC
主 CPU	8 位、16 位	16 位、32 位	32 位、64 位
结构	单片机	单/多微处理器	分布式微处理器

③ 车削中心。它是以全功能型数控车床为主体，并配置刀库、换刀装置、分度装置、铣削动力头和机械手等，实现多工序复合加工的机床。在工件一次装夹后，它可完成回转类零件的车、铣、钻、铰、攻螺纹等各种加工工序，功能全面，但价格较高。

④ FMC 车床。它是一种由数控车床、机器手或机器人等构成的柔性加工单元，它能实现工件搬运、装卸的自动化和加工调整准备的自动化。

（2）按主轴的配置形式分类

① 卧式数控车床。主轴轴线处于水平位置的数控车床。它又可分为水平导轨卧式数控车床和倾斜导轨卧式数控车床。

② 立式数控车床。主轴轴线处于垂直位置的数控车床，并有一个直径较大的工作台，用以装夹工件。这类数控车床主要用于加工大直径的盘类零件。

（3）按数控系统控制的轴数分类

① 两轴控制的数控车床。车床上只有一个回转刀架，可实现两坐标(X 轴、Z 轴)联动。

② 多轴控制的数控车床。档次较高的数控车削中心都配备了铣削动力头，还有些配备了 Y 轴，使机床不但可以进行车削加工，还可以进行铣削加工。

2）数控车床的组成

图 11-5 为全功能数控车床，一般由以下几部分组成。

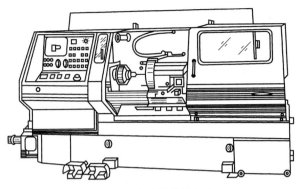

图 11-5 全功能数控车床

（1）机床本体。它是数控车床的机械部分，包括床身、主轴箱、刀架、尾座、进给机构等。

（2）数控装置。它是数控车床的控制核心，其主体是数控系统运行的一台计算机（包括CNC、存储器、CRT 等）。

（3）伺服驱动系统。它是数控车床切削工作的动力部分，主要实现主运动和进给运动，由伺服驱动电路和伺服驱动装置组成。伺服驱动装置主要有主轴电动机和进给驱动装置（步进电动机或交、直流伺服电动机等）。

（4）辅助装置。辅助装置是指数控车床的一些配套部件，包括液压、气动装置及冷却系统、润滑系统和排屑装置等。

3）数控车床的结构特点

与普通车床相比，数控车床具有以下特点：

（1）采用了全封闭或半封闭防护装置。数控车床采用封闭防护装置，可防止切屑或切削液飞出给操作者带来的意外伤害。

（2）可自动转刀。数控车床都采用了自动回转刀架，在加工过程中可自动换刀，连续完成多道工序的加工，大大提高了加工精度和加工效率。

（3）采用高性能的主传动及主轴部件。数控车床具有传动精度高、响应快、传动链短等优点，一般采用滚珠丝杠螺母副和传动齿轮间隙消除机构等。

（4）主、进给传动分离。数控车床的主传动与进给传动采用了各自独立的伺服电机，使传动链变得简单、可靠，同时，各电机既可单独运动，也可实现多轴联动。

2. 数控车床功能、应用及主要技术参数

1）数控车床的主要功能

不同数控车床的功能不尽相同，各有特点，但都大致具备以下主要功能。

（1）直线插补功能：控制刀具沿直线进行切削。在数控车床中利用该功能可加工圆柱面、圆锥面和倒角。

（2）圆弧插补功能：控制刀具沿圆弧进行切削。在数控车床中利用该功能可加工圆弧面和曲面。

（3）固定循环功能：固定了机床常用的一些功能，如轮廓加工循环、切螺纹、切槽等。使用该功能可简化编程。

（4）恒定速度切削功能：通过控制主轴转速保持在切削点处的切削速度恒定，以获得一致的加工表面。

（5）刀尖半径自动补偿功能：可对刀具运动轨迹进行半径补偿，具备该功能的机床在编程时可不考虑刀具半径，直接按零件轮廓进行编程，从而使编程变得方便、简单。

（6）其他拓展功能：对于一些全功能的数控车床和车削中心，除了具有前述主要功能外，还常常具有一些拓展功能。

① C 轴功能。在实现回转、分度运动时，与 X、Z 轴联动，可完成端面螺旋槽等加工。要实现 C 轴功能，数控车床必须配置动力刀架并使用旋转刀具，此时由刀具作主运动。

② Y 轴控制。类似铣削功能，主轴可实现分度或回转运动。与 C 轴功能一样，数控车床必须配置动力刀架并使用旋转刀具。

③ 加工模拟。通过机床自带的模拟功能可对加工轮廓、加工线路及刀具干涉等状况进行模拟。

2）数控车床的主要应用

数控车床是数控加工中应用最多的加工方法之一，主要适合加工具有以下要求和特点的回转类零件。

（1）精度要求高的回转类零件。由于数控车床刚性好，制造精度高，并且能方便地进行人工补偿和自动补偿，所以能加工精度要求较高的零件，甚至可以以车代磨。此外，数控车床刀具的运动是通过精确插补运算和伺服驱动来实现的，并且工件的一次装夹可完成多道工序的加工，因此提高了加工工件的形状精度和位置精度。

（2）表面粗糙度小的回转类零件。数控车床具有恒线速度切削功能，能加工出表面粗糙度小而均匀的零件。因为在工件材质、精车余量和刀具已定的情况下，表面粗糙度取决于进给量和切削速度。切削速度的变化会导致表面粗糙度不一致，而使用恒线速度切削功能，就可获得一致的最佳切削速度，使车削后的表面粗糙度小且一致。

（3）表面形状复杂的回转类零件。由于数控车床具有直线、圆弧、螺纹插补功能，可以车削由直线、圆弧及非圆曲线组成的形状复杂的回转体零件。

（4）带特殊螺纹的回转类零件。数控车床具有加工各类螺纹的功能，包括任何等导程的直螺纹、锥螺纹和端面螺纹，以及增导程螺纹和减导程螺纹。

（5）超精密、超低表面粗糙度值的回转体零件。要求超高的精度和超低表面粗糙度的零件，适合在高精度、高性能的数控车床上加工。数控车床超精加工的轮廓精度可达 $0.1 \mu m$，表面粗糙度达 $Ra \ 0.02 \mu m$。

3）数控车床的主要技术参数

数控车床的主要技术参数包括最大回转直径、最大车削长度、各坐标轴进程、主轴转速范围、切削进给速度范围、定位精度、刀架定位精度等，其具体内容及作用见表11-4。

3. 数控车床编程基础

1）数控车床的编程特点

（1）一个程序中，视工件图样上尺寸标注的情况，既可以采用绝对坐标编程，也可以采用增量坐标编程，或是采用绝对坐标与增量坐标的混合编程。

（2）为了提高程序的可读性，程序中 X 坐标以工件的直径值表示。

表 11-4　数控车床的主要技术参数

类 别	主 要 内 容	作 用
尺寸参数	X、Z 轴最大行程 卡盘尺寸 最大回转直径 最大车削直径 尾座套筒移动距离 最大车削长度	影响加工工件的尺寸范围(质量)、编程范围及刀具、工件、机床之间干涉
接口参数	刀位数、刀具装夹尺寸 主轴头形式 主轴孔及尾座孔锥度、直径	影响工件及刀具安装
运动参数	主轴转速范围 刀架快进速度、切削进给速度范围	影响加工性能及编程参数
动力参数	主轴电机功率 伺服电机额定转矩	影响切削负荷
精度参数	定位精度、重复定位精度 刀架定位精度、刀架重复定位精度	影响加工精度及一致性
其他参数	外形尺寸(长×宽×高)、质量	影响使用环境

(3) 车削加工常用的毛坯多为圆棒料或铸锻件,加工余量较大,为了简化编程,数控系统中备有车外圆、车端面、车螺纹等不同形式的固定循环,可以实现多次重复循环车削。

(4) 全功能数控车床都具备刀尖半径补偿功能,编程时可以将车刀刀尖看作一个点。而实际上,为了提高工件表面的加工质量和刀具寿命,车刀的刀尖均有圆角半径 R。为了得到正确的零件轮廓形状,编程时需要对刀尖半径进行补偿。

2) 数控车床常用 G 指令

数控机床的编程指令因采用不同的数控系统略有差别,但主体部分是相同的。下面以南京华兴 21S 数控系统为例加以说明。21S 数控系统的全部 G 功能指令如表 11-5 所示。

表 11-5　21S 数控系统的全部 G 功能指令

G 代号	功　能	G 代号	功　能
G00*	快速定位	G54	绝对值零点偏置
G01*	直线插补	G55	相对值零点偏置
G02*	顺时针圆弧插补或螺旋线插补	G56	当前点零点偏置
G03*	逆时针圆弧插补或螺旋线插补	G74	返回机床参考点(机械原点)
G04	延时	G75	返回对刀点
G20	独立子程序调用	G76	返回加工开始点
G22	独立子程序定义	G81	外圆加工循环
G24	独立子程序定义结束,返回调用程序	G82	端面加工循环
G25	跳转加工	G86	公制螺纹加工循环
G26	程序块调用加工(程序内子程序调用)	G87	英制螺纹加工循环
G27	无限循环	G90*	绝对值方式编程
G30*	倍率取消	G91*	增量值方式编程
G31*	倍率定义	G92	设置程序零点
G40*	取消刀具半径补偿	G96	恒线速度切削有效
G53	撤销零点偏置	G97	取消恒线速度切削

* 为模态指令。

需要说明的是，数控车床可根据数控系统来配置控制功能，即机床不一定能实现数控系统的全部功能。

（1）编程坐标系设置指令

G92——设定工件坐标系

格式：

```
G92  X_  Z_
```

说明：只改变系统当前显示的大坐标值，不移动坐标轴，达到设定坐标原点的目的；G92 的效果是将显示的刀尖大坐标改成设定值；G92 后面的 X、Z 可分别编入，也可全编。

（2）尺寸系统编程指令

① G90——绝对值方式编程

格式：

```
G90
```

说明：G90 编入程序时，以后所有编入的坐标值全部是以编程零点为基准的；系统上电后，机床处在 G90 状态。

② G91——增量方式编程

格式：

```
G91
```

说明：G91 编入程序时，之后所有坐标值均以前一个坐标位置作为起始点来计算运动的编程值。

（3）路径运动控制指令

① G00——快速定位

格式：

```
G00  X_  Z_
```

说明：所有编程轴同时以 0♯ 参数所定义的速度移动，当某轴走完编程值便停止，而其他轴继续运动；不运动的坐标无须编程；目标点的坐标值可以用绝对值，也可以用增量值，小数点前最多允许 4 位数，小数点后最多允许 3 位，正数可省略"＋"号（该规则适用于所有坐标编程）；用 G00 编程时，也可以写作 G0。

例：如图 11-6 所示。

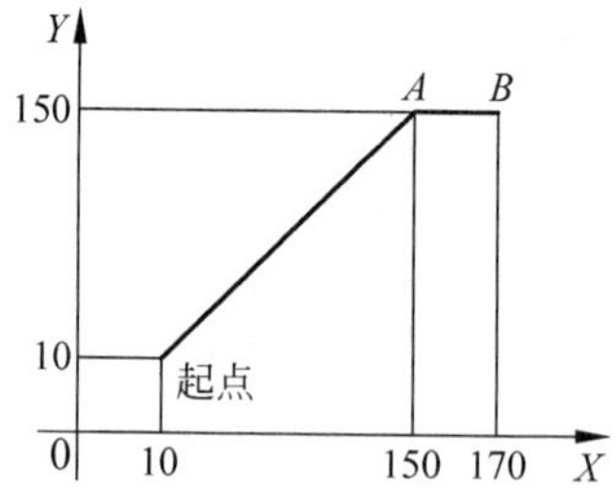

绝对值方式编程：

```
G00  X170  Y150;
```

增量值方式编程：

```
G91  G00  X160  Y140;
```

先是 X 和 Y 同时走 140 快速到 A 点，接着 X 向再走 20 快速到 B 点。

图 11-6　快速定位功能

② G01——直线插补

格式：

G01 X_ Z_ F_

说明：每次加工开始，自动处于 G01 状态；不运动的坐标可以省略；目标点的坐标可用绝对值或增量值书写；G01 加工时，其进给速度按所给的 F 值运行，F：12～2000 mm/min；G01 也可以写成 G1。

例：如图 11-7 所示。

绝对值方式编程：

G01 X210 Y120 F100;

增量值方式编程：

G91 G01 X194 Y104 F100;

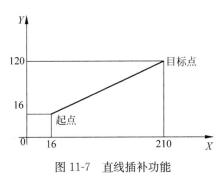

图 11-7 直线插补功能

③ G02——顺圆插补

格式：

G02 X_ Z_ I_ J_ F_
G02 X_ Z_ R_ F_

说明：X、Z 在 G90 时，圆弧终点坐标是相对编程零点的绝对坐标值。在 G91 时圆弧终点是相对圆弧起点的增量值。无论 G90 还是 G91，I 和 J 均是圆心相对圆周弧起点的坐标值，I 是 X 方向值，J 是 Y 方向值。圆心坐标在圆弧插补时不得省略，除非用 R（圆弧半径）编程；G02 指令编程时，可以直接编过象限圆、整圆等；整圆不能用 R 编程；R 为圆弧的半径。R 为带符号数，"＋"表示圆弧角小于或等于 180°；"－"表示圆弧角大于 180°；G02 也可以写成 G2。

例：如图 11-8 所示。

G90 G02 X40 Y20 I-25   J-15 F150;   (圆心坐标编程)
G90 G02 X40 Y20 R35.35 F150;   (半径 R 编程)

④ G03——逆圆插补

格式：

G03 X_ Z_ I_ J_ F_
G03 X_ Z_ R_ F_

说明：用 G03 指令编程时，除圆弧方向相反外，其余跟 G02 指令相同。

例：如图 11-9 所示。

G90 G03 X58 Y50 I10 J8 F150;   (圆心坐标编程)
G90 G03 X58 Z50 R12.81 F150;   (半径 R 编程)

(4) 循环加工指令

G81——外圆(内圆)固定循环

格式：

G81 X_ Z_ R_ I_ K_ F_

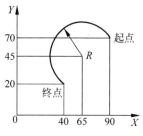

图 11-8 顺圆插补功能

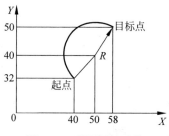

图 11-9 逆圆插补功能

说明：Ⅰ．在绝对坐标模式下，X、Z 为另一个端面（终点）的绝对坐标，相对值编程模式下，X、Z 为终点相对于当前位置的增量值；

Ⅱ．R 为起点截面的加工直径；

Ⅲ．I 粗车进给，K 精车进给，I、K 为有符号数，并且两者符号应相同。符号约定如下：由外向中心轴切削（车外圆）为"＋"（可省略），反之为"－"；

Ⅳ．不同的 X、Z、R 值决定外圆不同的形状，如：有锥度或没有锥度，正向锥度或反向锥度，左切削或右切削等；

Ⅴ．F 为切削加工的进给速度（mm/min）；

Ⅵ．加工结束后，刀具停止在终点上。

例：正向锥度外圆，进行左切削（见图 11-10）。

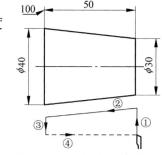

G90 G81 X40 Z100 R30 I-1 K-0.2 F200；(绝对值编程)

G91 G81 X0 Z-50 R30 I-1 K-0.2 F200；(相对值编程)

图 11-10 正向锥度外圆加工

加工过程：

Ⅰ．G01 进刀 2 倍 I（第一刀为 I，最后一刀为 I＋K 精车），进行深度切削；

Ⅱ．G01 两轴插补，切削至终点截面，如果加工结束则停止；

Ⅲ．G01 退刀 I 至安全位置，同时进行辅助切面光滑处理；

Ⅳ．G00 回刀 ΔZ 到起点截面；

Ⅴ．G00 快速进刀至离工件表面 I 处，预留 I 进行下一步切削加工；

Ⅵ．重复至 I。

（5）程序运行控制指令

G04——暂停

格式：

G04 K ××.××

说明：程序延时 K 后面的编程值后，继续向下运行，延时范围 0.01～655.35 s；G04 的程序段里不能有其他指令。

3）常用辅助功能指令

华兴 21S 数控系统的辅助功能指令如表 11-6 所示。

表 11-6　华兴 21S 数控系统的辅助功能指令

代　码	含　义	代　码	含　义
M00	程序停止	M10	工件夹紧
M01	选择停止	M11	工件松开
M02	程序结束并停机	M20	开继电器
M03	主轴正转	M21	关继电器
M04	主轴反转	M24	设定刀补号
M05	主轴停止	M30	程序结束
M08	切削液开	M71～M85	继电器脉冲输出
M09	切削液关		

11.1.3　数控铣削基础

1. 数控铣床及加工中心的分类

数控铣床是出现和使用最早的数控机床。加工中心是在数控铣床的基础上产生的,它把铣削、镗削、钻削等功能集中在一台设备上,使其具有多种工艺功能。目前,加工中心已成为现代机床发展的主流方向,广泛应用于汽车、航空航天、军工、模具等行业。

1) 数控铣床分类

(1) 按机床主轴的布置形式及机床的布局特点分类

① 数控立式铣床。如图 11-11 所示,数控立式铣床的主轴与机床工作台面垂直,工件安装方便,加工时便于观察,但不便于排屑。一般采用固定式立柱结构,工作台不升降,主轴箱作上下运动,并通过立柱内的重锤平衡主轴箱的重量。为保证机床的刚性,主轴中心线与立柱导轨面的距离不能太大,因此这种结构主要用于中小尺寸的数控铣床。

② 数控卧式铣床。如图 11-12 所示,数控卧式铣床的主轴与机床工作台面平行,加工时不便观察,但排屑顺畅。一般配有数控回转工作台,便于加工零件的不同侧面。单纯的数控卧式铣床现在已比较少,而多是在配备自动换刀装置后成为卧式加工中心。

图 11-11　数控立式铣床

图 11-12　数控卧式铣床

③ 数控龙门铣床。对于大尺寸的数控铣床,一般采用对称的双立柱结构,以保证机床的整体刚性和强度,即数控龙门铣床。数控龙门铣床有工作台移动和龙门移动两种形式,它适用于加工飞机整体结构件零件、大型箱体零件和大型模具等,如图 11-13 所示。

图 11-13　数控龙门铣床

（2）按数控系统的功能分类

① 经济型数控铣床。这种数控铣床一般采用经济型数控系统，采用开环控制，可以实现三轴联动。这种数控铣床成本较低，功能简单，加工精度不高，适用于一般复杂零件的加工。一般有工作台升降式和床身式两种类型。

② 全功能数控铣床。这种数控铣床采用半闭环控制或闭环控制，数控系统功能丰富，一般可以实现 4 轴以上联动，加工适应性强，应用最为广泛。

③ 高速数控铣床。这种数控铣床采用全新的机床结构、功能部件和功能强大的数控系统，并配以加工性能优越的刀具系统。加工时主轴转速一般在 8000～40 000 r/min，切削进给速度可达 10～30 m/min，可以对大面积的曲面进行高效率、高质量的加工。但目前这种机床价格昂贵，使用成本也比较高。

2）加工中心的分类

（1）按自动换刀装置分类

① 转塔头加工中心。这种加工中心有立式和卧式两种，主轴数一般为 6～12 个，其换刀时间短、刀具数量少、主轴转塔头定位精度要求较高。一般在小型立式加工中心上采用转塔刀库形式，主要以孔加工为主。

② 刀库＋主轴换刀加工中心。这种加工中心的特点是无机械手式主轴换刀，其换刀是通过刀库和主轴箱的配合动作来完成，并由主轴箱上下运动进行选刀和换刀，一般是采用把刀库放在主轴箱可以运动到的位置，整个刀库或某一刀位能移动到主轴箱可以达到的位置，刀库中刀具的存放位置方向与主轴装刀方向一致。换刀时，主轴运动到刀位上的换刀位置，由主轴直接取走或放回刀具。

③ 刀库＋机械手＋主轴换刀加工中心。这种加工中心结构多种多样，换刀装置是由刀库和机械手组成，换刀机械手完成换刀工作。由于机械手卡爪可同时分别抓住刀库上所选的刀和主轴上的刀，因此换刀时间短，并且选刀时间与加工时间重合，因此得到广泛应用。

（2）按功能特征分类

① 镗铣加工中心。镗铣加工中心以镗铣为主，适用于箱体、壳体类零件加工以及各种复杂零件的特殊曲线和曲面轮廓的多工序加工，适用于多品种、小批量的生产方式。

② 钻削加工中心。钻削加工中心以钻削为主，刀库形式以转塔头形式为主，适用于中、小批量零件的钻孔、扩孔、铰孔、攻螺纹及连续轮廓铣削等多工序加工。

③ 复合加工中心。复合加工中心主要指五面复合加工，可自动回转主轴头，进行立卧加工。主轴自动回转后，在水平和垂直面实现刀具自动交换。

（3）按机床形态分类

① 立式加工中心。立式加工中心指主轴轴心线为垂直状态设置的加工中心，如图 11-14 所示。立式加工中心一般具有 2 个直线运动坐标，工作台具有

图 11-14　立式加工中心

分度和旋转功能,可在工作台上安装一个水平轴的数控转台用以加工螺旋线零件。立式加工中心多用于模具、简单箱体、箱盖、板类零件和平面凸轮的加工。立式加工中心具有结构简单、占地面积小、价格低的优点。

② 卧式加工中心。卧式加工中心指主轴轴线为水平状态设置的加工中心,如图 11-15 所示,一般具有 3～5 个运动坐标。工件在一次装夹后,完成除安装面和顶面以外的其余 4 个表面的加工,它最适合加工箱体类零件。与立式加工中心相比较,卧式加工中心加工时排屑容易,对加工有利,适宜复杂的箱体类零件、泵体、阀体等零件的加工。但卧式加工中心占地面积大,重量大;结构复杂,价格较高。

③ 龙门加工中心。龙门加工中心与龙门铣床类似,如图 11-16 所示。龙门加工中心主轴多为垂直设置,除自动换刀装置以外,还带有可更换的主轴头附件,数控装置的功能也较齐全,能够一机多用,尤其适用于加工大型工件和形状复杂的工件,如航天工业及大型汽车上的某些零件的加工。

图 11-15　卧式加工中心

图 11-16　龙门加工中心

2. 数控铣床及加工中心的结构组成

数控铣床与铣削加工中心的结构大致相同,区别在于数控铣床无自动换刀系统。如未特别说明时,加工中心即是指铣削加工中心。下面就以立式加工中心对机床结构布局进行说明,如图 11-17 所示,它主要由以下几个部分组成。

(1) 基础部件:是加工中心的基础结构,由床身、立柱和工作台等组成,它们主要承受加工中心的静载荷以及在加工时产生的切削负载,因此必须要有足够的刚度。这些大件可以是铸铁件,也可以是焊接而成的钢结构件,它们是加工中心中体积和重量最大的部件。

(2) 主轴部件:由主轴箱、主轴电机、主轴和主轴轴承等零件组成。主轴的启、停和变速等动作均由数控系统控制,是切削加工中的功率输出部件。

(3) 数控系统:由 CNC 装置、可编程控制器、伺服驱动装置以及操作面板等组成。它是执行顺序控制动作和完成加工过程的控制中心。

(4) 自动换刀系统:由刀库、机械手等部件组成。当需要换刀时,数控系统发出指令,由机械手(或通过其他方式)将刀具从刀库内取出装入主轴孔中。

(5) 辅助装置:包括润滑、冷却、排屑、防护、液压、气动和检测系统等部分。这些装置虽然不直接参与切削运动,但对加工中心的加工效率、加工精度和可靠性起着保障作用,是

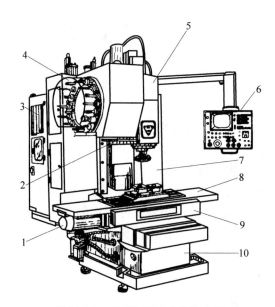

图 11-17   立式加工中心结构布局

1—直流伺服电机；2—换刀机械手；3—数控柜；4—盘式刀库；5—主轴箱；6—机床操作面板；

7—驱动电源柜；8—工作台；9—滑座；10—床身

加工中心不可缺少的部分。

3. 数控铣床及加工中心的主要功能

不同档次数控铣床的功能有较大的差别，但都应具备以下主要功能。

（1）铣削加工。数控铣床一般应具有 3 轴以上的联动功能，能够进行直线插补和圆弧插补。轴联动数越多，对工件的装夹要求就越低，加工工艺范围就越大。

（2）孔及螺纹加工。可以采用孔加工刀具进行钻、扩、铰、锪、镗削等加工，也可以采用铣刀铣削不同尺寸的孔。在数控铣床上可以采用丝锥加工螺纹孔，也可以采用螺纹铣刀铣削内螺纹和外螺纹，比用传统的丝锥加工效率要高很多。

（3）刀具半径补偿功能。使用这一功能，在编程时可以很方便地按工件的实际轮廓形状和尺寸进行编程计算，而加工中可以使刀具中心自动偏离工件轮廓一个刀具半径，从而加工出符合要求的轮廓表面。

（4）刀具长度补偿功能。利用该功能可以自动改变切削平面高度，同时可以降低在制造与返修时对刀具长度尺寸的精度要求，还可以弥补轴向对刀误差。

（5）固定循环功能。利用数控铣床对孔进行钻、扩、铰、锪和镗加工时，加工的基本动作是：刀具无切削快速到达孔位—慢速切削进给—快速退回。对于这种典型化的动作，可以专门设计一段程序，在需要的时候进行调用来实现上述加工循环，此即孔加工固定循环功能。

（6）镜像加工功能。镜像加工也称为轴对称加工。对于一个轴对称形状的工件来说，利用这一功能，只要编出一半形状的加工程序就可完成全部加工。

（7）子程序功能。对于需要多次重复的加工动作或加工区域，可以将其编成子程序，在主程序需要的时候调用它，并且可以实现子程序的多级嵌套，以简化程序的编写。

（8）数据输入输出。数控铣床一般通过 RS232 接口进行数据的输入及输出，包括加工程序和机床参数等，可以在机床与机床之间、机床与计算机之间进行。

（9）数据采集功能。数控铣床在配置了数据采集系统后，就可以通过传感器对工件或实物进行测量和采集。对于仿形数控系统，还能对采集到的数据进行自动处理并生成数控加工程序，这为仿制与逆向设计制造工程提供了有效手段。

（10）自诊断功能。自诊断是数控系统在运转中的自我诊断。数控系统一旦发生故障后，可借助系统的自诊断功能，可以迅速而准确地查明故障原因并确定故障部位。它是数控系统的一项重要功能，对数控机床的维修具有重要作用。

4. 数控铣床的加工对象

数控铣削是机械加工中最常用和最主要的数控加工方法之一。从铣削加工的角度来考虑，适合数控铣削的主要加工对象有三类。

1）平面类零件

加工平行或垂直于水平面，或加工面与水平面的夹角为定角的零件为平面类零件（见图 11-18）。目前在数控铣床上加工的绝大多数零件属于平面类零件。平面类零件的特点是各个加工面是平面，或可以展开成平面。

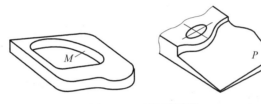

图 11-18　平面类零件

平面类零件是数控铣削加工对象中最简单的一类零件，一般只需用三坐标数控铣床的两坐标联动（即两轴半联动）就可以加工出来。

2）变斜角类零件

加工面与水平面的夹角呈连续变化的零件称为变斜角类零件，如飞机上的整体梁、框、缘条与肋等零件。图 11-19 所示为飞机上的一种变斜角梁缘条，该零件的上表面在第 2 肋至第 5 肋的斜角 α 从 $3°10'$ 均匀变化为 $2°32'$，从第 5 肋至第 9 肋再均匀变化为 $1°20'$，从第 9 肋至第 12 肋又均匀变化为 $0°$。

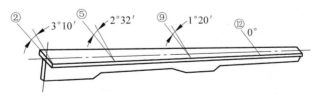

图 11-19　变斜角零件

变斜角类零件的变斜角加工面不能展开为平面，但在加工中，加工面与铣刀圆周接触的瞬间为一条线。最好采用四轴或五轴数控铣床摆角加工，在没有上述机床时，也可采用两轴半联动近似加工。

3）曲面类零件

加工面为空间曲面的零件即曲面类零件，如模具、叶片、螺旋桨等，如图 11-20 所示。曲面类零件的加工面不能展开为平面，加工时，加工面与铣刀始终为点接触。加工曲面类零件一般采用三坐标数控铣床。当曲面较复杂、通道较狭窄、会伤及相邻表面及需刀具摆动时，要采用四坐标或五坐标铣床。

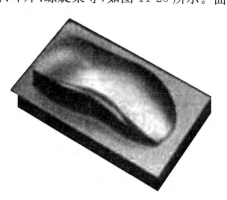

图 11-20　曲面类零件

5. 加工中心的加工对象

针对加工中心的工艺特点，加工中心适宜于加工形状复杂、加工内容多、要求较高，需多种类型的普通机床和众多的工艺装备，且经多次装夹和调整才能完成加工的零件。其主要加工对象有下列几种。

1）既有平面又有孔系的零件

加工中心具有自动换刀装置，在一次安装中，可以完成零件上平面的铣削，孔系的钻削、镗削、铰削及攻螺纹等多工步加工。加工的部位可以在一个平面上，也可以在不同的平面上。因此，既有平面又有孔系的零件是加工中心首选的加工对象，这类零件常见的有箱体类零件和盘、套、板类零件等，如图 11-21 所示。

图 11-21　以平面和孔系为主的零件

2）结构形状复杂的零件

加工主要表面由复杂曲线、曲面组成的零件时，需要多轴联动加工，这在普通机床上是难以甚至无法完成的，加工中心是加工这类零件的最有效设备。最常见的典型零件有凸轮类零件、整体叶轮和模具类零件等，如图 11-22 所示。

图 11-22　结构形状复杂的零件

3) 外形不规则的异型零件

异形零件是指支架、拨叉这一类外形不规则的零件,例如图 11-23 所示的异形支架,大多数要求点、线、面多工位混合加工。由于外形不规则,普通机床上只能采取工序分散的原则加工,需用工装较多,周期较长。利用加工中心多工位点、线、面混合加工的特点,可以完成大部分甚至全部工序的内容。

图 11-23　异形支架

4) 加工精度要求较高的中、小批量零件

针对加工中心加工精度高、尺寸稳定等特点,对加工精度要求较高的中、小批量零件,选择加工中心加工,容易获得所要求的尺寸精度和形状位置精度,并可实现良好的互换性。

11.2　基 本 技 能

11.2.1　数控加工安全技术

1. 数控车床的安全操作规程

(1) 工作时,应穿戴好劳保用品,女生应带发网,禁止戴手套操作数控机床。

(2) 数控机床的开机时,一般是先合闸(强电),再开启操作系统(弱电);关机则相反。否则易丢失数据,并可能损坏操作系统。

(3) 机床开始工作前要预热,认真检查润滑系统工作是否正常,如机床长时间未起动,可先采用手动方式向各部分供给润滑油润滑。

(4) 主轴启动开始切削前,各坐标轴应先回零;并检查工件、刀具是否装夹稳妥;工作区内是否存在杂物;关好防护罩门。

(5) 在程序正常运行中,禁止随意开启防护罩门,禁止打开电器柜门,禁止按下"急停"和"复位"等按钮。

(6) 在加工过程中,禁止用手接触刀尖和切屑;禁止用手或其他任何方式接触正在旋转的主轴、工件或其他运动部位;禁止在加工过程中用棉丝擦拭工件,也不得清扫机床。

(7) 未经主管人员同意,不得随意更改控制系统内制造厂家设定的参数;不得擅自更改零件加工程序。

(8) 机床运转中,操作者不得擅自离开岗位;机床发生异常现象时,应立即停下机床,注意保护现场,并及时向维修人员报告。

(9) 加工结束后,应及时清除切屑、擦拭机床,使机床与环境保持在清洁状态;不允许采用压缩空气清洗机床、电气柜及数控单元。

2. 数控车床的安全处理技术

1) 急停处理

当加工过程中出现紧急情况时,可执行紧急停止功能,一般步骤如下:

（1）按下操作面板上的急停按钮（大多为圆形红色按钮）。此时主轴、进给系统电源被切断，主轴停转，各轴停止移动。

（2）释放急停按钮解除紧急状态。一般通过向右旋转急停按钮，再按复位键实现。

（3）检查并消除故障。

2）超程处理

在手动、自动加工过程中，若机床移动部件超出其运动的极限位置（软件行程限位或机械限位），则系统屏幕超程报警，蜂鸣器尖叫或红色警报灯亮，机床锁住。处理方法一般为：

（1）解除报警，软超程一般可按复位键实现。

（2）手动将超程部件移至安全行程内。

3）报警处理

数控机床的数控系统对其软、硬件及故障具有自我诊断能力，该功能用于监视整个加工过程是否正常，并及时报警。

报警形式常见有程序出错、操作出错、超程、各类接口错误、伺服系统出错、数控系统出错、刀具破损等。

具体的报警处理方法因机床而异。一般当 CRT 屏幕上有出错代号显示时，可根据代号查阅维修手册查出产生故障的原因，采取相应措施。当屏幕无出错显示时，可用自诊断功能或维修手册查出产生故障的原因，或请专业技术人员进行维修。

11.2.2　数控加工实作训练

1. 数控车削实作训练

1）训练目的

（1）了解数控加工的原理及应用。

（2）熟悉数控车床的基本操作。

（3）初步掌握数控加工工艺及编程技巧。

2）训练设备

（1）机床与型号：华兴 21S 数控车床，型号 CK616。

（2）工件毛坯：$\phi22$ mm 的铝合金棒料。

（3）刀具材料及类型：高速钢尖刀、高速钢切断刀。

（4）夹具：三爪自定心卡盘。

（5）量具：钢板尺、游标卡尺。

3）训练内容

零件设计图如图 11-24 所示。

（1）确定加工工艺

① 车右端面；

② 采用固定循环指令分别车 $\phi18$ mm、$\phi14$ mm 和 $\phi10$ mm 的外圆；

③ 采用固定循环指令车锥面；

④ 车圆弧；

⑤ 倒角；

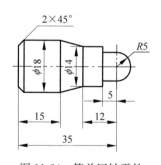

图 11-24　简单回转零件

⑥ 切断。

（2）选择刀具及切削用量

选择 90°车刀加工端面、外圆、锥面和圆弧，刀号 T01；选择切断刀倒角和切断，刀宽 3 mm，刀号 T02。刀具材料均为高速钢。

车端面时，主轴转速为 800 r/min，进给量为 80 mm/min；车外圆、锥面时，主轴转速为 800 r/min，进给量为 60 mm/min；车圆弧时，主轴转速为 800 r/min，进给量为 50 mm/min；倒角时，主轴转速为 500 r/min，进给量为 30 mm/min；切断时，主轴转速为 500 r/min，进给量为 20 mm/min。

（3）选择夹具及工件安装

由于零件较短，且为圆棒料，故可选择三爪自定心卡盘进行夹紧。夹紧时，注意棒料与卡盘的同轴度要求。

（4）设置编程原点及换刀点

选择零件右端面圆弧与中心线交点为工件坐标系原点，换刀点可设为(60,60)。

（5）数值计算

该零件刀具轨迹所用节点均可从图中直观得出，不需专门计算。

（6）编制加工程序（见表 11-7）

表 11-7　简单回转零件的加工程序示例

程　　　序	注　　　释
P15	主程序名
N010 M03 S800 T01；	主轴正转，转速 800 r/min，换 T01 刀
N020 G00 X24 Z0；	刀具快速定位
N030 G01 X0 F80；	车端面，进给量为 80 mm/min
N040 G00 X22 Z2；	退刀
N050 G81 X18 Z-43 R18 I-2 K-0.6 F60；	循环加工，车 ϕ18 mm 圆柱面，进给率为 60 mm/min
N060 G00 X20 Z2；	退刀
N070 X18；	退刀
N080 G81 X14 Z-17 R14 I-2 K-0.6 F60；	循环加工，车 ϕ14 mm 圆柱面
N090 G00 X16 Z2；	退刀
N100 X14；	退刀
N110 G81 X10 Z-10 R10 I-2 K-0.6 F60；	循环加工，车 ϕ10 mm 圆柱面
N120 G00 X16 Z2；	退刀
N130 Z-15；	退刀
N140 G81 X18 Z-28 R14 I-2 K-0.6 F60；	循环加工，车圆锥面
N150 G00 X18 Z2；	退刀
N160 X0；	退刀
N170 G03 X12 Z-5 R6 F50；	加工 R6 圆弧面，进给量为 50 mm/min
N180 G00 X14 Z2；	退刀
N190 X0；	退刀
N200 G03 X10 Z-5 R5 F50；	加工 R5 圆弧面，进给率为 50 mm/min

续表

程　序	注　释
N210 G00 X60 Z60；	退刀
N220 M03 S500 T02；	换 T02 刀，转速 500 r/min
N230 G00 X20 Z-43；	刀具快速定位
N240 G01 X13 F20；	切槽，进给率为 20 mm/min
N250 G00 X16；	退刀
N260 G01 X18 Z-42 F30；	倒角，进给率为 30 mm/min
N270 G00 Z-43；	退刀
N280 X14；	退刀
N290 G01 X18 Z-41 F30；	倒角，进给率为 30 mm/min
N300 G00 Z-43；	退刀
N310 X14；	退刀
N320 G01 X0 F20；	切断，进给率为 20 mm/min
N330 M02；	程序结束
N340 M30；	返回程序开头

（7）加工实作步骤

① 在 PRGRM 主功能下，输入程序 P15，并保存；

② 在 OPERA 主功能的模拟画面上，输入毛坯外圆直径 22、长度 55 进行图形模拟加工；

③ 在 PARAM 主功能下，T01、T02 分别对刀，并在补偿页 OFFSET 中输入刀具偏量；

④ 在 PRGRM 主功能下，选择自动加工，然后启动循环开始键，即实现自动加工；

⑤ 零件加工完毕后，用游标卡尺等进行检测，根据检测结果修正加工程序。

2．数控铣削操作训练

1）训练目的

（1）了解数控铣削加工的加工工艺；

（2）熟悉数控铣床的基本操作；

（3）掌握平面类零件数控编程的技能技巧。

2）设备及工具

（1）机床：数控铣床 XH714，FANUC 系统。

（2）刀具：ϕ16 mm 的高速钢立铣刀。

（3）夹具：平口虎钳。

（4）量具：游标卡尺等。

（5）工件材料：铝。

3）训练内容与步骤

（1）零件图分析

图 11-25 所示零件内槽已粗加工完，尚留余量 3 mm，编写半精铣、精铣加工程序。要求

刀具每次切深不大于 4 mm,工件厚度为 10 mm。

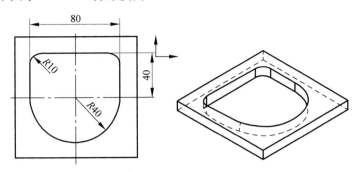

图 11-25 平面类零件

(2) 工艺分析

① 装夹定位的确定。装夹采用平口钳。

② 加工刀具的确定。采用 $\phi16$ mm 的立铣刀,根据要求设定 Z 向行程三次,分别取背吃刀量 a_p 为 3 mm、4 mm,3 mm。

③ 切削用量的确定。主轴转速 1200 r/min,进给速度 60 mm/min,利用刀具半径补偿进行粗、精加工,同一刀具采用不同的半径补偿值,两次切除余量,其中半精铣侧吃刀量 $a_e=2.7$ mm、精铣侧吃刀量 $a_e=0.3$ mm。刀具补偿参数见表 11-8。

表 11-8　刀具补偿值　　　　　　　　　　　　　　　　　　　mm

刀具号	名称	刀长测量值	刀长补偿值	刀长补偿号	刀具直径测量值	刀具半径补偿值	刀具半径补偿号
T01	$\phi16$ 立铣刀	85.6	85.6	D01	16.006	10.7 8.003	D11 D12

(3) 确定加工坐标原点

工件坐标原点定在 $R40$ 圆弧的圆心,Z 向为工件上表面。

(4) 编写加工程序

程序如表 11-9 所示。

表 11-9　加工程序清单及注释

程　序	注　释
O0001;	第 7 号主程序
G54 G90 G80 G9 G0;	建立工件坐标系,绝对坐标编程,取消补偿
G28 Z100;	刀具返回参考点
T01 M06;	换 1 号刀
G00 X0 Y0 S1200 M03;	到原点上方,主轴正转
G43 Z50 D01 M08;	刀具长度补偿,到安全平面,开冷却液
Z1.0 D11;	快速到 R 面,调补偿号 D11
M98 P0008 L3;	调 08 号子程序,执行三次,沿 Z 向切削三层,半精镜
G90 G00 Z1.0 D12;	快速到 R 面,调补偿号 D12

续表

程　序	注　释
M98 P0008 L3；	调08号子程序，执行三次，沿Z向切削三层，精镜
G90 G00 Z100；	
G49 X0 Y0 Z100；	取消刀具补偿
M30；	程序结束
子程序	解释
O0008；	08号子程序
G91 G00 Z-4；	Z向进刀一次（−4 mm）
M98 P0018；	调18号子程序
M99；	返回主程序
O0018；	18号子程序（切削一层内轮廓）
G90 G01 G41 X-20 Y-20 F60；	建立刀具补偿
G03 X0 Y-40 R20；	圆弧轨迹，切向进刀切入
G01 X30；	以下为切削内轮廓一次
G03 X40 Y-30 R10；	
G01 Y0；	
G03 X-40 I-40 J0；	
G01 Y-30；	
G03 X-30 Y-40 R10；	
G01 X0；	内轮廓切完
G03 X20 Y-20 R20；	圆弧轨迹，切向切出
G01 G40 X0 Y0；	返回原点，取消刀具半径补偿
M99；	返回主程序

复习思考题

1. 数控加工的工作过程是怎样的？
2. 数控加工与传统加工相比，有哪些优点？
3. 数控车床编程的特点是什么？
4. 加工中心与数控铣床有哪些区别？
5. 如何编制数控加工程序？

CHAPTER 12

特种加工

12.1 线 切 割

12.1.1 线切割加工

1. 线切割加工原理

电火花线切割是利用连续移动的细金属导线(称作电极丝,铜丝或钼丝)作为工具电极(接高频脉冲电源的负极),对工件(接高频脉冲电源的正极)进行脉冲火花放电腐蚀、切割加工。其加工原理如图 12-1 所示,加上高频脉冲电源后,在工件与电极丝之间产生很强的脉冲电场,使其间的介质被电离击穿,产生脉冲放电。电极丝在储丝筒的作用下作正、反向交替(或单向)运动,在电极丝和工件之间浇注工作液介质,在机床数控系统的控制下,工作台相对电极丝在水平面两个坐标方向各自按预定的程序运动,从而切割出需要的工件形状。

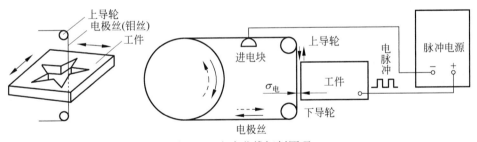

图 12-1 电火花线切割原理

2. 线切割加工的特点及应用

电火花线切割加工与成形加工相比较,主要有以下特点:

(1) 不需要制作成形电极,工件材料的预加工量少,节省了电极设计和制造的费用,缩短了生产周期。

(2) 能方便地加工形状复杂、细小的通孔和外形表面。

(3) 电火花线切割加工基本是一次加工成形,一般不需要中途转换规准。

(4) 电极损耗小,加工精度高。快走丝线切割采用低损耗电源且电极丝高速移动;慢走丝线切割单向走丝,在加工区域总是保持新电极加工,因而电极损耗极小,有利于加工精度的提高。

（5）快走丝线切割加工选用水基工作液，配制方便、价格低廉，而且不易引发火灾。

（6）自动化程度高，操作方便，加工周期短，成本低，安全可靠。

线切割广泛用于加工直壁或带有锥度的模具零件、样板、各种形状复杂的细小零件等。如形状复杂、带有尖角窄缝的小型凹模的型孔可采用整体结构在淬火后加工，这样既能保证模具精度，又可简化模具设计和制造。此外，线切割加工还可用于加工电火花成形加工用的电极，以及在试制新产品时制作样件等。

3. 线切割加工机床

1）线切割加工机床的分类

电火花线切割加工的分类方式很多，常见的有以下几种。

（1）按走丝速度分

① 快走丝线切割机床：走丝速度为 $8 \sim 10$ m/s，国产线切割机床绝大部分是快走丝线切割机床，它的价格和运行费用大大低于慢走丝线切割机床，但切割速度及加工精度较低。

② 慢走丝线切割机床：走丝速度为 $10 \sim 15$ m/min，国外生产的线切割机床属于慢走丝线切割机床，它的价格和运行费用较高，但切割速度和加工精度也较高。

（2）按控制轴的数量分

① X、Y 两轴控制：只能切割垂直的二维工件。

② X、Y、U、V 四轴控制：能切割带锥度的工件。

（3）按丝架结构形式分

① 固定丝架：切割工件的厚度一般不大，而且最大切割厚度不能调整。

② 可调丝架：切割工件的厚度可以在最大允许范围内进行调整。

2）线切割加工机床的结构

电火花数控线切割机床主要由机床本体、脉冲电源、数控装置三大部分组成。

（1）机床本体

机床本体是数控线切割加工设备的主要部分，主要由床身、工作台、丝架、运丝机构、工作液循环系统等几部分组成，如图 12-2 所示。

图 12-2　高速走丝数控线切割机床

① 床身：通常为铸铁件，是机床的支承体，上面装有工作台、丝架、运丝机构，其结构为箱式结构，内部安装电源和工作液箱。

② 工作台：用来装夹工件，其工作原理是驱动电机通过变速机构将动力传给丝杠螺母副，并将其变成坐标轴的直线运动，从而获得各种平面图形的曲线轨迹。工作台主要由上、下拖板，丝杠螺母副，齿轮传动机构和导轨等组成。上、下拖板采用步进电机带滚珠丝杠副驱动。

③ 丝架：用来支撑电极丝，通过导轮将电极丝引到工作台上，并通过导电块将高频脉冲电源连接到电极丝上。对于具有锥度切割的机床，丝架上还装有锥度切割装置。丝架的主要功能是在电极丝按给定的线速度运动时，对电极丝起支撑作用，并使电极丝与工作台平面保持一定的几何角度。丝架按功能可分为固定式、升降式和偏移式三种类型。按结构可分为悬臂式和龙门式两种类型。固定式丝架的上下丝臂固定连接，不可调节，刚性好，加工稳定性高。活动丝架可适用不同厚度的工件加工，加工范围大。

④ 走丝机构：分为高速走丝机构和低速走丝机构。目前国内生产的数控线切割机床基本都是高速走丝机构。高速走丝机构的主要作用是带动电极丝按一定线速度运动，并将电极丝整齐地卷绕在储丝筒上。

⑤ 工作液循环系统：在加工中不断向电极丝与工件之间冲入工作液，迅速恢复绝缘状态，以防止连续的弧光放电，并及时把蚀除下来的金属微粒排出去。

（2）脉冲电源

脉冲电源是电火花线切割机床加工的能量提供者，是数控电火花线切割机床的主要组成部分。它在两极之间产生高频高压的电脉冲，使电极丝与工件形成脉冲放电，通常又叫高频电源。其功能是把工频的正弦交流电流转变成适应电火花加工需要的脉冲电流，以提供电火花加工所需的放电能量。脉冲电流的性能好坏将直接影响加工的切割速度、工件的表面粗糙度、加工精度以及电极丝的损耗等。

（3）数控装置

数控电火花线切割机床控制系统的主要功能有以下两个。

① 轨迹控制：精确地控制电极丝相对于工件的运动轨迹。

② 加工控制：控制伺服进给速度、电源装置、走丝机构、工作液系统等。

现在的电火花线切割机床基本上都直接采用微型计算机控制。除了对机床的各运动坐标进行速度和位置的控制外，线切割的数控装置还需要根据放电状态，控制电极丝与工件的相对运动速度，以保证正确的放电间隙(0.01 mm)。

4. 线切割加工工艺

数控线切割加工，一般是作为工件加工中的精加工工序，即按照图样的要求，使工件达到图形形状、尺寸和位置精度、表面粗糙度等各项工艺指标。因此做好加工前的准备，安排好加工工艺路线，合理选择和设定加工参数，是非常重要的。

1）工件材料的选定和处理

工件材料选型是由图样设计时确定的。如模具加工，在加工前需要锻打和热处理。锻打后的材料在锻打方向与其垂直方向会有不同的残余应力；淬火后也同样会出现残余应力。对于这种加工，在加工中残余应力的释放，会使工件变形，而达不到加工尺寸精度，淬火不当的材料还会在加工中出现裂纹，因此，工件应在回火后才能使用，而且回火要两次以上或者采用高温回火。另外，加工前要进行消磁处理及去除表面氧化皮和锈斑等。

2）工件的工艺基准

线切割时，除要求工件具有工艺基准面或工艺基准线外，还必须具有线切割加工基准。由于线切割加工多为模具或零件加工的最后一道工序，因此，工件大多具有规则、精确的外形。若外形具有与工作台 X、Y 平行并垂直于工作台水平面的两个面并符合六点定位原则，则可以选取一面作为加工基准面。

若工件侧面的外形不是平面，在工件技术要求允许的条件下可以加工出工艺平面作为基准。工件上不允许加工工艺平面时，可以采用划线法在工件上划出基准线，但划线仅适用于加工精度不高的零件。若工件一侧面只有一个基准平面或只能加工出一个基准面时，则可用预先已加工的工件内孔作为加工基准。这时不论工件上的内孔原设计要求如何，必须在机械加工时使其位置和尺寸精确度适应其作为加工基准的要求。若工件以划线为基准时，则要求工件必须具有可作为加工基准的内孔。工件本身无内孔时，可用位置和尺寸都准确的穿丝孔作为加工基准。

3）电极丝的选择

应根据工件加工的切缝宽窄、工件厚度和拐角尺寸大小的要求选择电极丝的直径。表 12-1 是电火花线切割使用的电极丝。

表 12-1　各种电极丝的特点

材　质	直径/mm	特　　点
纯铜	0.1～0.25	适合于切割速度要求不高的精加工时用。丝不易卷曲，抗拉强度低，容易断丝
黄铜	0.1～0.30	适合于高速加工，加工面的蚀屑附着少，表面粗糙度和加工面的平直度也较好
专用黄铜	0.05～0.35	适合于高速、高精度和理想的表面粗糙度加工以及自动穿丝，但价格高
钼	0.06～0.25	由于它的抗拉强度高，一般用于高速走丝，在进行细微、窄缝加工时，也可用于低速走丝
钨	0.03～0.1	由于抗拉强度高，可用于各种窄缝的细微加工，但价格昂贵

为了满足切缝和拐角的要求，需要选用线径细的电极丝，但是线径一细，能够加工的工件厚度也会受到限制。表 12-2 列出线径、拐角 R 极限和能加工的工件厚度的极限。

表 12-2　线径、拐角 R 极限和能加工的工件厚度的极限

材　料	直径 ϕ/mm	拐角 R 极限 /mm	切割工件厚度 /mm	材　料	直径 ϕ/mm	拐角 R 极限 /mm	切割工件厚度 /mm
钨	0.05	0.04～0.07	0～10	黄铜	0.15	0.10～0.16	0～50
	0.07	0.05～0.10	0～20		0.20	0.12～0.20	0～100 以上
	0.10	0.07～0.12	0～30		0.25	0.15～0.22	0～100 以上

加工槽宽，一般随电极丝张力的增加而减少，随电参数的增大而增加，因此拐角的大小

是随加工条件而变化的。

通过对加工条件的选择,能加工的工件厚度可大于表中的值,但容易使加工表面产生纹路,使拐角部位的塌角形状恶化。

4) 穿丝孔的加工

凹形类封闭形工件在切割前必须具有穿丝孔,以保证工件的完整性。凸形类工件的切割也有必要加工穿丝孔。由于坯件材料在切断时,会破坏材料内部应力的平衡状态而造成材料的变形,影响加工精度,严重时甚至造成夹丝、断丝。当采用穿丝孔时,可以使工件坯料保持完整,从而减少变形所造成的误差,如图 12-3 所示。

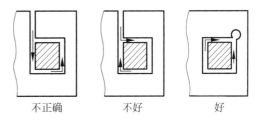

图 12-3　加工穿丝孔与否、切割凸模的比较

在切割中小孔形凹形类工件时,穿丝孔位于凹形的中心位置操作最为方便。因为这既能保证穿丝孔加工位置,又便于控制坐标轨迹的计算。

在切割凸形工件或大孔形凹形类工件时,穿丝孔应设置在加工起始点附近,这样可以大大缩短无用切割行程。穿丝孔的位置,最好选在已知坐标点或便于计算的坐标点上,以简化有关轨迹控制的运算。

穿丝孔的直径不宜太小或太大,以钻或镗孔工艺简便为宜,一般选在 3~10 mm 范围内。孔径最好选取整数值或较完整数值,以简化用其作为加工基准的运算。

由于多个穿丝孔都要作为加工基准,因此,在加工时必须确保其位置精度和尺寸精度。这就要求穿丝孔应在具有较精密坐标工作台的机床上进行加工。为了保证孔径尺寸精度,穿丝孔可采用钻铰、钻镗或钻车等较精密的机械加工方法。穿丝孔的位置精度和尺寸精度,一般要等于或高于工件要求的精度。

5) 加工路线的选择

在加工中,工件内部应力的释放要引起工件的变形,所以在选择加工路线时,必须注意以下几点:

(1) 避免从工件端面开始加工,应从穿丝孔开始加工,参见图 12-4。

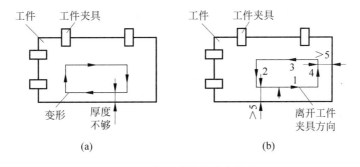

图 12-4　加工路线的决定方法

(a) 从端面开始加工(不正确); (b) 从预孔开始加工(正确)

(2) 加工的路线距离端面(侧面)应大于 5 mm。

(3) 加工路线开始应从离开工件夹具的方向进行加工(即不要一开始加工就趋近夹

具），最后再转向工件夹具的方向。如图 12-4 所示由 1 段至 2、3、4 段。

（4）在一块毛坯上要切出两个以上零件时，不应连续一次切割出来，而应从不同预孔开始加工，参见图 12-5。

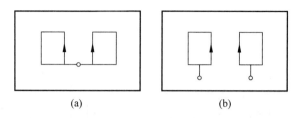

（a）　　　　　　　　　　（b）

图 12-5　从一块工件上加工两个以上零件的加工路线

（a）从一个预孔开始加工；（b）从不同预孔开始加工

6）工件的装夹

线切割加工机床的工作台比较简单，一般在通用夹具上采用压板固定工件。为了适应各种形状的工件加工，机床还可以使用旋转夹具和专用夹具。工件装夹的形式与精度对机床的加工质量及加工范围有着明显的影响。工件装夹一般有如下要求：

（1）待装夹的工件其基准部位应清洁无毛刺，符合图样要求。对经淬火的模件在穿丝孔或凹模类工件扩孔的台阶处，要清除淬火时的渣物及工件淬火时产生的氧化膜表面，否则会影响其与电极丝间的正常放电，甚至卡断电极丝。

（2）所有夹具精度要高，装夹前先将夹具与工作台面固定好。

（3）保证装夹位置在加工中能满足加工行程需要，工作台移动时不得和丝架臂相碰，否则无法进行加工。

（4）装夹位置应有利于工件的找正。

（5）夹具对固定工件的作用力应均匀，不得使工件变形或翘起，以免影响加工精度。

（6）成批零件加工时，最好采用专用夹具，以提高工作效率。

（7）细小、精密、壁薄的工件应先固定在不易变形的辅助小夹具上才能进行装夹，否则无法加工。

7）工件位置的找正

在工件安装到机床工作台上后，在进行夹紧前，应先进行工件的平行度校正，即将工件的水平方向调整到指定角度，一般为工件的侧面与机床运动的坐标轴平行。工件位置校正的方法有以下几种：

（1）拉表法。拉表法是利用磁力表座，将百分表固定在丝架或者其他固定位置上，百分表头与工件基面进行接触，往复移动 XY 坐标工作台，按百分表指示数值调整工件。必要时校正可在三个方向进行。

（2）划线法。工件等切割图形与定位的相互位置要求不高时，可采用划线法。固定在丝架上的一个带有顶丝的零件将划针固定，划针尖指向工件图形的基准线或基准面，往复移动 XY 坐标工作台，根据目测调整工件进行找正。

（3）固定基面靠定法。利用通用或专用夹具纵横方向的基准面，经过一次校正后，保证基准面与相应坐标方向一致。于是具有相同加工基准面的工件可以直接靠定，尤其适用于多件加工。

8）电极丝与工件的相对位置

电极丝与工件的相对位置,可用电极丝与工件接触短路的检测功能进行测定。这时应给电极丝加上比实际加工时大 30％～50％ 的张力,并让电极丝在匀速条件下运行(启动走丝)。

5. 线切割编程基础

线切割加工的编程方法分为手工编程和计算机编程。手工编程的计算工作比较繁杂,花费时间较多。近年来,由于计算机技术的飞速发展,线切割编程大都采用计算机编程。高速走丝线切割机床一般采用 B 代码格式,而低速走丝线切割机床一般采用国际上通用的 ISO(G 代码)格式。目前市场上很多自动编程软件既可以输出 B 代码,又可以输出 G 代码。

1）ISO 程序格式

ISO 代码是国际标准化组织制定的通用数控编程格式。对线切割而言,程序段的格式为:

N ＿＿＿＿ G ＿＿＿＿ X ＿＿＿＿ Y ＿＿＿＿ I ＿＿＿＿ J

其中:N——程序段号,后为 1～4 位数字序号。

　　　G——准备功能,其后的两位数字表示不同的功能,如表 12-3 所示。

　　　X、Y——直线或圆弧终点坐标值,以 μm 为单位,为 1～6 位数。

　　　I、J——圆弧的圆心对圆弧起点的坐标值,以 μm 为单位,为 1～6 位数。

表 12-3　常用的准备功能

G0	表示点定位
G01	表示直线(斜线)插补
G02	表示顺圆插补
G03	表示逆圆插补
G04	表示暂停
G40	表示丝径(轨迹)补偿(偏移)取消
G41、G42	表示丝径向左、右补偿偏移(沿钼丝的进给方向看)
G90	表示选择绝对坐标方式输入
G91	表示选择增量(相对)坐标方式输入
G92	为工作坐标系设定

2）3B 程序格式

我国数控线切割机床采用统一的 3B 程序,其程序段格式为:

BXBYBJGZ

其中:B——分隔符号,因为 X、Y、J 均为数码,需用 B 将它们区分开来,若 B 后数字为 0,则
　　　0 可以不写。

　　　X、Y——加工圆弧时,坐标原点取在圆心,X、Y 为起点坐标值。加工斜线时,坐标原
　　　　　　点取在起点,X 及 Y 为终点坐标值,并允许将 X 及 Y 坐标值按相同的比例缩

小或放大，以 μm 为单位。

J——计数长度，以 μm 为单位。编制程序的计算误差应小于 $1\ \mu m$。当 X 或 Y 为零时，可以不写。J 应写足六位数，如 $J = 1980\ \mu m$，应写成 001980。

G——计数方向，指明计数长度 J 的轴向，G_X、G_Y 分别表示计数方向是拖板 X 轴向，Y 轴向。

Z——加工指令，Z 共有 12 种，如图 12-6 所示。

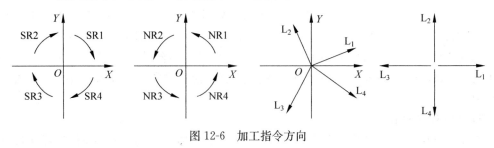

图 12-6　加工指令方向

12.1.2　线切割安全技术与基本操作

1. 线切割加工的安全操作规程

（1）操作者必须熟悉特种加工机床的操作技术，开机前应按设备润滑要求，对机床有关部位注油润滑。

（2）操作者必须熟悉特种加工的加工工艺，适当地选取加工参数，按规定操作顺序合理操作，防止造成断丝等故障的发生。

（3）用手摇柄操作储丝筒后，应及时将摇柄拔出，防止储丝筒转动时将摇柄甩出伤人。废丝要放在规定的容器内，防止混入电路和走丝系统中，造成电器短路、触电和断丝事故。停机时，要在储丝筒刚换向后时尽快按下停止按钮，防止因储丝筒惯性造成断丝及传动件碰撞。

（4）正式加工工件之前，应确认工件位置是否安装正确，防止碰撞丝架和因超程撞坏丝杠、螺母等传动部件。对于无超程限位的工作台，要防止超程坠落事故。

（5）在加工之前应对工件进行热处理，尽量消除工件的残余应力，防止加工过程中工件爆裂伤人。

（6）在检修机床、机床电器、脉冲电源、控制系统之前，应注意切断电源，防止损坏电路元件和触电事故的发生。

（7）禁止用湿手按开关或接触电器部分。

（8）防止工作液等导电物进入电器部分，一旦发生因电器短路造成火灾时，应首先切断电源，立即用四氯化碳等合适的灭火器灭火，不准用水救火。

（9）机床附近不得放置易燃、易爆物品。

（10）定期检查机床的保护接地是否可靠，注意各部位是否漏电，尽量采用防触电开关。合上加工电源后，不可用手或手持导电工具的同时接触脉冲电源的两输出端（床身与工件），以防触电。

（11）停机时，应先停高频脉冲电源，再停工作液，让电极丝运行一段时间，等储丝筒反向后再停走丝。工作结束后，关掉总电源，擦净工作台及夹具，并润滑机床。

2．线切割加工机床的基本操作

加工前先准备好工件毛坯、压板、夹具等装夹工具。若需切割内腔形状工件，毛坯应预先打好穿丝孔，然后按以下步骤操作：

（1）启动机床电源进入系统，编制加工程序。

（2）检查系统各部分是否正常，包括高额、水泵、丝筒等的运行情况。

（3）进行储丝筒上丝、穿丝和电极丝找正操作。

（4）装夹工件，根据工件厚度调整 Z 轴至适当位置并锁紧。

（5）移动 X、Y 轴坐标确定切割起始位置。

（6）开启工作液泵，调节泵嘴流量。

（7）调整加工参数，运行加工程序。

（8）监控运行状态，如发现工作液循环系统堵塞，应及时疏通，及时清理电蚀产物，但在整个切割过程中，均不宜变动进给控制按钮。

（9）每段程序切割完毕后，一般都应检查纵、横拖板的手轮刻度是否与指令规定的坐标相符，以确保高精度零件加工的顺利进行，如出现差错，应及时处理，避免加工零件报废。

12.1.3　线切割加工操作训练

1．训练目的

（1）了解线切割加工工艺。

（2）熟悉线切割机床的基本操作。

2．训练设备

（1）机床：快走丝数控线切割机床。

（2）工件材料：Q235。

3．训练内容

按照技术要求，完成图 12-7 所示五角星的加工。

1）零件图工艺分析

经过分析图纸，该零件尺寸要求比较严格，但是由于原材料是 2 mm 厚的钢板，因此装夹比较方便。编程时要注意偏移补偿的给定，并留够装夹位置。

2）确定装夹位置及走刀路线

为了减小材料内部组织及内应力对加工精度的影响，要选择合适的走刀路线，如图 12-8 所示。

图 12-7   五角星

图 12-8   装夹位置

（1）用 CAXA 线切割绘图软件，利用正多边形、直线及裁剪、删除等命令，绘制五角星，如图 12-9 所示。

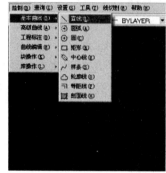

图 12-9   绘制五角星

（2）生成加工轨迹并进行轨迹仿真。生成加工轨迹时，注意穿丝点的位置应选在图形的角点处，减小累积误差对工件的影响，如图 12-10 所示。

（3）生成 3B 代码程序，如图 12-11 所示。

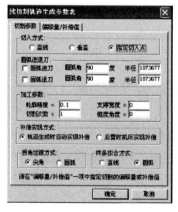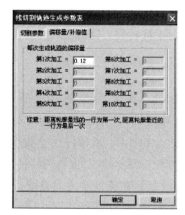

图 12-10   五角星加工轨迹生成

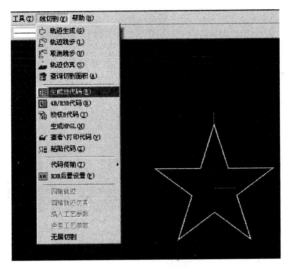

图 12-11 生成 3B 代码

3B 代码程序如表 12-4 所示。

表 12-4 3B 代码程序

Start Point	=	0.00000,	18.00000	;	X,	Y
N 1:B	0 B	2612 B	2612 GY	L4;	0.000,	15.388
N 2:B	3455 B	10633 B	10633 GY	L4;	3.455,	4.755
N 3:B	11180 B	0 B	11180 GX	L1;	14.635,	4.755
N 4:B	9045 B	6571 B	9045 GX	L3;	5.590,	−1.816
N 5:B	3455 B	10633 B	10633 GY	L4;	9.045,	−12.449
N 6:B	9045 B	6571 B	9045 GX	L2;	0.000,	−5.878
N 7:B	9045 B	6571 B	9045 GX	L3;	−9.045,	−12.449
N 8:B	3455 B	10633 B	10633 GY	L1;	−5.590,	−1.816
N 9:B	9045 B	6571 B	9045 GX	L2;	−14.635,	4.755
N 10:B	11180 B	0 B	11180 GX	L1;	−3.455,	4.755
N 11:B	3455 B	10633 B	10633 GY	L1;	0.000,	15.388
N 12:B	0 B	2612 B	2612 GY	L2;	0.000,	18.000
N 13:DD						

（4）程序传输。3B 代码程序生成后，利用代码传输命令，将程序从计算机传输到控制器。如图 12-12（a）所示，选择代码传输中应答传输选项，并在控制器控制面板（图 12-12（b））中依次按待命、上档键，然后输入程序段起始段号（如"1"），最后按"通讯"键。

3）调试机床

调试机床应校正钼丝的垂直度（用垂直校正仪或校正模块），检查工作液循环系统及运丝机构是否正常。

4）装夹及加工

（1）将坯料放在工作台上，保证有足够的装夹余量，然后固定夹紧，工件左侧悬置。

　　(a)

　　(b)

图 12-12　代码传输及接收

（2）将电极丝移至穿丝点位置，注意别碰断电极丝，准备切割。

5）选择合适的电参数，进行切割

此零件作为样板要求切割表面质量，而且板比较薄，属于粗糙度型加工，故选择切割参数为：最大电流 3；脉宽 3；间隔比 4；进给速度 6。

加工时应注意电流表、电压表数值应稳定，进给速度应均匀。

12.2　激 光 雕 刻

激光加工是目前最先进的加工技术之一。根据加工工艺可分为激光雕刻加工和激光内雕加工两种，主要利用高能激光对材料表面进行雕刻和对水晶材料内部进行熔蚀，以获取所需图像，主要的设备包括计算机、激光雕刻机和激光内雕机。使用激光雕刻和内雕的过程非常简单，利用图形（或图像）处理软件进行图形设计之后，将图形（或图像）数据传输到激光雕刻机和内雕机中，就可以将图形（或图像）雕刻出来。

12.2.1　激光雕刻及内雕加工

1. 激光雕刻原理

激光雕刻形式多样，但基本原理都是一样的，如图 12-13 所示，激光束经过导光聚焦系统后射向被雕刻材料，利用激光和材料的相互作用，将材料从指定范围除去，而在没有被激光射到的地方保持原样。通过控制激光的开关、激光脉冲的能量、激光光斑的大小、光斑的运动路线和运动速度，就可以在材料表面留下有规律的且有一定深度的凹点和凸点，这些凹点和凸点就组成了所要雕刻的图案。

激光内雕机是一个由计算机控制的可在水晶玻璃内部雕刻出二维或三维图形的系统，其工作原理如图 12-14 所示，高强度的激光束聚焦在水晶内部时，将破坏水晶的晶格组织，形成不透明的微小缺陷，犹如激光在水晶内部雕刻出一个微小点。如果按平面图形在水晶内部逐点雕刻出微小点，就可以形成二维图像。激光三维内雕属于选择性激光雕刻技术，根

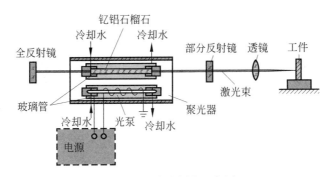

图 12-13　激光雕刻的基本原理

据分层制作和层层叠加的技术途径,计算机从图像的三维几何信息出发,通过对信息的离散化处理(切片分层),将三维雕刻转为二维雕刻,再在高度方向堆积,形成三维图像。

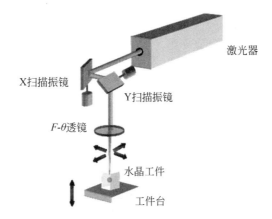

图 12-14　激光内雕机工作原理

2. 激光雕刻设备

1) 激光雕刻机

激光雕刻机由以下几部分组成。

(1) 激光器:整个系统的关键部件,它把电能转化为光能,产生激光束。常用的激光器有固体和气体两大类。

(2) 激光器电源:为激光器提供所需要的能量及控制功能。

(3) 光学系统:包括激光聚焦系统和观察瞄准系统。

(4) 机械系统:主要包括床身能在三坐标范围移动的工作台和机电控制系统。

普通激光雕刻机的结构框图如图 12-15 所示。

这里以激光工艺品雕刻机 ZTGD-4028D(见图 12-16)为例来介绍激光雕刻机的基本操作。

ZTGD-4028D 可在木制器、有机玻璃、水晶、双色板、亚克力、树脂、密度板、纸张、皮革、橡胶、塑料、石材等材料上雕刻字符、图像及产品名称、规格、型号,具有永久性防伪,并可切割各类非金属材料。

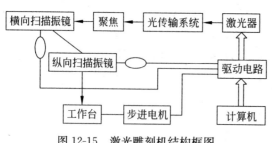

图 12-15　激光雕刻机结构框图

图 12-16　ZTGD-4028D 外观图

2) ZTGD-4028D 的性能参数（见表 12-5）

表 12-5　ZTGD-4028D 的性能参数

型　号	ZTGD-4028D
外形尺寸/(cm×cm×cm)	80×53×96
重量/kg	80
激光功能/W	50
额定功率/W	500
最大雕刻范围/(cm×cm)	40×28
最大刻章范围/(cm×cm)	23×11
速度/(mm/s)	≤200
雕刻精度/(mm)	0.025
工作环境温度	5~30℃
工作环境湿度	<68%
工作环境要求	无强振动、无粉尘、无腐蚀性气体、无液体污染、无强电磁干扰
工作电源	AC220 V,5%,50 Hz

3) 激光内雕机

激光内雕机由三部分组成：激光部分、控制部分、光路部分。

(1) 激光部分：激光电源、光纤、激光头。

(2) 控制部分：PC、控制箱、控制线路。

(3) 光路部分：扩束镜、扫描振镜、F-θ 透镜、工作台。

普通激光内雕机的结构框图如图 12-17 所示。

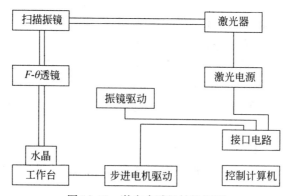

图 12-17　激光内雕机结构框图

此处以 EG-602B-S 内雕机为例进行说明(图 12-18)。EG-602B-S 型内雕机可在水晶、玻璃等透明材料内雕刻平面或三维立体图案。

图 12-18　EG-602B-S 型内雕机

内雕机的性能参数见表 12-6 所示。

表 12-6　EG-602B-S 型内雕机的性能参数

型　　号	EG-602B-S
典型内雕时间	约 3 分钟(50 mm×50 mm×80 mm 尺寸的三维人像水晶,大概 35 万点)
冷却方式	风冷系统
雕刻材料	任何水晶材质(包含软性及硬性材质)
最大雕刻点	80 μm
输入电源	220 V/110 V,50 Hz
整机功耗	<0.6~1 kW
工作温度	10~32℃
设备结构	立式机器
外观尺寸	L640×W940×H1050 mm

3. 激光雕刻常用材料

1) 木材、竹材

木材、竹材是迄今为止最常用的激光加工材料,很容易雕刻和切割(见图 12-19)。浅色的木材像桦木、樱桃木或者枫木能很好地被激光汽化,因而比较适合雕刻。

2) 密度贴面板

此类型的密度板,就是我们常用于做标牌衬板的那种木托板。材料为高密度板,表面贴有薄薄的木纹。激光可以在这类材料上进行雕刻,但雕刻出的图案颜色不均匀且发黑,一般要着色。有些密度板是为激光雕刻专门设计的,雕刻出的图案颜色均匀,不着色也有很好的效果。

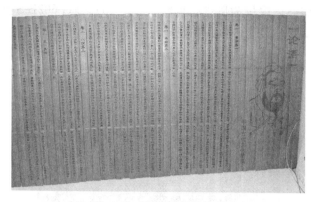

图 12-19　激光雕刻的竹简

3）亚克力（有机玻璃）

有机玻璃是仅次于木头的最常用雕刻材料，它很容易被切割和雕刻，有各种各样的形状和大小，相对来讲成本较低。有机玻璃有两种生产工艺：浇铸和压延，激光雕刻主要用浇铸方式生产的有机玻璃，因为它在激光雕刻后产生的霜化效果非常白，与原来透明的质感产生鲜明对比，如图 12-20 所示。一般情况下有机玻璃采用背雕方式，也就是说从前面雕刻，后面观看，这使得成品更具立体感。在背雕时请先将图形加以镜像，且雕刻速度要快，功率要低。

4）双色板

双色板是一种由两层或两层以上颜色复合构成的一种专用于雕刻的工程塑料，雕刻完的双色板通常被用于各种指示标牌和胸牌，其具有色泽均匀、图案清晰、经久耐用等特点。

5）玻璃

激光可以在玻璃表面进行雕刻，但雕刻深度不深且不能切割。一般情况下激光可以在玻璃表面形成霜化或是破碎的效果，如图 12-21 所示。通常情况下希望得到霜化而不是破碎的效果，这关键要看质地如何，硬度是否一致。

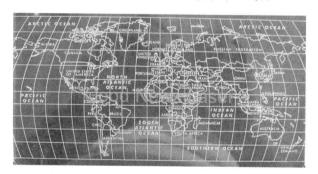

图 12-20　激光雕刻的亚克力材质世界地图

图 12-21　玻璃工艺品

6）镀漆铜板

通常情况下，铜是不能被激光雕刻的。但现在有一种材料其表面附着一层特殊的漆膜，激光可以将表面的漆膜完全汽化，而后露出底层铜板。通常制造商会在镀漆前将铜板抛光或做特殊处理，以使雕刻后露出的区域能有足够的光洁度，且能将其保存很长时间。如铜表面未做处理,在雕刻后需再做一次保护膜,以免时间一长发生氧化,表面变污。

7) 水晶或玻璃透明材料

在水晶、玻璃等透明材料内,雕刻平面或三维立体图案。可雕刻 2D/3D 人像、人名、奖杯等个性化礼品纪念品,也可批量生产 2D/3D 动物、植物、建筑、车、船、飞机等模型产品和 3D 场景展示,如图 12-22 所示。

4. 激光加工的优点

(1) 范围广泛:几乎可对任何材料进行雕刻切割。

(2) 保险可靠:采用非接触式加工,不会对材料造成机械挤压或机械应力。

(3) 精确细致:加工精度可达到 0.02 mm。

(4) 效果一致:保证同一批次的加工效果完全一致。

(5) 高速快捷:可立即根据计算机输出的图样进行高速雕刻和切割。

(6) 可以完成一些常规方法无法实现的工艺。

(7) 价格低廉:不受加工数量的限制,对于小批量加工服务,激光加工的价格更加廉价。

图 12-22　个性化纪念品

12.2.2　激光安全技术与基本操作

1. 激光加工的安全操作规程

(1) 在可控制区内使用激光,并加警示标志。

(2) 只能由受过专业训练的人员操作,未经许可不得使用。

(3) 光束路径周围尽量封闭,以防激光外泄。

(4) 身体避免进入光束和其反射范围内。

(5) 工作对象旁需移开不必要的反光物,并作适当遮挡。

(6) 激光本体尽量避免架设在人眼高度处;使用设备时务必佩戴激光防护眼镜,但仍要避免激光束直接射入眼睛。

(7) 注意激光加工环境的通风或排气状况。

(8) 设备运转场所应具有高度的照明度,使操作人员瞳孔缩小,减少进入眼内激光量。

(9) 操作人员在操作设备时应穿工作服,使用保护手套、皮革围裙等保护用具。

(10) 设备在正常工作期间,禁止打开设备机箱;在设备机箱打开的状态下,禁止使用设备。

2. 激光雕刻的基本操作

这里以激光内雕机为例进行说明。

1）开机

（1）激光部分：开启激光器电源，完成初始化，系统进入预热阶段，等待激光器进入工作状态。

（2）控制部分：启动计算机，进入操作系统。

2）进行内雕

（1）运行激光雕刻软件，进入雕刻软件界面。

（2）导入数据文件，打开"文件"菜单，选择"打开"选项，导入前期处理好的 DXF 文件，如图 12-23 所示。

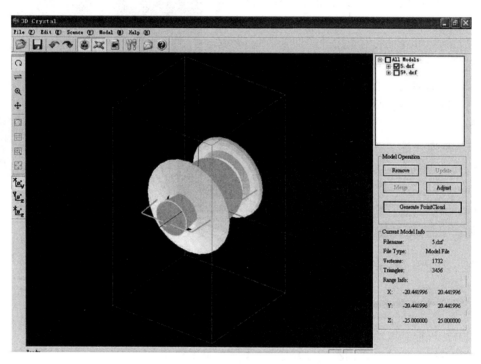

图 12-23　导入数据界面

（3）设置工件高度，在主界面上的"水晶高度"中输入高度值。

（4）复位并放置工件，此时按下控制栏中的"初始位"按钮，工作台将会回复到初始位置，将工件擦拭干净并放在工作台中间位置，工件在工作台上的放置方式与水晶框在显示器中的显示方式一致。

（5）确定激光位置，按下雕刻按钮，激光内雕机自动完成三维图像雕刻。

3）关机

（1）控制部分：在计算机系统中找到"开始"菜单，选择"关机"来结束操作系统，正确关闭计算机。

（2）激光部分：将激光器电源上的钥匙拧到关机的位置，此时激光器开始进入散热状态，1 min 后，系统将自动关闭。

12.2.3　激光雕刻操作训练

1. 印章排版训练

1) 方章排版步骤

(1) 在菜单中选择,新建"方章"。

(2) 选择印章类型:两字名章、三字名章、四字名章。

(3) 设置参数。

(4) 输入文字内容。

(5) 设置扫描区域。

(6) 单字调整:在菜单中选择编辑——显示选择框、微调工具,用鼠标单击文字/矩形上方的矩形——选择此对象;在微调工具中调整。

(7) 整章调整:双击印章,弹出对话窗口,进行参数调整。

2) 条章排版步骤

(1) 在菜单中选择,新建"条章"。

(2) 选择类型:单排、多行、多列。

(3) 设置参数:行、列数值在多行、多列条章中可用。

(4) 输入文字内容:对于多行、多列条章,每行的文字是分别输入的,并且字体及样式分别设定。

(5) 选择自动排列,按照条章的尺寸及行、列数均匀排列,字的大小自动设置;否则,手动设置文字的宽和高。

(6)、(7)、(8)同1)中的(5)、(6)、(7)。

3) 圆章排版步骤

(1) 在菜单中选择,新建"圆章"。

(2) 选择圆章类型。

(3) 设置参数。外边线宽:章边宽;内边线宽:内章边宽;边线距:文字与章边的距离;夹角:文字分布的角度;添加、删除:把文字分成几段分别设置字体和样式。

(4) 修改文字内容。

(5) 选择自动排列,按照圆章的尺寸及夹角度数均匀排列,字的宽度自动设置;否则,手动设置文字的宽。

(6)、(7)、(8)同1)中的(5)、(6)、(7)。

4) 椭圆章排版步骤

(1) 在菜单中选择新建"椭圆章"。

(2) 选择椭圆章类型,共三种。

(3) 设置参数。横轴、纵轴:椭圆章的横宽、竖长;外边线宽:章边宽;内边线宽:内章边宽;边线距:同文字与章边的距离;夹角:文字分布的角度;添加、删除:把文字分成几段分别设置字体和样式。

(4) 修改文字内容。

(5) 选择自动排列,按照圆章的尺寸及夹角度数均匀排列,字的宽度自动设置;否则,请手动设置文字的宽,确定。

(6)、(7)、(8)同1)中的(5)、(6)、(7)。

5) 印章图像

(1) 粘贴图像:把粘贴版中图像放入当前印章中。

(2) 绘图工具。

① 点、线段、椭圆、矩形、菱形:在菜单/工具栏中选择后,在印章中用鼠标单击并拖动,即可画出相应大小的点;

② 多边形:画法与以上相同,边线粗细、边数用微调工具调节;

③ 图像:画法与画点相同,只是需选择要添加的图像文件,大小用微调工具调节;

④ 网纹:添加防伪网纹,单击可看到印章中旋转的网纹,再单击一次,网纹添加结束。

(3) 扫描区域:设置印章雕刻时,章外的区域。

6) 雕刻输出界面

(1) 定位:根据定位方式设定以版面的某一个角为定位基点,驱动雕刻机画矩形框,用来确定当前输出的位置;这里指版面的实际尺寸,不是扫描区域;雕刻时会自动计算扫描区域。

(2) 按钮、参数说明。

① 雕刻输出:定位后转换数据,输出到雕刻机;

② 重新输出:再次输出上一次雕刻的数据;

③ 停止雕刻:当雕刻正在进行时可用,因为雕刻机有缓存,这里只是停止向雕刻机输出数据,但雕刻机并不立即停止雕刻;

④ 位置预览:在定位时,使雕刻机画矩形,以确定定位是否准确;

⑤ 阳模、阴模:印章的两种样式,选择需要的模式,默认为阳模;

⑥ 正字、反字:输出后为正字或反字,默认为反字;

⑦ 雕刻速度:激光头移动的速度;

⑧ 扫描间隔:相同情况下,间隔越大,雕刻时间越短,但雕刻精度越差;

⑨ 轮廓输出:输出文字、图像轮廓,可用于切割。

7) 定位输出

进行这一步前,请确认雕刻机已连接并处于工作状态。

(1) 编排好版面后,在菜单选择雕刻输出。

(2) 进入雕刻窗口,这时的输出位置是上一次所使用的输出定位。

(3) 手动定位,用鼠标拖动图标到相应位置,或调节 X 轴 Y 轴,调节精度用步距控制。

(4) 使用雕刻机的测试输出激光,查看当前位置,再做相应调整。

2. 平面图形的雕刻

(1) 根据设计构思,绘画出图画作品,书写出书法作品,或者拍成照片;

(2) 将作品扫描进计算机;

(3) 用图形图像处理软件对图像进行处理;

(4) 将处理好的图像保存为 MBP 文件;

(5) 在雕刻软件中调出图像文件;

（6）按前面的方法设置雕刻参数进行雕刻。

12.3　3D 打印技术

12.3.1　3D 打印技术概述

1. 基本概念

3D 打印技术（3D printing）是一种以数字模型文件为基础，运用粉末状金属或塑料等可粘合材料，通过逐层堆叠的方式来制造物体的技术。它是集计算机、数控技术、材料科学、激光技术及机械工程技术等为一体的高新技术。

与传统加工制造方法不同，3D 打印技术是从零件的三维几何模型出发，通过堆积，最终形成实体模型或产品，所以也称为增材制造（material increas manufacturing，MIM）或分层制造技术（layered manufacturing technology，LMT）。由于 3D 打印技术是把复杂的三维制造转化为一系列二维制造的叠加，在不借助任何模具和工具的条件下，生成具有任意复杂曲面的零部件和产品，因此极大地提高了生产效率和制造的柔性。

3D 打印技术常用于模具制造、工业设计等领域，后逐渐用于一些产品的直接制造，如珠宝、鞋类、建筑、工程和施工（architectur engineering and construction，AEC）、汽车，航空航天、牙科和医疗产业、教育、地理信息系统、土木工程、枪支等。

2. 加工原理

3D 打印技术基于离散-堆积成型的原理，即首先设计出所需产品或零件的三维模型；然后根据工艺要求，按照一定的规律将该模型离散为一系列有序的二维元，通常在 Z 向将其按一定厚度进行离散（也称为分层），把原来的三维立体变成一系列的二维层片；再根据每个层片的轮廓信息，输入加工参数，自动生成数控代码；最后由成型系统将一系列层片自动成型并将它们连接起来，得到一个三维物理实体。其原理及过程如图 12-24 所示。

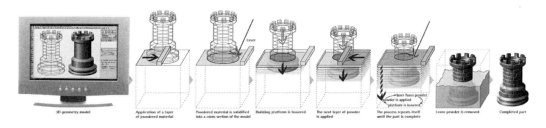

图 12-24　3D 打印技术的基本原理示意图

3. 3D 打印机

1）工作原理

3D 打印机与普通打印机工作原理基本相同，只是打印材料有些不同，普通打印机的打印材料是墨水和纸张，而 3D 打印机内装有金属、陶瓷、塑料、砂等不同的"打印材料"。打印机与计算机连接后,通过计算机控制可以把"打印材料"一层层叠加起来,最终把计算机上的蓝图变成实物。通俗地说,3D打印机是可以"打印"出真实的3D物体的一种设备,比如打印一个机器人,打印玩具车,打印各种模型,甚至是食物等。之所以通俗地称其为"打印机"是参照了普通打印机的技术原理,因为分层加工的过程与喷墨打印十分相似。这项打印技术称为3D立体打印技术。

2) 结构组成

根据各部件的工作范围,可以把3D打印机分成软件、机械和电子三部分。

软件部分:3D打印机是通过软件把3D模型分割成无数层,这个层的厚度基本等于3D打印机的精度,然后生成无数个打印的坐标命令供机械部分执行。

机械部分:机械部分是执行打印命令的定位部分,由电机、支架、同步轮、传送带等组成的XYZ空间轴,软件部分生成的打印坐标就由此定位。

电子部分:电子部分可以理解为软件和机械部分的桥梁,主要用于对软件生成的指令和数据缓存,对电机的控制、温度的控制等,软件生成的坐标指令就由电子部分控制机械部分执行,以达到精准打印的目的。

图12-25为UP!3D打印机外部结构示意图。

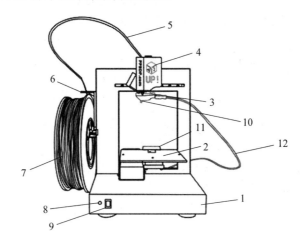

图12-25　UP!3D打印机结构示意图

1—基座;2—打印平台;3—喷嘴;4—喷头;5—丝管;6—材料挂轴;7—丝材;
8—信号灯;9—初始化按钮;10—水平校准器;11—自动对高块;12—双头线

4. 3D打印材料

3D打印常用材料有尼龙玻纤、耐用性尼龙材料、石膏材料、铝材料、钛合金、不锈钢、镀银、镀金、橡胶类材料,如表12-7所示。

5. 3D打印过程

3D打印的过程是先通过计算机建模软件建模,然后将建成的三维模型"分区"成逐层的截面,即切片,最后再通过3D打印机逐层打印。

表 12-7　3D 打印常用材料

类　　型	累　积　技　术	基　本　材　料
挤压	熔融沉积式(FDM)	热塑性塑料、共晶系统金属、可食用材料
线	电子束自由成型制造(EBF)	几乎任何合金
粒状	直接金属激光烧结(DMLS)	几乎任何合金
	电子束熔化成型(EBM)	钛合金
	选择性激光熔化成型(SLM)	钛合金、钴铬合金、不锈钢、铝
	选择性热烧结(SHS)	热塑性粉末
	选择性激光烧结(SLS)	热塑性塑料、金属粉末、陶瓷粉末
粉末层喷头 3D 打印	石膏 3D 打印(PP)	石膏
层压	分层实体制造(LOM)	纸、金属膜、塑料薄膜
光聚合	立体平版印刷(SLA)	光硬化树脂
	数字光处理(DLP)	光硬化树脂

三维设计软件和打印机之间协作的标准文件格式是 STL(stereo lithographic)文件格式。一个 STL 文件使用三角面来近似模拟物体的表面,三角面越小其生成的表面分辨率越高。当然,也可以采用 WRL 文件(即虚拟现实编程语言 VRML 的格式文件)作为 3D 打印的输入文件。

打印机通过读取文件中的横截面信息,用液体状、粉状或片状的材料将这些截面逐层地打印出来,再将各层截面以各种方式黏合起来从而制造出一个实体。这种技术的特点在于其几乎可以制造出任何形状的物品。打印机打出的截面厚度(即 Z 方向)以及平面(即 X-Y 平面)方向的分辨率是以像素或者微米来计算的。一般的厚度为 100 μm,即 0.1 mm;也有部分打印机如 ObjetConnex 系列、三维 Systems' ProJet 系列可以打印出 16 μm 薄的一层。而平面方向则可以打印出跟激光打印机相近的分辨率,打印出来的"墨水滴"的直径通常为 50~100 μm。3D 打印机的分辨率对大多数应用来说已经足够(在弯曲的表面可能会比较粗糙,像图像上的锯齿一样)。要获得更高分辨率的物品可以通过如下方法:先用当前的 3D 打印机打出稍大一点的物体,再稍微经过表面打磨即可得到表面光滑的"高分辨率"物品。

12.3.2　3D 打印技术应用领域

1. 军事领域

2014 年 8 月 31 日,美国宇航局的工程师们完成了 3D 打印火箭喷射器的测试,本项研究在于提高火箭发动机某个组件的性能,由于喷射器内液态氧和气态氢一起混合反应,这里的燃烧温度可达到 6000°F,大约为 3315℃,可产生 20000 lb(1 lb=0.4534 kg)的推力,约为 9 t 左右,验证了 3D 打印技术在火箭发动机制造上的可行性。

2. 医学领域

最近科学家们为传统的身体增添了一种钛制的胸骨和胸腔——3D 打印胸腔。一位 54

岁的西班牙人患有胸壁肉瘤，这种肿瘤形成于骨骼、软组织和软骨当中。医生不得不切除病人的胸骨和部分肋骨，以阻止癌细胞扩散。这些切除的部位需要找到替代品，在正常情况下所使用的金属盘会随着时间变得不牢固，并容易引发并发症。澳大利亚的 CSIRO 公司用 3D 打印方法制造了一种钛制的胸骨和肋骨，与患者的几何学结构完全吻合，如图 12-26 所示。

3. 房屋建筑

世界各地的建筑师们正在为打造全球首款 3D 打印房屋而竞赛。3D 打印房屋在住房容纳能力和房屋定制方面具有意义深远的突破。在荷兰首都阿姆斯特丹，一个建筑师团队已经开始制造全球首栋 3D 打印房屋，而且采用的建筑材料是可再生的生物基材料。2015 年 7 月 17 日，由 3D 打印的模块新材料别墅现身西安，建造方在三个小时内完成了别墅的搭建。据建造方介绍，这座三个小时建成的精装别墅，只要摆上家具就能拎包入住。

4. 汽车行业

世界上第一台 3D 打印车已经问世——这辆由美国 Local Motors 公司设计制造、名叫 Strati 的小巧两座家用汽车开启了汽车行业新篇章。这款创新产品在为期六天的 2014 美国芝加哥国际制造技术展览会上公开亮相。用 3D 打印技术打印一辆斯特拉提轿车并完成组装需时 44 小时。整个车身上靠 3D 打印出的部件总数为 40 个，相较传统汽车 20000 多个零件来说可谓十分简洁。充满曲线的车身先由黑色塑料制造，再层层包裹碳纤维以增加强度，这一制造设计尚属首创。汽车由电池提供动力，最高时速约 64 km，车内电池可供行驶 190～240 km，如图 12-27 所示。

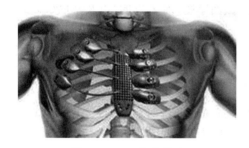　　　　　　　

图 12-26　3D 打印胸腔　　　　　　　图 12-27　轿车

12.3.3　3D 打印安全技术与基本操作

1. 3D 打印安全技术

（1）3D 打印机实验室由指导教师进行管理，不得进行与工作无关的操作。

（2）启动和关闭计算机的过程要正确、规范。

（3）启动 3D 打印机后首先安装工作板，然后进行设备初始化。

（4）打印前应预先估计打印材料是否足够，更换打印材料须报告并由指导教师进行操作。

（5）每次打印前应检查喷嘴是否堵塞，如不能正常出丝，应及时报指导教师进行处理。

（6）打印过程中，严禁触摸打印机喷头。

（7）打印结束后，按照操作规程取下工作板，并将工作板清理干净。仔细打扫清理打印机工作台，保持环境清洁。

（8）课程结束，必须关闭计算机后方能离开实验室。

（9）未经指导教师许可，不得擅自拆卸计算机和3D打印机。

（10）不得携带与实验无关的物品（如食品/饮料等）进入实验室。

2. 3D打印基本操作

（1）三维模型的设计绘制。用 Inventor 2015 软件完成零件三维模型的设计绘制。并另存副本为 STL 文件。

（2）启动 UP！软件，载入 3D 模型文件。

（3）对模型文件大小、打印方向、位置等进行调整，然后单击自动布局，使模型放置在平台的适当位置。

（4）初始化打印机。单击"三维打印"→"初始化"，机器自动运行至打印机的初始位置。

（5）准备打印平板。将打印平板固定在打印平台上，并确保打印平板干净整洁。

（6）设置打印参数。单击软件"三维打印"选项内的"设置"，进行层片厚度、密封表面、支撑等参数设置。

（7）检查剩余丝材是否足够。

（8）单击"预热"按钮对平台进行预热。

（9）打印完成，移除模型。当模型打印完成后，移除打印平板，并用小铲子取下模型。

（10）去除支撑材料。用手、钢丝钳或尖嘴钳去除支撑材料。

12.3.4　3D打印操作训练

1. 训练目的

（1）了解 3D 打印机基本工作原理。

（2）熟悉 3D 打印机操作流程。

2. 训练设备

3D 打印采用北京太尔时代型号为 UP！PLUS 2 的 3D 桌面打印机，如图 12-25 所示。

3. 训练内容

（1）三维模型的设计绘制。分析港口起重机结构并进行简化设计，利用三维建模软件完成各组成零件三维模型的绘制。并另存副本为 *.stl 文件。如图 12-28 所示港口起重机模型简化设计。

以港口起重机简化模型中上座为例，分析图 12-29 零件图，利用三维软件 Inventor 2015 绘制上座。

图 12-28　港口起重机简化模型

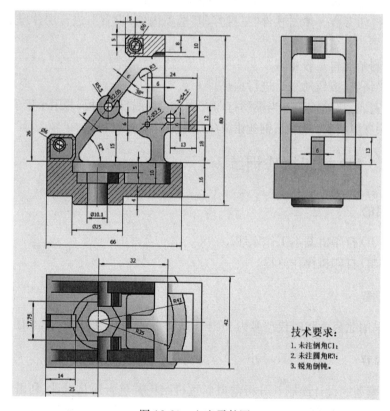

图 12-29　上座零件图

（2）单击 ![UP] 图标，启动 UP! 软件，载入港口起重机上座 STL 文件。

（3）对模型文件大小、打印方向、位置等进行调整，然后单击自动布局，使模型放置在平台的适当位置。

(4) 初始化打印机。单击"三维打印"→"初始化",机器自动运行至打印机的初始位置。如图 12-30 所示。

(5) 准备打印平板。将打印平板固定在打印平台上,并确保打印平板干净整洁。

(6) 设置打印参数。单击软件"三维打印"选项内的"设置",进行层片厚度、密封表面、支撑等参数设置。如图 12-31 所示。

图 12-30 打印机初始化

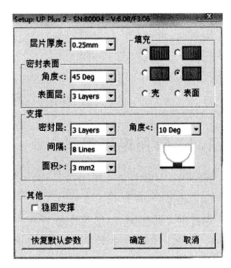

图 12-31 打印设置

(7) 检查剩余丝材是否足够。

(8) 单击预热按钮对平台进行预热。

(9) 当平台预热到 100℃时开始打印,单击"打印"。

(10) 打印完成,移除模型。当模型打印完成后,移除打印平板,并用小铲子取下模型。

(11) 去除支撑材料。用手、钢丝钳或尖嘴钳去除支撑材料。

(12) 将各零件按照起重机结构进行组装,完成港口起重机模型的制作。

复习思考题

1. 简述数控线切割机床的加工原理。
2. 3B 代码的一般格式中各项的含义是什么?
3. 简述激光加工的优点。
4. 简述激光加工的工作原理及加工步骤。
5. 简述激光雕刻机的主要组成及功能。
6. 简述激光内雕机的操作步骤。
7. 简述 UP! 3D 打印机的结构组成。
8. 简述 3D 打印机的打印流程。

电气与气动控制

13.1 基 本 知 识

13.1.1 常用电工工具

（1）钢丝钳：又称钳子，其用途是夹持或折断金属薄板以及切断金属丝（导线），其外形如图 13-1(a)所示。

（2）尖嘴钳：头部尖细，适用于狭小的工作空间或带电操作低压电气设备，也可用来剪断细小的金属丝。尖嘴钳主要用于电气仪表制作或维修，其外形如图 13-1(b)所示。

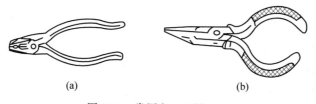

(a)　　　　　　　　　　(b)

图 13-1　常用电工工具（一）

（3）电工刀：适用于电工在装配维修工作中割削导线绝缘外皮，以及割削木桩和割断绳索等，其外形如图 13-2(a)所示。

（4）剥线钳：用来剥削横截面积 6 mm² 以下的塑料或橡胶绝缘导线的绝缘层，由钳口和手柄两部分组成，如图 13-2(b)所示。

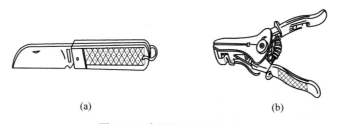

(a)　　　　　　　　　　(b)

图 13-2　常用电工工具（二）

（5）螺丝刀：又称"起子"，螺钉旋具等，其头部形状有一字形和十字形两种，其外形如图 13-3(a)、(b)所示。

（6）低压验电器：又称试电笔，是检验导线、电器和电气设备是否带电的一种常用工具,其外形如图 13-3(c)、(d)所示。

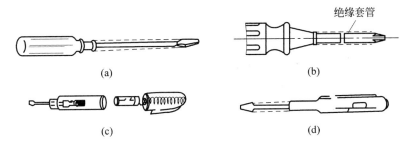

图 13-3　常用电工工具(三)

(a) 一字形;(b) 十字形;(c) 钢笔式低压验电器;(d) 旋具式低压验电器

13.1.2　常用低压电器

能够根据外界信号,手动或自动接通电路,以及能够实现对电路或非电对象进行切换、控制、保护、检测、变换和调节目的的电气元件统称为电器。电器的用途广泛、功能多样、种类繁多、构造各异,我们根据电器的本身功能和在控制电路中的用途将常用的电器元件分为非自动控制电器、自动控制电器和主令电器三种类型加以介绍。

1. 非自动控制电器

非自动控制电器在机床中主要指用于电能输送和分配的各种开关和断路器以及用于保护电路和用电设备的熔断器、热继电器、各种保护继电器和避雷器等电气元件。

1) 开关电器

(1) 刀开关

刀开关俗称闸刀开关,广泛应用于各种低压配电设备,作为电源隔离开关;也可用来频繁地接通与断开容量不大的低压配电电路。当刀开关配有灭弧罩,并且使用杠杆操作时,也能够接通或分断一定的电流。刀开关的符号如图 13-4 所示。

刀开关由操作手柄、刀片、触头座和底板组成。按照极数可分为单极、双极和三极开关;按照结构可分为平板式和条架式开关;按照操作方式分为直流手柄操作式、杠杆机构操作式、螺旋操作式和电动机构操作式。刀开关在机床上常用的三极开关额定电压一般为 500 V,额定电流有 100 A、200 A、400 A、600 A、1000 A 等 5 种,常用 HD(单头)和 HS(双头)等系列型号。

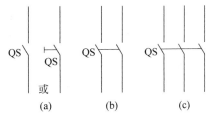

图 13-4　刀开关

(a) 单极;(b) 双极;(c) 三极

刀开关的主要技术参数有额定电压、额定电流、通断能力、动态稳定电流、热稳定电流、机械寿命和电寿命等。我们通常根据电源种类、电压等级、电动机容量、所需极数及工作环境来选择使用。若用来控制不经常起停的小容量异步电动机时,其额定电流不小于电机额定电流的 3 倍。

（2）自动空气开关

自动空气开关又称自动空气断路器,它不但能够用于不频繁的接通和断开电路,而且当电路发生过载、短路或失压等故障时,能够自动切断电路,有效地保护串接在它后面的电气设备。

自动空气开关的种类很多,根据其结构形式,可分为框架式(万能式)和塑料外壳式(装置式);根据操作机构的不同,可分为手动操作、电动操作和液压操作等类型;根据触头数目可分为单极、双极和三极开关;根据动作速度可分为延时速度、普通速度和快速动作等。

自动空气开关通常由触头系统、灭弧系统、保护装置和传动装置等组成。

在选择自动开关时,其额定电压和额定电流应不小于所控制的电路正常工作的电压和电流;热脱扣器的整定电流与所控制的电动机的额定电流或负载电流一致;过流脱扣器的整定电流应大于负载正常工作时的尖峰电流,对电机负载而言,通常按照起动电流的1.7倍整定;欠压脱扣器的额定电压和主电路的额定电压一致。同时在选择自动空气开关时,还应根据设备的工作环境和使用条件来综合考虑。自动空气开关的图形及文字符号如图13-5所示。

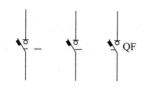

图13-5　自动空气开关的图形符号及文字

2) 熔断器

熔断器是一种广泛应用的最简单有效的保护电器。在使用时,熔断器串接在所保护的电路中,当电路发生短路或严重过载时,它的熔体能够自动迅速熔断,从而切断电路,使导线和电气设备不至于损坏。

熔断器主要由熔体(保险丝)和安装熔体的熔管(或熔座)两部分组成。熔体一般由熔点低、易于熔断、导电性能良好的合金材料制成。在小电流的电路中,常用铅合金或锌做成熔体(熔丝);对大电流的电路,通常采用铜或银做成片状或笼状的熔体。在正常负载情况下,熔体温度低于熔断所必需的温度,熔体不会被熔断。当电路发生短路或严重过载时,电流增大,熔体温度升高,达到熔断温度时熔体自动熔断,从而切断被保护的电路。熔体为一次性使用元件,再次工作必须更换新的熔体。

熔断器的类型及常用产品主要有瓷插(插入)式、螺旋式和密封管式三种。机床电气线路中常用的是RL1系列螺旋式熔断器及RC1系列插入式熔断器。选择熔断器主要是选择熔断器的类型、额定电压、额定电流及熔体的额定电流。熔断器的类型应根据线路要求和安装条件来选择。熔断器的额定电压应该大于或等于线路的额定电压;熔断器的额定电流应该大于或等于熔体的额定电流。熔体额定电流的选择是熔断器选择的核心,其选择方法如下:

① 对于如照明线路等没有冲击电流的负载,应该使熔体的额定电流等于或稍大于电路的工作电流,即 $I_{fu} \geq I$。式中,I_{fu} 为熔体的额定电流,I 为电路的工作电流。

② 对于电动机一类负载,应该考虑到电机起动时的冲击电流对线路的影响,按照下面公式进行选择:$I_{fu} \geq (1.5 \sim 2.5)I_N$。式中 I_N 为电动机的额定电流。

③ 对于多台电动机,由一个熔断器保护时,熔体的额定电流应按照下面公式进行计算:$I_{fu} \geq (1.5 \sim 2.5)I_{Nmax} + \sum I_N$。式中 I_{Nmax} 为最大容量电动机的额定电流,$\sum I_N$ 为其余电动机额定电流的总和。

2. 自动控制电器

自动控制电器在机床中主要用于控制电路和控制系统的电器,常见的有交流接触器、各种继电器及控制器等。

1) 接触器

接触器是一种用来频繁地接通或分断带有负载的主电路,实现远距离自动控制的电器元件。它具有低电压释放保护功能,在机床上广泛应用于对电动机的拖动控制中。接触器按照主触头通过的电流种类不同,分为直流接触器和交流接触器两种。机床电路中应用得最多的是交流接触器,其常用型号有 CJ10、CJ12、CJ10X、CJ12B、CJ20 等系列。

交流接触器是由电磁机构、触头系统、灭弧装置及其他部件等 4 部分所组成。

（1）电磁机构由线圈、动铁芯(衔铁)和静铁芯组成。

（2）触头系统包括主触头和辅助触头。主触头用于通断主电路,有三对或四对常开触头;辅助触头用于控制电路,起电气联锁或控制作用,通常有两对常开、常闭触头,分布在主触头两侧。

（3）灭弧装置。当触点断开大电流时,在动、静触头之间会产生强烈的电弧,会烧坏触头并使切断时间延长,所以必须采用灭弧措施。

（4）其他部件包括反作用弹簧、缓冲弹簧、触头压力弹簧、传动机构及外壳等。

交流接触器的工作原理是当线圈通电后,静铁芯产生电磁吸力将衔铁吸合。衔铁带动动触头系统动作,使常开触头闭合、常闭触头断开。当线圈断电时,电磁吸力消失,衔铁在反作用弹簧带动下释放,触头系统复位。

接触器的主要技术参数有额定电压、额定电流、吸引线圈的额定电压、机械寿命和电气寿命、额定操作频率、动作值(接触器有吸合电压和释放电压,通常吸合电压高于线圈额定电压的 85%,而释放电压应低于线圈额定电压的 75%)。交流接触器的电路符号和文字如图 13-6 所示。

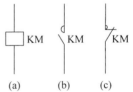

图 13-6　交流接触器的电路符号及文字
（a）线圈；（b）常开触头；（c）常闭触头

2) 继电器

继电器是根据某种输入信号的变化,接通或断开小电流控制电路,从而实现远距离自动控制和保护的自动控制电器。其输入量可以是电流、电压等电量,也可以是温度、时间、速度、压力等非电量,而输出通常是触点的动作或者是电路参数的变化。

继电器的种类繁多,按照输入信号的性质来分,有电压继电器、电流继电器、时间继电器、温度继电器、速度继电器、压力继电器等;按照工作原理可分为电磁式继电器、感应式继电器、电动式继电器、热继电器和电子式继电器等;按照输出形式可分为有触点和无触点继电器;按照用途可分为控制继电器和保护继电器等。

（1）电磁式继电器

电磁式继电器的结构及工作原理与接触器类似,同样也由电磁机构和触头系统等组成。电磁式继电器和接触器的主要区别是:继电器可以对多种输入信号的变化作出反应,用于切换小电流的控制电路和保护电路,结构上没有灭弧装置,也没有主副触头之分;而接触器只有在一定的电压信号下才能动作,用来控制大电流电路。

电磁式继电器按照吸引线圈的电流种类不同分成交流和直流两种,其主要区别也在于铁芯结构和线圈形状,同接触器类似。图 13.7(a)～(d)所示为 JT13 系列直流电磁式继电器结构示意图。释放弹簧调整得越紧,则吸引电流(电压)和释放电流(电压)就越大。非磁性垫片越厚,衔铁吸合后的气隙和磁阻就越大,释放电流(电压)也就越大,而吸引值不变。初始气隙越大,吸引电流(电压)就越大,而释放值不变。可以通过调节螺母与调节螺钉来整定继电器的吸引值和释放值。

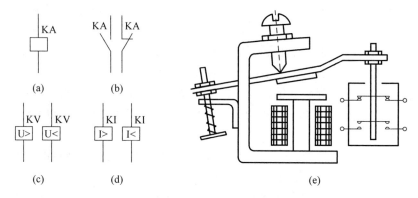

图 13-7　电磁式继电器的结构及图形符号

(a) 一般线圈；(b) 触头；(c) 电压继电器线圈；(d) 电流继电器线圈；(e) 电磁式继电器的结构

电磁式继电器的结构及图形符号如图 13-7(e)所示,电流继电器的文字符号为 KI;电压继电器的文字符号为 KV;中间继电器的文字符号为 KA。

① 电流继电器

电流继电器的线圈串接在被测电路中,以反映电路中电流的变化。为了不影响被测电路的工作情况,要求电流继电器线圈匝数少、导线粗、线圈阻抗小。

电流继电器有欠电流继电器和过电流继电器两种。欠电流继电器的吸引电流为线圈额定电流的 30%～65%,释放电流为额定值的 10%～20%。因此,在电路正常工作时,衔铁是吸合的,只有当电流降低到某一整定值时,继电器才释放,输出信号。欠电流继电器通常用于欠电流保护和控制。过电流继电器在电路正常工作时同样不动作,但是衔铁处于打开状态,当电流超过某一整定值时,继电器动作使衔铁吸合,输出信号,整定范围通常是 1.1～4 倍额定电流值。

在机床电气控制系统中,常用的电流继电器型号有 JL14、JL15、JT3、JT9、JT10 等系列,主要根据主电路内的电流种类和额定电流来选择。

② 电压继电器

电压继电器的结构与电流继电器相似,不同的是电压继电器的线圈是并联的电压线圈,所以匝数多、导线细、阻抗大。根据动作电压值的不同,电压继电器有过电压、欠电压和零电压继电器之分。过电压继电器在电压为额定值的 105%～120%以上时动作;欠电压继电器在电压为额定值的 40%～70%时动作;零电压继电器在电压值降到额定电压值的 5%～25%时动作。它们分别用作过电压、欠电压和零压保护。

在机床电气控制系统中,常用的电压继电器有 JT3、JT4 等。

③ 中间继电器

中间继电器实质上是一种电压继电器,但是它的触头对数多(可以达到 6 对甚至更多),触头电流容量大(额定电流为 5～10 A),动作灵敏度高(动作时间不大于 0.05 s)。其主要用途是当其他继电器的触头对数或触头容量不够时,可以借助中间继电器来扩展它们的触头数或触头容量,起到信号中间转换的作用。

中间继电器主要依据被控电路的电压等级和触头数量、种类及容量来选用。机床上通常使用的型号有 JZ7 系列交流中间继电器和 JZ8 系列交直流中间继电器。

(2) 时间继电器

时间继电器是一种利用电磁原理或者机械动作原理实现触头延时接通和延时断开的自动控制电器。按照其不同的动作原理和结构特点,可以分为电磁式、空气阻尼式、电动式和电子式等类型。在机床电气控制系统中应用较多的是空气阻尼式时间继电器和电子式时间继电器。

① 空气阻尼式时间继电器

空气阻尼式时间继电器是利用空气阻尼原理获得延时。它由电磁机构、延时机构和触头系统三个部分组成。

空气阻尼式时间继电器的优点是:结构简单、延时范围大、寿命长、价格低廉,而且不受电源电压及频率波动的影响,另外还附有不延时的触头。其缺点是:准确度低、延时误差大(±10%～±20%)、无调节刻度指示。所以一般适用于延时精度要求不高的场合。例如 JS7—A 型时间继电器的延时范围有 0.4～60 s 和 0.4～180 s 两种,操作频率为 600 次/h,触头容量为 5 A,延时误差为 ±15%。

在使用空气阻尼式时间继电器时,应该保持延时机构的清洁,严格预防因为进气孔堵塞而失去延时作用。

② 电子式时间继电器

电子式时间继电器具有延时长、调节范围宽、体积小、延时精度高和使用寿命长等优点。按照延时原理分,有阻容充电延时型和数字电路型,按照输出形式分,有触点式和无触点式。

电子式时间继电器的常用产品有 JSJ、JS20、JSS、JSZ7、3PU、ST3P 和 SCF 系列。其中 JS20 系列产品规格齐全,有通电延时型和断电延时型,并有瞬时触点,具有延时范围长、调整方便、性能稳定、延时误差小等优点,现在已广泛应用于各种机电设备中。

时间继电器在选用时应该根据控制要求选择其延时方式,根据延时范围和精度具体选择继电器的种类。

(3) 热继电器

热继电器是利用电流的热效应原理实现对电动机的过载保护。电动机在实际运行中发生过载,只要电动机绕组不超过允许温升,这种过载就是允许的。但是过载时间太长,绕组温升超过允许值时,将会加剧绕组绝缘老化,缩短电动机的使用寿命,严重时甚至使电动机绕组烧毁。因此,在电动机长期运行中,需要对其过载提供保护装置,热继电器具有反时限保护特性,所以用来对电动机的过载保护。

热继电器主要由热元件、双金属片、触头系统等组成。双金属片是热继电器的感测元件,它由两种不同线膨胀系数的金属用机械碾压而成。线膨胀系数大的称为主动层,小的称为被动层。热继电器的结构原理如图 13-8(a)所示。热元件串接在电动机的定子绕组中,电动机正常工作时,热元件产生的热量虽然能够使双金属片弯曲,但是不足以使继电器动作。当电动机过载时,流过热元件的电流增大,经过一段时间后,双金属片推动导板使继电器触头动作,切断电动机的控制线路。

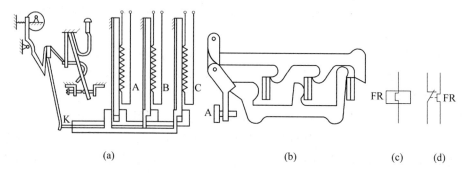

图 13-8　热继电器的结构及图形文字符号

(a) 结构原理示意图；(b) 差动式断相保护示意图；(c) 热元件；(d) 常闭触头

热继电器由于具有热惯性,在电路短路时不能够立即动作使电路迅速断开,因此不能用于电路的短路保护。同理,当电动机起动或短时电流过载波动时,热继电器也不会出现误动作,可以避免电动机不必要的停车。电动机断相运行是电动机烧毁的主要原因之一,因此我们要求热继电器具有断相保护功能。如图 13-8(b)所示,热继电器的导板采用差动机构,在断相工作时,其中两相电流增大,一相逐渐减小,这样可以使热继电器的动作时间缩短,从而有效地保护电动机。

热继电器的主要技术参数有额定电压、额定电流、相数、热元件编号及整定电流条件范围等。热继电器的额定电流指继电器的热元件允许长期通过但不至于引起继电器动作的电流值。对于某一热元件,可以通过调节其电流调节旋钮,在一定范围内调节其整定电流。

热继电器的选用主要根据电动机的使用场合和额定电流来确定其型号和热元件的额定电流等级。对于三角形连接的电动机,应该选择带断相保护功能的热继电器,其整定电流应与电动机的额定电流相等。对于电动机的长期过载保护,除了采用热继电器外,还可以选用温度继电器,它利用热敏电阻来检测电动机绕组的温升,将热敏电阻直接埋入电动机绕组,绕组的温度变化经热敏电阻转化为电信号,经电子线路放大,驱动继电器动作,达到保护目的。PTC 热敏电阻埋入式温度继电器,可用于电动机的过载、断相、通风散热不良和机械故障的保护,由于其可以直接检测电动机的温升,保护可靠,目前应用广泛。

热继电器的图形及文字符号如图 13-8(c)、(d)所示。

(4) 速度继电器

速度继电器主要用于鼠笼式异步电动机的反接制动控制,所以又称为反接制动器。它主要由定子、转子和触头三个部分组成。转子是一个圆柱形永久磁铁；定子是一个笼形空心环,由硅钢片叠成,并装有笼形绕组。

速度继电器的结构原理如图 13-9(a)所示。其转子的轴与被控电动机的转轴相连接,当电动机转动时,速度继电器的转子(永久磁铁)随之转动,在空间产生旋转磁场,切割定子绕组,在绕组中产生感应电流。此电流在旋转的转子磁场作用下产生转矩,使定子随着转子转动方向旋转。当达到一定的转速时,和定子装在一起的摆锤推动簧片(动触头)动作,使常闭触头分断、常开触头闭合。当电动机转速低于某一设定数值时,定子产生的转矩减小,触头在簧片的作用下复位。

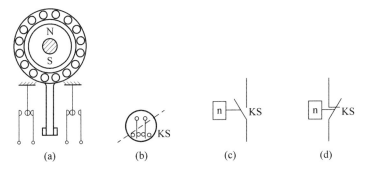

图 13-9　速度继电器的原理示意及图形符号
(a) 结构原理;(b) 转子;(c) 常开触头;(d) 常闭触头

常见的速度继电器有 JY1 型和 JFZ0 型。通常速度继电器的动作转速为 120 r/min,复位转速在 100 r/min 以下、转速在 3000~3600 r/min 以下能够可靠工作。

速度继电器的图形及文字符号如图 13-9(b)、(c)、(d)所示。

(5) 固态继电器

固态继电器(solid state relay,SSR)是 20 世纪 70 年代中后期发展起来的一种新型无触点继电器。随着微电子技术的不断发展,在现代自动化控制设备中应用新型电子器件实现以弱控强技术,一方面要求电子线路的输出信号能够控制强电电路的执行元件;另一方面又要为强、弱电之间提供良好的电隔离,以保护电子电路和人身的安全。固态继电器可以在电路中满足以上要求。

固态继电器是具有两个输入端和两个输出端的一种四端器件,其输入和输出端之间采用隔离器件,以实现强、弱电之间的电隔离。固态继电器按照输出端的负载电源类型可分为直流型和交流型两类;其中直流型固态继电器以功率晶体管的集电极和发射极作为输出端负载电路的开关控制;而交流型固态继电器是以双向三端晶闸管的两个电极作为输出端负载电路的开关控制的。如果按照输入、输出端之间的隔离形式也可以将固态继电器分为光电耦合型和磁隔离型两种。我们也可以按照控制触发信号将固态继电器分为过零型和非过零型或者有源触发型和无源触发型等。

光电耦合式固态继电器的结构原理图如图 13-10 所示。其工作过程为:当无输入信号时,光敏二极管 V3 截止,V4 导通,VT1 的控制极被钳制在低电位而关断;当有输入信号时,光敏二极管 V3 导通,V4 截止。当电源电压大于过零电压(大约±25 V),A 点电压大于 V5 的 V_{be5},此时 V5 导通,VT1 同样由于控制极处于低电压而截止,输出端因为 VT2 控制极无触发信号而关断;当电源电压小于过零电压时,A 点电压小于 V5 的 V_{be5},V5 截止。VT1 控制极通过 R5、R6 分压而获得触发信号,VT1 导通,此时在 VT2 的控制极获得从 R8→V6→VT1→V9→R9 和 R9→V8→VT1→V7→R8 正反两个信号的触发脉冲,使 VT2 导通。这样使输出端 B、C 两点导通,接通负载电路。当输入信号取消后,V4 导通,VT1 关断,而 VT2 仍然保持导通状态,一直到负载电流随电源电压的减小下降到双向晶闸管的维持电流以下而关断,从而切断负载电路。

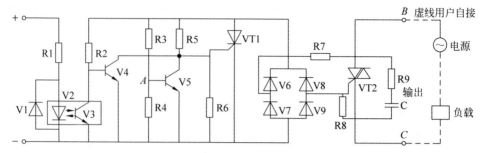

图 13-10　光电耦合式固态继电器的工作原理图

固态继电器的输入端仅需要一定量的电压和电流就可以切断几安甚至上百安的大电流负载,同时由于固态继电器是由电子元件组成,与晶体管、TTL、CMOS 等电子线路有较好的兼容性,可以直接与弱电控制回路(如计算机接口电路)连接,方便地组成控制系统。

在机床上可能应用的继电器还有很多种类,如相序继电器、断相保护继电器、压力继电器、综合保护继电器等,我们由于篇幅所限,仅介绍常用的几种继电器。随着技术的发展,将会有更多的新型继电器诞生,使我们的控制更方便、准确。

3. 主令电器

主令电器是指在自动控制系统中专门用于发送控制指令的电器。主令电器的种类很多,按照其作用通常分为控制按钮、位置开关、万能转换开关和主令控制器等。

1) 控制按钮

控制按钮是一种结构简单、应用广泛的主令电器,在低压控制电路中,用于发布手动控制指令。控制按钮通常由按钮帽、复位弹簧、桥式触头和外壳等组成,其结构示意如图 13-11(a)所示。按钮在外力作用下,首先断开常闭触头,然后再接通常开触头。复位时,常开触头先断开,常闭触头然后闭合。

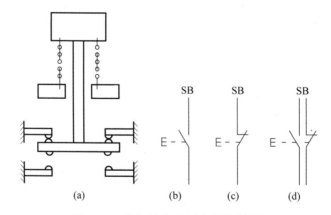

图 13-11　按钮结构示意图及图形符号

(a) 结构示意；(b) 常开触头；(c) 常闭触头；(d) 复式触点

常见按钮的额定电压为交流 380 V、直流 220 V,额定电流为 5 A。机床上常用的型号有 LA18、LA20、LA25 和 LAY3 等系列。其中 LA25 系列为通用型按钮的更新换代产品,采用组合式结构,可以根据需要任意组合其触头数目,最多可组成 6 个单元。LAY3 系列是根据德国西门子公司技术标准生产的产品,品种规格齐全,其结构形式有揿钮式、紧急式、钥匙式和旋转式等,有的还带有指示灯,适用工作电压交流 660 V、直流 440 V 以下,额定电流 10 A 的场合,可取代同类型的进口产品。

控制按钮的选用要考虑其使用场合,对于控制直流负载,因直流电弧熄灭相对于交流更困难,所以在同样的工作电压下,直流工作电流应该小于交流工作电流,并根据具体控制方式和要求来选择控制按钮的结构形式、触头数目和按钮的颜色等。通常习惯用红色表示停止按钮,绿色来表示起动按钮,而黑色按钮则用来表示其他控制信号。

控制按钮的图形及文字符号如图 13-11 所示。

2) 位置开关

位置开关在电气控制系统中,用以实现顺序控制、定位控制和位置状态的检测。在位置开关中以机械行程驱动,作为输入信号的有行程开关和微动开关;以电磁信号(非接触式)输入动作信号的有接近开关。

(1) 行程开关

行程开关是一种利用生产机械某些运动部件的碰撞来发出控制指令的主令电器,用于控制生产机械的运动方向、行程大小和位置保护等。当行程开关用于位置保护时,又称为限位开关。行程开关是有触点开关,工作时由挡块与行程开关的滚轮或触杆碰撞使触点接通或断开的。在操作频繁时,容易产生机械故障,工作可靠性低。

行程开关的图形及文字符号如图 13-12 所示。

(2) 接近开关

接近开关又称无触点行程开关,是以不接触方式进行控制的一种位置开关。它不仅能够代替有触点行程开关来完成行程控制和限位保护等功能,还可以用于高速计数、测速、检测工件尺寸等。由于接近开关具有工作稳定可靠、使用寿命长、重复定位精度高、操作频率高、动作迅速以及能够适应恶劣的工作环境等优点,所以在现代机床设备中应用越来越广泛。

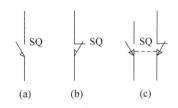

图 13-12　行程开关的图形符号及文字
(a) 常开触头; (b) 常闭触头; (c) 复式触点

接近开关按照其工作原理可分为高频振荡型、电容型、感应电桥型、永久磁铁型和霍尔效应型等。其中以高频振荡型最为常用。高频振荡型接近开关的电路由振荡器、放大器和输出 3 个部分组成。其基本原理是当有金属物体接近高频振荡器的线圈时,使振荡回路参数发生变化,振荡减弱直到终止而输出控制信号。

3) 万能转换开关

万能转换开关实际上是一种多挡位、控制多回路的组合开关,用于控制电路发布控制指令或用于远距离控制,也可以作为电压表、电流表的换相开关或作为小容量电动机的起动、调速和换向控制。

目前常用的万能转换开关有 LW5、LW6 等系列。图 13-13(a)是 LW6 系列万能转换开关中某一层的结构原理示意图。LW6 系列万能转换开关由操作机构、面板、手柄及触头座等主要部件组成,由螺栓组装成为整体。其操作位置有 2～12 个,触头底座有 1～10 层,其中每层底座均可装三对触头,并由底座中间的凸轮进行控制。由于每层凸轮可以做成不同的形状,因此当手柄转到不同位置时,通过凸轮的作用,可以使各对触头按照所需要的规律接通和分断。LW6 系列开关还可以装成双列形式,列与列之间用齿轮啮合,并由一个公共手柄进行操作,最多可以达到 60 对触头。

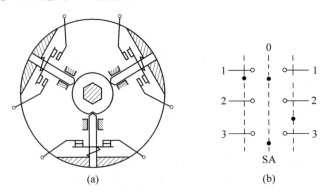

(a)　　　　　　(b)

图 13-13　万能开关的结构示意及符号

(a) 结构示意图；(b) 图形及文字符号

　　万能转换开关各挡位电路通断情况表示方法有两种：一种是图形表示法,如图 13-13(b)所示,在零位时 1、3 两路接通,在左位时仅 1 路接通,在右位时仅 2 路接通；另一种表示方法是列表法,将各触头的接通顺序清晰地表示出来。

13.1.3　电机与控制

1. 三相异步交流电动机

　　三相异步电动机结构简单,使用维护方便、运行可靠、制造成本低,因而广泛用于工农业生产和其他国民经济部门,作为驱动机床、水泵、风机、运输机械、矿山机械、农业机械及其他机械的动力。

　　三相异步电动机的基本结构如图 13-14 所示。

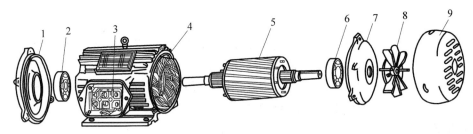

图 13-14　三相异步电动机的基本结构

1、7—端盖；2、6—轴承；3—接线盒；4—定子铁芯；5—转子；8—风扇；9—罩壳

　　三相异步电动机品种繁多,通常按照转子结构可分为鼠笼型和绕线型；按照防护等级可分为 IP44(封闭式)和 IP23(防护式)；按照冷却方式可分为 IC0141(自扇冷却)和 IC01(自冷式)两种；按照安装结构和形式可分为 IBM3、IBM35 和 IBM5 等几种。

2. 三相异步电动机的试运行

1) 电动机的接线

三相异步电动机的定子绕组的连接方法有三角形和星形连接法两种,如图 13-15 所示。

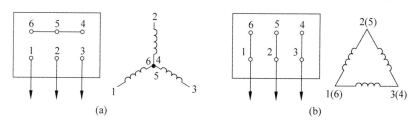

图 13-15 三相异步电动机的定子绕组的连接方法
(a) 电机星形连接;(b) 电机三角形连接

2) 电动机的试运行

电动机接上电源进线和接地线后,即可通电试运行。一般先合闸 2~3 次,每次 2~3 s,看电动机能否起动,有无异常叫声或气味,如果正常,然后空载运行 30 min。如无过热及其他异常,安装便告结束。

3. 三相异步电动机的基本使用

1) 三相异步电动机定子绕组首末端判别方法

一般电动机定子的绕组首、末端均引到出线板上,并采用符号 D1、D2、D3 表示首端,D4、D5、D6 表示末端。电动机定子绕组的 6 个线头可以按其铭牌上的规定接成星形或三角形。但实际工作中,常会遇到电动机三组定子绕组引出线的标记遗失或首、末端不明的情况,此时可采用以下两种方法予以判断。

(1) 绕组串接测定法

如图 13-16 所示。首先需判断同一相绕组的两线端。用两节干电池和一小灯泡串联,一头接在定子绕组引出的任一根线头上,然后将另一头分别与其他 5 根线头相接触。如果接触某一引出线端时灯泡亮了,则说明与电池和灯泡相连的两根线端属于同一组,按此法再找出另外两相绕组的两根同相线端,并一一做好标记。

然后将任意两相绕组与小灯泡三者串联成一个回路,将第三相绕组的一端串联一电池,另一线与电池的另一极碰触一下。如果灯泡发亮(根据变压器原理,串联两相绕组的瞬间感应电势是相叠加的,所以灯泡发亮),如图 13-16 所示,则表明两相绕组是首末串联,即与灯泡相连的两根线端,一根是第一根的首端 D1,另一根是第二相的末端 D5;若灯泡不亮,则说明两相串联绕组所产生的瞬间感应电势是相减的,其大小相等、方向相反,使得总感应电势为零,故灯泡不亮。这表明与灯泡相连的两根线端都分别是两相绕组的首端 D1 和 D2(或者认为是末端 D4 与 D5 也可以),并做好首末端的标记。

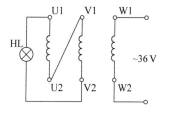

图 13-16 绕组串接测定电机定子绕组首、末端方法

将已判知首、末端的一相绕组与第三相绕组串联，再照上述方法判别出第三相绕组的首末端，最后都做上 D1～D6 的首、末端标记，以便接线。

在上述方法中，应当注意灯泡的额定电压与电池电压要相配合，否则会因电流太小，使灯泡该亮而没有亮，造成误判，所以，应把两相串联绕组的线端对调一下，再测试一次，若两次灯泡均不发亮，则说明感应电流太小，适当增加电池节数（增高电压）或更换一只额定电压更小的灯泡。同样道理，也可采用 220 V 或 36 V 的交流电源和白炽灯来代替电池和小灯泡。但为了防止过高的感应电势烧坏灯泡和绕组，应将灯泡和电源对调串入绕组中，即原单相绕组处（串联电地处）接入白炽灯，原两相绕组串联灯泡处换接入交流电源，判别方法与前述相同，但要特别注意安全，同时应注意，换用交流电源后，接通绕组线圈的时间应尽量缩短，以免线圈过热，影响其绝缘。

（2）万用表测定法

用万用表电阻挡代替电池与小灯泡，测出各相绕组的两根线端，电阻值最小的两线端为一相绕组的线端。

将万用表选择开关切换至测直流电流挡（或直流电压挡也可以），量程可小些，这样指针偏转自明显。判别方法如图 13-17 所示，将任意一组绕组的两个线端先标上首端 D1 和末端 D4 的标记并接到万用表上，并且指定首端 D1 接万用表的"一"端上，末端 D4 接万用表的"十"端上。再将另一相绕组的一个线端接电池的负极，另一线端去碰触电池正极，同时注意观察表针的瞬间偏转方向，若表针正偏移（向右转动），则与电池正极碰触的那根线端为首端，与电池负极相连接的一根线端为末端（如图 13-17 所示），做好首、末端标记 D2 和 D5。若万用表指针瞬间反转移（向左转动），则该相绕组的首、末端与上述判别正好相反。

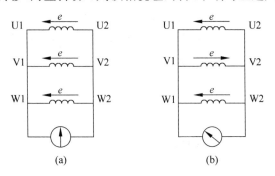

图 13-17　万用表测定电机定子绕组首、末端方法

(a) 三相绕组头尾区分正确；(b) 有一相绕组头尾接反

万用表与绕组的接线不动，用上述同样的方法判别第三相绕组的首、末端。该方法的原理也是利用变压器的电磁感应原理。需注意的是观察电池接通时那一瞬间的万用表指针的偏转方向，而不应是电池断开绕组时的瞬间万用表的指针偏转变化。

2）极相组接错的检查方法

将定子绕组三个首端（头）连接，三个末端（尾）也相互连接，再将低压直流电源（一般用蓄电池）通入定子三相绕组，用指南针沿着定子铁芯内圆移动。如果指南针经过各极相组时方向交替变化，表示接线正确；如经过相邻的极相组时，指针方向不变，表示极相组接错。如果指针的方向变化不明显，则应提高电源电压后，重新检查。

3）电动机绝缘电阻测量

一般用兆欧表测量电动机的绝缘电阻值，要测量每两相绕组和每相绕组与机壳之间的绝缘电阻值，以判断电动机的绝缘性能好坏。

使用兆欧表测量绝缘电阻时，通常对 500 V 以下电压的电动机用 500 V 兆欧表测量；对 500～1000 V 电压的电动机用 1000 V 兆欧表测量。对 1000 V 以上电压的电动机用 2500 V 兆欧表测量。

电动机在热状态（75℃）条件下，一般中、小型低压电动机的绝缘电阻值应不小于 0.5 MΩ，高压电动机每千伏工作电压定子的绝缘电阻值应不小于 1 MΩ，每千伏工作电压绕线式转子绕组的绝缘电阻值，最低不得小于 0.5 MΩ；电动机二次回路绝缘电阻不应小于 1 MΩ。如果所测得的绝缘电阻低于上述数值时，需对电动机进行干燥处理。

电动机绝缘电阻的测量步骤如下：

（1）将电动机接线盒内 6 个端头的联片拆开。

（2）把兆欧表放平，先不接线，摇动兆欧表。表针应指向"∞"处，再将表上有"l"（线路）和"e"（接地）的两接线柱用带线的试夹短接，慢慢摇动手柄，表针应指向"0"处。

（3）测量电动机三相绕组之间的电阻。将两测试夹分别接到任意两相绕组的任一端头上，平放摇表，以 120 r/min 的转速匀速摇动兆欧表 1 min 后，读取表针稳定的指示值。

（4）用同样方法，依次测量每相绕相与机壳的绝缘电阻值。但应注意，表上标有"e"或"接地"的接线柱，应接到机壳上无绝缘的地方。

13.1.4　气动控制技术

1. 气动概述

气动（pneumatic）是"气动技术"或"气压传动与控制"的简称。气动技术是以空气压缩机为动力源，以压缩空气为工作介质，进行能量传递或控制的工程技术。它是实现各种生产控制、自动控制的重要手段。

现以客车门开关机构（见图 13-18）来说明气动技术的工作原理。它是利用压缩空气来驱动气缸从而带动门的开关：气缸活塞杆伸出，门就关上；气缸活塞杆收缩，门就打开。

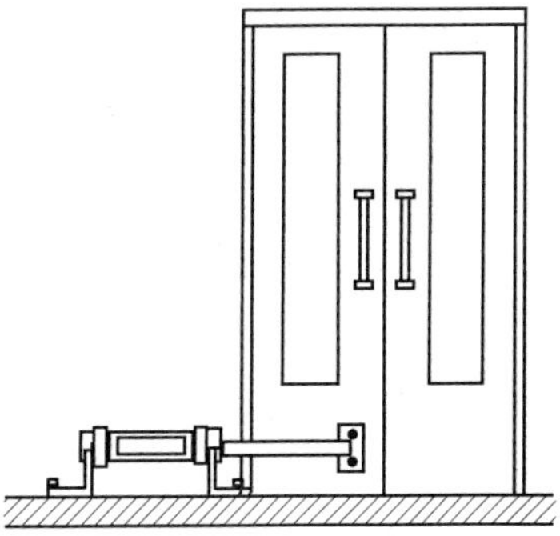

图 13-19（a）是纯气动控制方式；图 13-19（b）是气动与电气控制相结合的一种控制方法。

从这两种控制方式可以把气压传动系统的基本组成归纳如下：

图 13-18　客车门开关机构图

（1）气源装置，主要提供洁净、干燥的压缩空气。

（2）执行元件，是将气体的压力能转换成机械能的一种能量转换装置。它包括实现直线往复运动的气缸和实现连续回转运动或摆动的气马达或摆动马达等。

（3）控制元件，用来调节和控制压缩空气的压力、流量和流动方向，使执行机构按要求

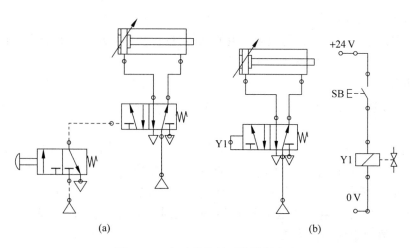

图 13-19　气动系统的两种控制方法

(a) 纯气动控制；(b) 气动-电动控制

的程序和性能工作。以控制方式而言，有纯气动控制和气动-电动控制之分。

（4）辅助元件，连接元件之间所需的一些元件，以及系统进行消声、冷却、测量等方面的一些元件。

气压传动的工作介质为空气，取之不尽，用过以后直接排入大气，不会污染环境；工作环境适应性好，可以在易燃、易爆、多尘埃、辐射、强磁、振动、冲击等恶劣的环境中使用；动作迅速，反应快；气动元件结构简单，易于加工制造，寿命长；维护简单，运行成本低。

气动技术在工业上有着广泛的应用。在自动化生产线，尤其是在汽车制造业、电子半导体制造业等工业生产领域有着广泛的应用。1980 年，气动产品产量约占整个流体工程产量的 20%，到了 1999 年，已经上升到 32%。

2. 电子气动基础

1）气缸

气动执行元件是以压缩空气为动力源，将气体的压力能再转化为机械能的装置，用来实现既定的动作。它主要有气缸和气马达，前者作直线运动，后者作旋转运动。

（1）单作用气缸

在压缩空气作用下，单作用气缸活塞杆伸出，当无压缩空气时，缸的活塞杆在弹簧力作用下回缩。气缸活塞上的永久磁环可用于驱动磁感应传感器动作。对于单作用气缸来说，压缩空气仅作用在气缸活塞的一侧，另一侧则与大气相通。气缸只在一个方向上做功，气缸活塞在复位弹簧或外力作用下复位。在无负载情况下，弹簧力使气缸活塞以较快速度回到初始位置。复位力大小由弹簧自由长度决定。单作用气缸具有一个进气口和一个出气口。出气口必须洁净，以保证气缸活塞运动时无故障。单作用气缸如图 13-20 所示。

（2）双作用气缸

双作用气缸两个方向的运动都是通过气压传动进行的，气缸的内部结构如图 13-21 所

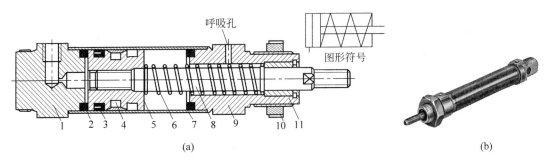

图 13-20　单作用气缸的结构原理及实物图

1—后缸盖；2—橡胶缓冲垫；3—活塞密封圈；4—导向环；5—活塞；6—弹簧；

7—缸筒；8—活塞杆；9—前缸盖；10—螺母；11—导向套

示,它的两端具有缓冲。在气缸轴套前端有一个防尘环,以防止灰尘等杂质进入气缸腔内。前缸盖上安装的密封圈用于活塞杆密封,轴套可为气缸活塞杆导向,其由烧结金属或涂塑金属制成。

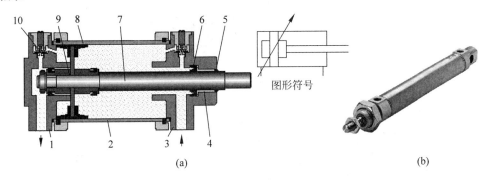

图 13-21　双作用气缸的结构原理及实物图

1—后缸盖；2—缸筒；3—前缸盖；4—导向套；5—密封圈；6—防尘密封圈；

7—活塞杆；8—活塞；9—缓冲柱塞；10—缓冲节流阀

在压缩空气作用下,双作用气缸活塞杆既可以伸出,也可以回缩。通过缓冲调节装置,可以调节其终端缓冲。

2) 换向控制阀

换向阀的控制端的控制形式有很多种,比如电压、气压、机械压等。后面所涉及的方向控制阀都是采用电磁力来获得轴向力使阀芯迅速移动来实现阀的切换以控制气流的流动方向,称为电磁控制换向阀。

(1) 单电控二位三通阀

二位三通的含义是有 2 个确定的工作状态(两个工作位置)并且总共有 3 个通气口。同理如果有 3 个确定的工作状态,并且有 5 个通气口,那么就是三位五通阀。

图 13-22 所示为单电控二位三通电磁阀的工作原理图。它只有一个电磁铁。图(b)为常态情况,即激励线圈不通电,此时阀在复位弹簧的作用下处于左端位置。其通路状态为 A 与 T 相通,A 口排气,如图 13-22(a)所示。当通电时,电磁铁推动阀芯向右移动,气路换向,其通路为 P 与 A 相通,A 口进气。图 13-23 所示为单电控二位三通阀的实物图。

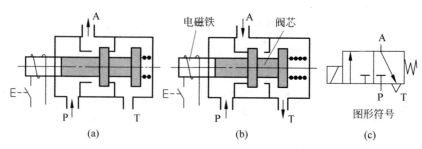

图 13-22　单电控二位三通阀工作原理图

图 13-23　单电控二位三通阀实物图

（2）双电控二位五通阀

图 13-24 为双电控二位五通阀的工作原理图。它有两个电磁铁，当右线圈通电、左线圈断电时，阀芯被推向右端，其通路状态是 P 与 A、B 与 T2 相通，A 口进气、B 口排气。当右线圈断电时，阀芯仍处于原有状态，即具有记忆性。当电磁左线圈通电、右线圈断电时，阀芯被推向左端，其通路状态是 P 与 B、A 与 T1 相通，B 口进气、A 口排气。若电磁线圈断电，气流通路仍保持原状态。图 13-25 所示为双电控二位五通阀的实物图。

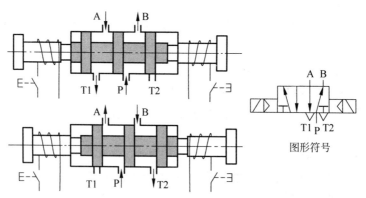

图 13-24　双电控二位五通阀工作原理图

3）常用传感器

在自动化系统中，有两类传感器可供选择：数字量传感器和模拟量传感器。但在气动控制系统中，数字量传感器用得较多，主要用于信号检测。

图 13-25　双电控二位五通阀实物图

在气动控制回路中,执行元件的每一步动作完成时都有相应的发信元件发出完成信号。下一步动作都应由前一步动作的完成信号来起动。气动系统所用传感器多用于测量设备运行中工件和气动执行元件运动的位置、速度、力、流量、温度等各种物理参数,并将这些被测参数转换为相应的信号,以一定的接口形式输送给控制器。位置检测可通过接触式传感器,如行程阀、行程开关来控制,也可通过非接触式传感器,如磁性开关、背压式传感器等来完成。

(1) 磁性开关

磁性开关是利用磁性物体的磁场作用来实现对物体感应的,从而检测气缸活塞的位置。它可分为有触点式(舌簧式)和无触点式(固态电子式)两种。有触点的舌簧式磁性开关如图 13-26 所示,当带磁环的气缸活塞移动到磁性开关所在位置时,磁性开关内的两个金属簧片在磁环磁场的作用下吸合,发出一个电信号;活塞移开,舌簧开关离开磁场,触点自动脱开。磁性开关的图形符号如图 13-26 所示。

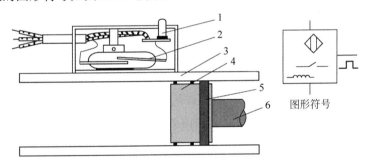

图 13-26　舌簧式磁性开关工作原理图与图形符号

1—指示灯；2—舌簧开关；3—缸筒；4—气缸活塞；5—磁环；6—活塞杆

磁性开关一般与磁性气缸配套使用。磁性气缸的活塞上都有一个永久性的磁环,把磁性开关安装在气缸的缸筒上,当活塞往复运动时带动永久性磁环一起运动,而磁性开关检测到永久磁环时就发出一个信号,使得开关"通"或"断"。

(2) 电容式传感器

电容式传感器的感应面由两个同轴金属电极构成,很像"打开的"电容器电极。这两个电极构成一个电容,串联在 RC 振荡回路内,其工作原理如图 13-27 所示。电源接通时,RC 振荡器不振荡,当一物体向电容器的电极靠近时,电容器的容量增加,振荡器开始振荡。通过后级电路的处理,将不振和振荡两种信号转换成开关信号,从而起到了检测有无物体的目的。这种传感器能检测金属物体,也能检测非金属物体。对金属物体,可以测得较大的动作距离;而对非金属物体,动作距离的决定因素之一是材料的介电常数。材料的介电常数越大,可测得的动作距离越大。此外,材料的面积对动作距离也有一定影响。

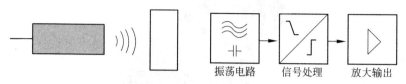

图 13-27　电容式传感器工作原理图

（3）电感式传感器

电感式传感器的工作原理如图 13-28 所示。电感式传感器内部的振荡器在传感器工作表面产生一个交变磁场。当金属物体接近这一磁场并达到感应距离时,在金属物体内产生涡流,从而导致振荡衰减,以至停振。振荡器振荡及停振的变化被后级放大电路处理并转换成开关信号,触发驱动控制器件,从而达到非接触式的检测目的。电感式传感器只能检测金属物体。

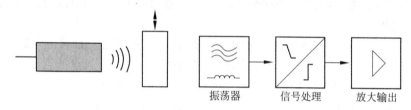

图 13-28　电感式传感器工作原理图

（4）光电式传感器

光电式传感器是通过把光强度的变化转换成电信号的变化来实现检测的。光电式传感器一般由发射器、接收器和检测电路 3 部分构成。发射器对准物体发射光束,发射的光束一般来源于发光二极管和激光二极管等半导体光源。光束不间断地发射,或者改变脉冲宽度。接收器由光敏二极管或光敏晶体管组成,用于接收发射器发出的光线。检测电路滤出有效信号并对其进行处理。常用的光电式传感器又可分为漫射式、反射式、对射式等几种。

漫射式光电传感器集发射器与接收器于一体,在前方无物体时,发射器发出的光不会被接收器接收到。当前方有物体时,接收器就能接收到物体反射回来的部分光线,通过检测电路产生开关量的电信号输出。其工作原理如图 13-29 所示。

3. 继电器气动控制技术

电气-气动控制系统主要是控制电磁阀的换向,从而控制气动执行元件的运动状态,如气缸的伸出或缩回。其特点是反应快、动作准确,在气动自动化中应用相当广泛。

采用继电器作为逻辑器件对气动执行元件进行控制是一种基本的、常用的控制方法。这种方法主要适用于气动执行元件数量较少、控制要求较为简单的场合。电气回路图通常以一种层次分明的梯形法表示,也称为梯形图。它是利用电气元件符号进行顺序控制系统设计的最常用的一种方法。

如图 13-30 所示,电气回路图上下两平行线代表控制回路图的电源线,称为母线。

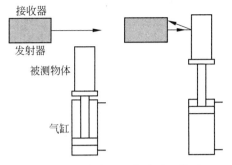

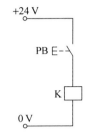

图 13-29　漫射式光电传感器工作原理　　　图 13-30　电气控制图

电气回路图的绘图原则如下：

(1) 图形上端为火线，下端为接地线。

(2) 电路图的构成是由左而右进行。为便于读图，接线上要加上线号。

(3) 控制元件的连接线接于电源母线之间，且应力求使用直线。

(4) 连接线与实际的元件配置无关，其由上而下，依照动作的顺序来决定。

(5) 连接线所连接的元件均以电气符号表示，且均为未操作时的状态。

(6) 在连接线上，所有的开关、继电器等的触点位置由水平电路的上侧电源母线开始连接。

(7) 一个阶梯图网络由多个梯级组成，每个输出元素(继电器线圈等)可构成一个梯级。

(8) 在连接线上，各种负载，如继电器、电磁线圈、指示灯等的位置通常是输出元素，在水平电路的下侧。

(9) 在电气回路图上各元件的电气符号旁注上文字符号。

下面介绍几种常见的基本电气回路。

1) 是门电路

是门电路是一种简单的通断电路。如图 13-31(a)所示，按下按钮，左侧电路导通，继电器线圈 K 励磁，其常开触点闭合，右侧电路导通，指示灯亮。若放开按钮，则指示灯灭。

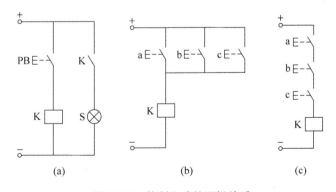

图 13-31　控制电路的逻辑关系
(a) 是门电路；(b) 或门电路；(c) 与门电路；

2) 或门电路

如图 13-31(b)所示的或门电路也称为并联电路。只要按下三个手动按钮中的任何一开关使其闭合,就能使继电器线圈 K 通电。

3）与门电路

如图 13-31(c)所示的与门电路也称为串联电路。只有将按钮 a、b、c 同时按下,电流才能使继电器线圈 K。例如一台设备为防止误操作,保证安全生产,安装了多个起动按钮,只有操作者将多个起动按钮都同时按下时,设备才能开始运行。

4）自保持电路

自保持电路又称为记忆电路,在各种液、气压装置的控制电路中很常用,如使用单电控电磁换向阀控制液、气压缸的持续运动时,就需要自保持回路。图 13-32 所示为两种自保持回路。

在图 13-32(a)中,按钮 PB1 按一下即放开是一个短信号,继电器线圈 K 得电,第 2 条线上的常开触点 K 闭合,即使松开按钮 PB1,继电器 K 也将通过常开触点 K 继续保持得电状态,使继电器 K 获得记忆。图中的 PB2 是用来解除自保持的按钮。当 PB1 和 PB2 同时按下时,PB2 先切断电路,PB1 按下是无效的,因此这种电路也称为停止优先自保持回路。

图 13-32(b)是另一种自保持回路,当 PB1 和 PB2 同时按下时,PB1 使继电器线圈 K 得电,PB2 无效,这种电路也称为起动优先自保持回路。

5）互锁电路

互锁电路用于防止错误动作的发生,以保护设备、人员的安全,如电机的正转与反转、气缸的伸出与缩回。为防止同时输入相互矛盾的动作信号,使电路短路或线圈烧坏,控制电路应加互锁功能。如图 13-33 所示,按下按钮 PB1,继电器线圈 K1 得电,第 2 条线上的触点 K1 闭合,继电器 K1 形成自保,第 3 条线上 K1 的常闭触点断开,此时若再按下按钮 PB2,继电器线圈 K2 一定不会得电。同理,若先按按钮 PB2,继电器线圈 K2 得电,继电器线圈 K1 一定不会得电。

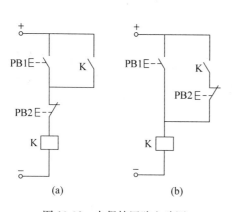

图 13-32　自保持回路电路图
(a) 停止优先自保持回路；(b) 起动优先自保持回路

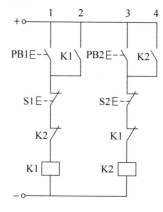

图 13-33　互锁电路

6）延时电路

随着自动化设备的功能和工序越来越复杂,各工序之间需要按一定的顺序紧密配合动作,要求各工序时间可在一定时间内调节,这需要利用延时电路来加以实现。延时控制分为两种,即延时闭合和延时断开。

图 13-34(a)为延时闭合电路,当按下开关 PB 后,延时继电器 T 开始定时,经过设定的时间后,时间继电器触点闭合,电灯点亮。放开 PB 后,继电器 T 立即断开,电灯熄灭。

图 13-34(b)为延时断开电路,当按下开关 PB 后,时间继电器 T 的触点也同时接通,电灯点亮,当放开 PB 后,延时断开继电器开始定时,到规定时间后,时间继电器触点 T 才断开,电灯熄灭。

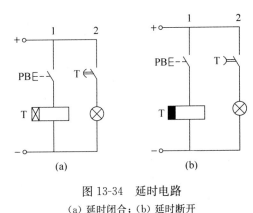

图 13-34　延时电路
(a)延时闭合;(b)延时断开

13.2　基　本　技　能

13.2.1　电气与气动控制安全操作规程

1. 电气安全技术

1) 触电的种类

(1) 电击

电击就是通常所说的触电。电击是电流对人体内部组织的伤害,是最危险的一种伤害,绝大多数(大约 85% 以上)的触电死亡事故都是由电击造成的。电击的主要特征有:伤害人体内部;在人体的外表没有显著的痕迹;致命电流较小。

按照发生电击时电气设备的状态,电击可分为直接接触电击和间接接触电击。

直接接触电击:触及设备和线路正常运行时的带电体发生的电击(如误触接线端子发生的电击),也称为正常状态下的电击。

间接接触电击:触及正常状态下不带电,而当设备或线路故障时意外带电的导体发生的电击(如触及漏电设备的外壳发生的电击),也称为故障状态下的电击。

电流对人体的伤害程度一般与下面几个因素有关。

① 通过人体电流的大小:以工频电流为例,当 1 mA 左右的电流通过人体时,会产生麻刺等不舒服的感觉;10~30 mA 的电流通过人体时,会产生麻痹、剧痛、痉挛、血压升高、呼吸困难等症状,但通常不至于有生命危险;电流达到 50 mA 以上,就会引起心室颤动而有生命危险;100 mA 以上的电流,足以致人于死地。

② 电流通过人体时间的长短:电流通过人体的时间越长,则伤害越大。

③ 电流通过人体的部位:电流的路径通过心脏会导致精神失常、心跳停止、血液循环中断,危险性最大。其中电流的流经从右手到左脚的路径是最危险的。

④ 通过人体电流的频率：电流频率在 40～60 Hz 对人体的伤害最大。

⑤ 触电者的身体状况：电流对人体的作用，女性较男性敏感，小孩遭受电击较成人危险；同时与体重有关系。

⑥ 人体电阻的大小：在一定的电压作用下，通过人体电流的大小与人体电阻有关系。人体电阻因人而异，与人的体质、皮肤的潮湿程度、触电电压的高低、年龄、性别以至工种职业有关系，通常为 1000～2000 Ω，当角质外层破坏时，则降到 800～1000 Ω。

（2）电伤

电伤是由电流的热效应、化学效应、机械效应等效应对人造成的伤害。触电伤亡事故中，纯电伤性质的及带有电伤性质的约占 75%（电烧伤约占 40%）。尽管大约 85% 以上的触电死亡事故是电击造成的，但其中大约 70% 的含有电伤成分。对专业电工自身的安全而言，预防电伤具有更加重要的意义。

① 电烧伤是电流的热效应造成的伤害，分为电流灼伤和电弧烧伤。电流灼伤是人体与带电体接触，电流通过人体由电能转换成热能造成的伤害。电流灼伤一般发生在低压设备或低压线路上。

电弧烧伤是由弧光放电造成的伤害，分为直接电弧烧伤和间接电弧烧伤。前者是带电体与人体之间发生电弧，有电流流过人体的烧伤；后者是电弧发生在人体附近对人体的烧伤，包含熔化了的炽热金属溅出造成的烫伤。

② 皮肤金属化是在电弧高温的作用下，金属熔化、汽化，金属微粒渗入皮肤，使皮肤粗糙而张紧的伤害。皮肤金属化多与电弧烧伤同时发生。

③ 电烙印是在人体与带电体接触的部位留下的永久性瘢痕。瘢痕处皮肤失去原有弹性、色泽，表皮坏死，失去知觉。

④ 机械性损伤是电流作用于人体时，由于中枢神经反射和肌肉强烈收缩等作用导致的机体组织断裂、骨折等伤害。

⑤ 电光眼是发生弧光放电时，由红外线、可见光、紫外线对眼睛的伤害。电光眼表现为角膜炎或结膜炎。

2）触电的方式

按照人体触及带电体的方式和电流流过人体的途径，电击可分为单相触电、两相触电和跨步电压触电。

（1）单相触电

当人体直接碰触带电设备其中的一相时，电流通过人体流入大地，这种触电现象称为单相触电。对于高压带电体，人体虽未直接接触，但由于超过了安全距离，高电压对人体放电，造成单相接地而引起的触电，也属于单相触电。低压电网通常采用变压器低压侧中性点直接接地和中性点不直接接地（通过保护间隙接地）的接线方式，这两种接线方式发生单相触电的情况如图 13-35(a)、(b) 所示。人体接触漏电的设备外壳，也属于单相触电，如图 13-35(c) 所示。

（2）两相触电

人体同时接触带电设备或线路中的两相导体，或在高压系统中，人体同时接近不同相的两相带电导体，而发生电弧放电，电流从一相导体通过人体流入另一相导体，构成一个闭合回路，这种触电方式称为两相触电（如图 13-36 所示）。发生两相触电时，作用于人体上的电压等于线电压，这种触电是最危险的。

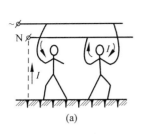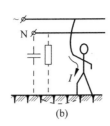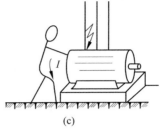

图 13-35　单相触电的种类

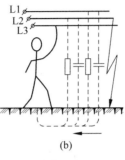

图 13-36　两相触电的种类

（3）跨步电压触电

当电气设备发生接地故障，接地电流通过接地体向大地流散，在地面上形成电位分布，若人在接地短路点周围行走，其两脚之间的电位差，就是跨步电压。由跨步电压引起的人体触电，称为跨步电压触电，如图 13-37 所示。

跨步电压触电主要有以下几种情况：带电导体，特别是高压导体故障接地处，流散电流在地面各点产生的电位差造成跨步电压触电；接地装置流过故障电流时，流散电流在附近地面各点产生的电位差造成跨步电压触电；正常时有较大工作电流流过的接地装置附近，流散电流在地面各点产生的电位差造成跨步电压触电；防雷装置接受雷击时，极大的流散电流在其接地装置附近地面各点产生的电位差造成跨步电压触电；高大设施或高大树木遭受雷击时，极大的流散电流在附近地面各点产生的电位差造成跨步电压触电。

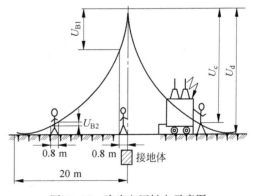

图 13-37　跨步电压触电示意图

跨步电压的大小受接地电流大小、鞋和地面特征、两脚之间的跨距、两脚的方位以及离接地点的远近等很多因素的影响。人的跨距一般按 0.8 m 考虑。由于跨步电压受很多因素的影响以及由于地面电位分布的复杂性，几个人在同一地带（如同一棵大树下或同一故障接地点附近）遭到跨步电压电击时，完全可能出现截然不同的后果。

3）触电的预防

预防触电首先应该严格按照操作规程进行电气作业，并使用安全用具。常用电气安全用具包括常用绝缘手套、绝缘靴、绝缘棒等。

（1）直接触电的预防

① 绝缘措施：良好的绝缘是保证电气设备和线路正常运行的必要条件。例如：新装或大修后的低压设备和线路，绝缘电阻不应低于 0.5 MΩ；高压线路和设备的绝缘电阻不低于 1000 MΩ/V。

② 屏护措施：凡是金属材料制作的屏护装置，应妥善接地或接零。

③ 间距措施：在带电体与地面间、带电体与其他设备间，应保持一定的安全间距。间距大小取决于电压的高低、设备类型、安装方式等因素。

（2）间接触电的预防

① 加强绝缘：对电气设备或线路采取双重绝缘、使设备或线路绝缘牢固。

② 电气隔离：采用隔离变压器或具有同等隔离作用的发电机。

③ 自动断电保护：漏电保护、过流保护、过压或欠压保护、短路保护、接零保护等。

4）触电的急救

现场抢救触电者的原则是八字方针：迅速、就地、准确、坚持。

（1）迅速

争分夺秒使触电者脱离电源，应该第一时间关掉触电设备的电源开关。如果触电现场远离开关或不具备关断电源的条件，救护者可站在干燥木板上，用一只手抓住衣服将其拉离电源，如图 13-38(a)所示。也可用干燥木棒、竹竿等将电线从触电者身上挑开，如图 13-38(b)所示。如触电发生在火线与大地间，可用干燥绳索将触电者身体拉离地面，或用干燥木板将人体与地面隔开，再设法关断电源。如手边有绝缘导线，可先将一端良好接地，另一端与触电者所接触的带电体相接，将该相电源对地短路。也可用手头的刀、斧、锄等带绝缘柄的工具，将电线砍断或撬断。

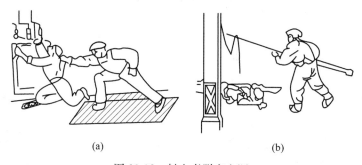

(a)　　　　　　　　　　　　　(b)

图 13-38　触电者脱离电源

（2）就地

必须在现场附近就地抢救，千万不要长途送往供电部门、医院抢救，以免耽误抢救时间。从触电时算起，5 min 以内及时抢救，救生率 90% 左右；10 min 以内抢救，救生率 60%；超过 15 min，希望甚微。

（3）准确

现场急救的方法一定要根据情况而定。触电者神志尚清醒，但感觉头晕、心悸、出冷汗、恶心、呕吐等，应让其静卧休息，减轻心脏负担。触电者神志有时清醒，有时昏迷，应静卧休息，并请医生救治。触电者无知觉，有呼吸、心跳，在请医生的同时，应施行人工呼吸。触电者呼吸停止,但心跳尚存,应施行人工呼吸;如心跳停止,呼吸尚存,应采取胸外心脏挤压法;如呼吸、心跳均停止,则须同时采用人工呼吸法和胸外心脏挤压法进行抢救。人工呼吸法的动作必须准确。

（4）坚持

只要有百分之一希望就要尽百分之百努力去抢救。

5）安全电压

不带任何防护设备,对人体各部分组织均不造成伤害的电压值,称为安全电压。根据欧姆定律（$I=U/R$）可知流经人体电流的大小与外加电压和人体电阻有关。人体电阻除人的自身电阻外,还应附加上人体以外的衣服、鞋、裤等的电阻,虽然人体电阻一般可达 5 000 Ω,但是,影响人体电阻的因素很多,如皮肤潮湿出汗、带有导电性粉尘、加大与带电体的接触面积和压力以及衣服、鞋、袜的潮湿油污等情况,均能使人体电阻降低,所以通常流经人体电流的大小是无法事先计算出来的。因此,为确定安全条件,往往不采用安全电流,而是采用安全电压来进行估算。根据生产和作业场所的特点,采用相应等级的安全电压,是防止发生触电伤亡事故的根本性措施。

国际电工委员会（IEC）规定安全电压限定值为 50 V。《安全电压》（GB 3805—1983）规定我国安全电压额定值的等级为 42 V、36 V、24 V、12 V 和 6 V,应根据作业场所、操作员条件、使用方式、供电方式、线路状况等因素选用。

2. 气动安全技术

1）气管的连接和拆除

气动元件有进气口和出气口,传送气体时需要连接相应规格的气管（主要是管径和压力等级）。对于气动元件,插入时注意气管的深度一定要足够深,否则气路可能不会连通,气体不能流动。拔气管时要首先用手指按下气动元件进出气口上的蓝色松紧开关,使得内部机械元件抓紧气管的动作释放,然后就可以拔出了,否则就会造成元件的损坏。按压开关时注意,不要使用指甲盖,否则容易使蓝色开关损坏。

2）电路的上电与断电

电路上避免将电源（24 V）和地（0 V）直接接通或跨过几个开关后连接在一起。对于实验室里的电源,当短路时,电源短路指示灯会熄灭,此时应立即关断电源检查线路。

3）线路的检查和故障排除

对于一个已经连接好的气路,如果没有预想中的逻辑功能输出,就需要进行故障排查。

首先,对于连接正确但没有预期逻辑控制输出的气路,应注意气压是否≥4 bar,较小的气压使得多数气动元件功能失效。

其次,如果气路中出现了故障又不能肯定故障出现的位置,就需要把受怀疑的气管拆下,接上压力表,检查在适当的条件下是否有输出,如果没有,继续向气源方向排查,直到找到问题所在为止,这类故障通常是气管插入深度不够所致。

4）听从指导

参观计算机、电气控制的过程中应听从指导教师的安排,切忌自己动手随意操作,否则容易造成事故。

13.2.2　操作训练

1. 三相交流异步电动机基本控制电路

1）训练目的

（1）通过常用低压电器元件组成的电控系统对三相交流异步电动机进行典型控制,掌握继电器-接触器控制电路的基本设计方法;

（2）掌握常用低压电器元件的型号选择及使用方法;

（3）学会根据简单电气原理图对三相异步电动机的基本控制电路进行安装和接线;

（4）训练继电器-接触器控制电路常见故障的分析与检修技能。

2）工具器材

万用表、电烙铁、螺丝刀、钢丝钳、尖嘴钳、电工刀、试电笔等常用电工工具一套,交流接触器、常用继电器、熔断器、空气开关、控制按钮、电动机、导线等若干。

3）训练步骤及内容

（1）分析电气原理图(见图 13-39～图 13-42),了解电动机的工作过程和接触器的动作条件;

（2）根据电气原理图及电动机的规格型号,列出选用电器元件的名称、规格、数量;

（3）领用所需电器元件,并检查元器件是否完好可用,然后根据要求对空气开关、各种继电器进行参数整定;

（4）参照设计图纸布置元件,画出元器件安装布置图,并将电器元件安装于事先准备的配电板上;

（5）根据交流电动机的功率,选择主电路导线规格,根据电器元件布置要求准备导线,对主电路导线进行线头处理,连接主电路;

（6）根据电气原理图准备控制电路导线,对线头处理后连接二次控制回路,对控制线

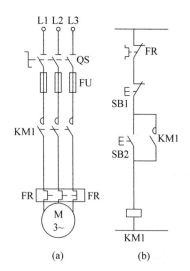
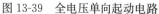

图 13-39　全电压单向起动电路

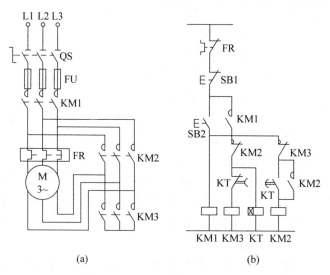

图 13-40　星-三角降压起动电路

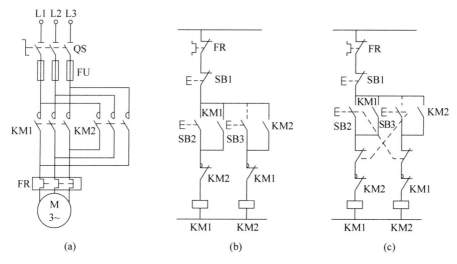

图 13-41　正反转运行控制电路

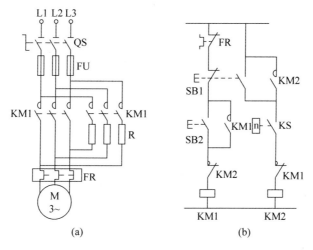

图 13-42　反接制动控制电路

路导线标号,绘制安装接线图;

(7) 电路安装完工后,先作安全检查,经指导教师验收后通电试运行,观察并记录动作过程;

(8) 在已安装完工经检查合格的电路上,人为设置故障点,通电运行,观察并记录故障现象;

(9) 训练结束后,拆卸电路,将电器元件检查后交还指导教师,导线理顺后整齐摆放,工具清点整理后放入工具柜。

2. 气动控制操作训练

1) 训练目的

(1) 通过常用低压电器元件组成的电控系统对气缸动作进行典型控制,掌握简单气动系统的控制方法;

（2）掌握常用气动元件的型号选择及使用方法；

（3）学会根据简单气动控制图对气缸的基本控制电路进行安装和接线；

（4）训练气动控制系统常见故障的分析与检修技能。

2）工具器材

常用电工工具一套，常用电磁阀、常用气缸、常用继电器、气压表、熔断器、空气开关、控制按钮、空气压缩机、导线等若干。

3）训练步骤及内容

（1）分析气动控制图（见图 13-43～图 13～49），了解气缸的工作过程和电磁阀的动作条件；

（2）根据气动控制图，列出选用元器件的名称、规格、数量；

（3）领用所需元器件，并检查是否完好可用，然后根据要求对节流阀、各种继电器进行参数整定；

（4）参照设计图纸布置元件，画出元器件安装布置图，并将元器件安装于事先准备的网孔板上；

（5）根据气动回路图，连接气路，接入空气压缩机；

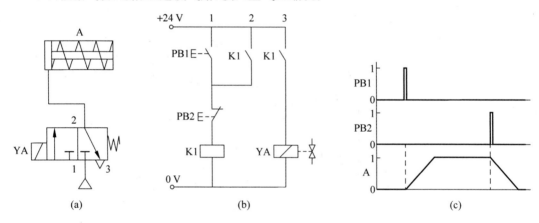

图 13-43　单作用气缸单控电磁阀控制气缸进退

（a）气动回路图；（b）电控回路图；（c）信号图

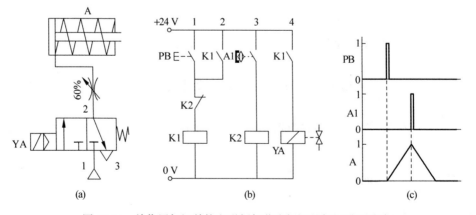

图 13-44　单作用气缸单控电磁阀加节流阀调整气缸进退速度

（a）气动回路图；（b）电控回路图；（c）信号图

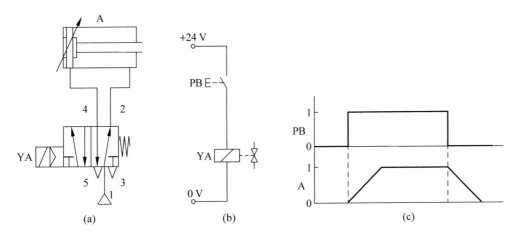

图 13-45　双作用气缸单控电磁阀控制气缸进退
(a) 气动回路图；(b) 电控回路图；(c) 信号图

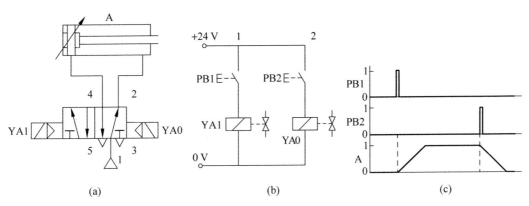

图 13-46　双作用气缸双控电磁阀控制气缸进退
(a) 气动回路图；(b) 电控回路图；(c) 信号图

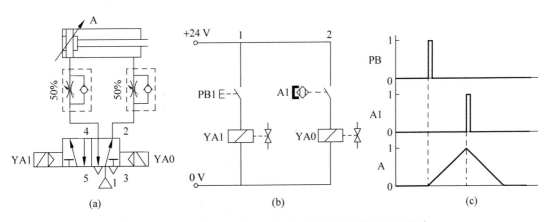

图 13-47　双作用气缸双控电磁阀加节流阀调整气缸进退速度
(a) 气动回路图；(b) 电控回路图；(c) 信号图

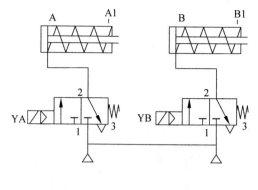

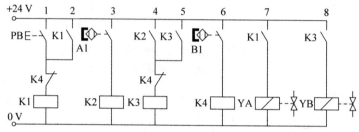

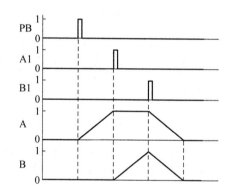

图 13-48　单作用气缸单控电磁阀控制顺序动作

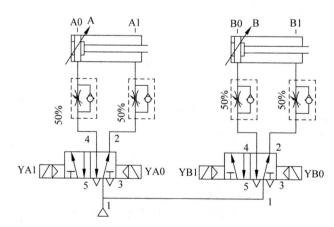

图 13-49　双作用气缸双控电磁阀控制顺序动作

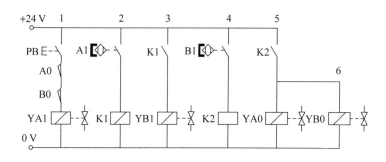

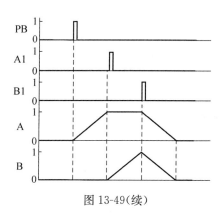

图 13-49(续)

（6）根据电控回路图准备控制电路导线,对线头处理后连接二次控制回路,对控制线路导线标号,绘制安装接线图;

（7）电路安装完工后,先作安全检查,经指导教师验收后通电试运行,观察并记录动作过程;

（8）在已安装完工经检查合格的控制系统上,人为设置故障点,通电运行,观察并记录故障现象;

（9）训练结束后,拆卸电路,将元器件检查后交还指导教师,导线理顺后整齐摆放,工具清点整理后放入工具柜。

复习思考题

1. 常用低压电器元件有哪些?

2. 自动空气开关的短路、过载和失压保护是怎样实现的?

3. 触电的方式有哪些? 我们应该怎样防止触电事故的发生?

4. 有两个继电器 K1 和 K2,如果 K1 得电,K2 必须失电;K2 得电,K1 必须失电的互锁线路该如何设计呢?（提示:可以通过把 K1(K2)的常闭开关串联在 K2(K1)的回路中来实现。）

5. 什么是气动技术? 它有哪些组成部分? 你所了解的气动技术应用有哪些?

6. 单电控二位三通阀与双电控二位五通阀在工作上有什么不同?

7. 简述磁性开关、光电开关的工作原理。

8. 延时闭合继电器、延时断开继电器在工作原理上有什么区别与联系? 分别画出其图形符号与时序图。

14

CHAPTER 14

产品拆装与测绘

14.1 产品拆装工艺分析

14.1.1 产品拆卸的基本知识

1. 拆卸前的准备工作

拆卸工作是设备使用与维护中一个重要的环节,也是产品分析时的一种常用手段。若在拆卸过程中存在考虑不周全、方法不恰当、工具不合理等问题,则可能造成被拆卸零部件的损坏,甚至使整台设备的精度降低,工作性能受到严重影响。为使拆卸工作能够顺利进行,必须做好拆卸前的一系列准备工作。首先,仔细研究设备的技术资料,认真分析设备的结构特点以及传动系统、零部件的结构特点、配合性质和相互位置关系。其次,明确它们的用途,在熟悉以上各项内容的基础上,确定拆卸方法,选用合理的工具。最后,才可以开始拆卸工作。

2. 拆卸的顺序及注意事项

在拆卸设备时,应按照与装配相反的顺序进行,一般是由外向内,从上到下,先拆部件或组件,再拆零件。在拆卸过程中应注意以下事项。

(1) 对不易拆卸或拆卸后会降低连接质量和易损坏的连接件,应尽量不拆卸,如密封连接、过盈连接、铆接及焊接等连接件。

(2) 拆卸时用力应适当,特别要注意对主要部件的拆卸,不能使其发生任何程度的损坏。对于彼此互相配合的连接件,在必须损坏其中一个的情况下,应保留价值较高、制造较困难或质量较好的零件。

(3) 用锤击法冲击零件时,必须加垫较软的衬垫,或用较软材料的锤子(如铜锤)或冲棒,以防损坏零件表面。

(4) 对于长径比值较大的零件,如较精密的细长轴、丝杠等零件,拆下后应竖直悬挂;对于重型零件,需用多个支撑点支撑后卧放,以防变形。

(5) 拆卸下来的零件应尽快清洗和检查。对于不需要更换的零件,要涂上防锈油;对于一些精密的零件,最好用油纸包好,以防锈蚀或碰伤;对于零部件较多的设备,最好以部件为单位放置,并做好标记。

（6）对于拆卸下来的那些较小的或容易丢失的零件，如紧定螺钉、螺母、垫圈、销子等，清洗后能装上的尽量装上，防止丢失。轴上的零件在拆卸后最好按原来的次序临时装到轴上，或用铁丝串起来放置，这会给最后的装配工作带来很大的方便。

（7）拆卸下来的导管、油杯等油、水、气的通路及各种液压元件，在清洗后均需将进、出口进行密封，以免灰尘、杂质等物侵入。

（8）在拆卸旋转部件时，应注意尽量不破坏原来的平衡状态。

（9）对于容易产生位移而又无定位装置或有方向性的连接件，在拆卸后应做好标记，以便装配时容易辨认。

3. 拆卸的常用方法

对于设备拆卸工作，应根据设备零部件的结构特点，采用不同的拆卸方法。常用的拆卸方法有击卸法、拉拔法、顶压法、温差法和破坏法等。

1）击卸法

击卸法是拆卸工作中最常用的方法，它是用锤子或其他重物对需要拆下的零部件进行冲击，从而实现把零件拆卸下来的一种方法。

（1）用锤子击卸

用锤子敲击拆卸时应注意以下事项：

① 要根据被拆卸零件的尺寸、形状及配合的牢固程度，选用恰当的锤子，且锤击时用力要适当。

② 必须对受击部位采取相应的保护措施，切忌用锤子直接敲击零件。一般应使用铜棒、胶木棒或木板等来保护受敲击的轴端、套端和轮辐等易变形、强度较低的零件或部位。拆卸精密或重要零部件时，还应制作专用工具加以保护，如图 14-1 所示。

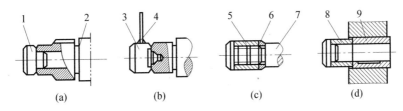

图 14-1　用击卸法拆卸零部件时的保护

（a）保护主轴用的垫铁；（b）保护中心孔用的垫铁；（c）保护轴端螺纹用的装置；（d）保护轴套用的垫套
1、3—垫铁；2—主轴；4—铁条；5—螺母；6、8—垫套；7—轴；9—轴套

③ 应选择合适的锤击点，以防止零件变形或损坏。对于带有轮辐的带轮、齿轮等，应锤击轮与轴配合处的端面，锤击点要对称，不能敲击外缘或轮辐。

④ 对于严重锈蚀而难以拆卸的连接件，不能强行锤击，应加煤油浸润锈蚀部位，当略有松动时再进行击卸。

（2）利用零件自重冲击拆卸

如图 14-2 所示为利用自重冲击拆卸蒸汽锤锤头的示意图。锤杆与锤头是由锤杆锥体胀开弹性套而产生过盈连接的。为了保护锤体和便于拆卸，在锥孔中衬有阴极铜片。拆卸前，先将锤头上的砧铁拆去，用两端平整、直径小于锥孔小端 5 mm 左右的阴极铜棒作冲铁，放在下垫铁上，并使冲铁对准锥孔中心。在下垫铁上垫好木板，然后开动蒸汽锤下击，即可利用锤头的惯性将锤头从锤杆上拆卸下来。

（3）利用其他重物冲击拆卸

如图 14-3 所示是利用吊棒冲击拆卸锻锤中的楔条的示意图。先将圆钢靠近两端处焊上两个吊环，然后用起吊装置将圆钢吊起来；再将楔条小端倒角，以防冲击时端头变大而使拆卸困难；最后用圆钢冲击楔条小端，即可将配合牢固的楔条拆下。在拆卸大、中型轴类零件时，也可采用这种方法。

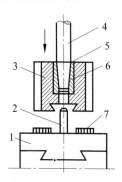

图 14-2　利用自重冲击拆卸蒸汽锤锤头

1—下垫铁；2—冲铁；3—锤头；4—锤杆；
5—阴极铜片；6—弹性套；7—木板

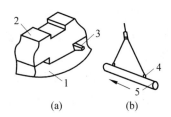

图 14-3　利用吊棒冲击拆卸锻锤中的楔条

(a) 锻锤；(b) 吊棒

1—锤墩；2—冲击；3—楔条；4—吊环；5—圆钢

2）拉拔法

（1）轴套的拉卸

轴套一般都是用硬度较低的铜、铸铁或其他轴承合金制成的，如果拆卸不当，很容易使轴套变形或拉伤配合表面。因此，不需要拆卸时尽量不去拆卸，只作清洗或修整即可。对于必须拆卸的可用专用或自制拉具拆卸，如图 14-4 所示。

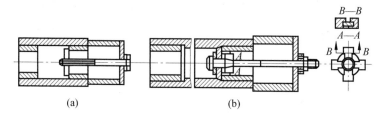

图 14-4　轴套的拉卸

(a) 用矩形板拉出；(b) 用带四爪的专用工具拉出

（2）轴端零件的顶拔

位于轴端的带轮、链轮、齿轮和滚动轴承等零件的拆卸，可用不同规格的顶拔器进行顶拔拆卸，如图 14-5 所示。

（3）钩头键的拉卸

如图 14-6 所示为两种拉卸钩头键的方法。使用这两种工具既方便又不损坏钩头键和其他零件。

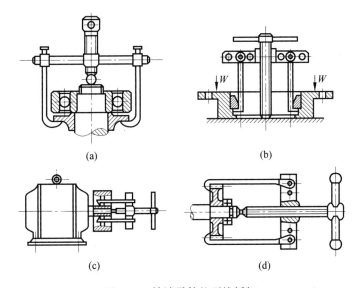

图 14-5　轴端零件的顶拔拆卸

（a）顶拔滚动轴承；（b）顶拔轴承外圈；（c）顶拔带轮；（d）顶拔齿轮

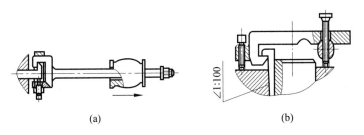

图 14-6　钩头键的拉卸

（a）用专用工具拉卸；（b）用专用工具顶拔

（4）轴的拉卸

对于端面有内螺纹且直径较小的传动轴，可用拔销器拉卸，如图 14-7 所示。

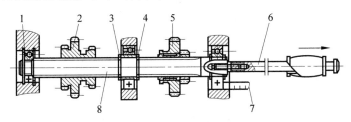

图 14-7　用拔销器拉卸传动轴

1、3、4—弹性挡圈；2—三联齿轮；5—双联齿轮；6—拔销器；7—钢直尺；8—花键轴

拉卸轴类零件时，应注意以下事项：

① 拆卸前应熟悉拆卸部位的装配图和有关技术资料，了解拆卸部位的结构和零部件的配合情况。

② 拉卸前应仔细检查轴和轴上的定位件、紧固件等是否已完全拆除或松开，如弹性挡圈及紧定螺钉等。

③ 要根据装配图确定正确的拉出方向,应从箱体孔的大端将轴拉出来。拆卸时应先进行试拔,待拉出方向确定后再正式拉卸。

④ 在拉卸轴的过程中,还要经常检查轴上的零件是否被卡住,防止影响拆卸过程。如轴上的键易被齿轮、轴承、衬套等卡住,弹性挡圈、垫圈等易落入轴上的退刀槽内使轴被夹住。

⑤ 在拉卸过程中,从轴上脱落下来的零件要设法接住,避免零件落下时被碰坏或砸坏其他零件。

3) 顶压法

顶压法适用于形状简单的过盈配合件的拆卸,常利用油压机、螺旋压力机、千斤顶、C 形夹头等进行拆卸。当不便使用上述工具进行拆卸时,可采用工艺螺孔、借助螺钉进行顶卸,如图 14-8 所示。

4) 温差法

温差法是采用加热包容件或冷冻被包容件,同时借助专用工具来进行拆卸的一种方法。温差法适用于拆卸尺寸较大、配合过盈量较大的机件或精度要求较高的配合件。加热或冷冻必须快速,否则会使配合件一起胀缩使包容件与被包容件不易分开。拆卸轴承内圈时可用如图 14-9 所示的简易方法进行。具体方法是将绳子绕在轴承内圈上,反复快速拉动绳子,摩擦生热使轴承内圈增大,进而较容易地从轴上拆下来。

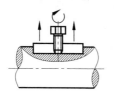

图 14-8　用顶压法拆卸平键

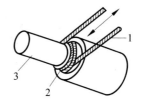

图 14-9　温差法拆卸轴承内圈
1—绳子；2—轴承内圈；3—轴

5) 破坏法

对于必须拆卸的焊接、铆接、胶接及难以拆卸的过盈连接等固定连接件,或因发生事故使花键轴扭曲变形、轴与轴套咬死及严重锈蚀而无法拆卸的连接件,可采用车、锯、錾、钻、气割等方法进行破坏性拆卸。

14.1.2　装配的基本知识

按照一定的精度标准和技术要求,将若干个零件组合成部件或将若干个零件、部件组合成机构或机器的工艺过程,称为装配。装配是机器制造中的最后一道工序,因此,它是保证机器达到各项技术要求的关键。装配工作的好坏,对产品质量起着决定性的作用。

1. 装配的类型与装配过程

1) 装配类型

装配类型一般可分为组件装配、部件装配和总装配。

组件装配是将两个以上的零件连接组合成为组件的过程。例如曲轴、齿轮等零件组成的一根传动轴系的装配。

部件装配是将组件、零件连接组合成独立机构(部件)的过程。例如车床主轴箱、进给箱等的装配。

总装配是将部件、组件和零件连接组合成为整台机器的过程。

2) 装配过程

机器的装配过程一般由三个阶段组成：一是装配前的准备阶段，二是装配阶段(部件装配和总装配)，三是调整、检验和试车阶段。

装配过程一般是先下后上，先内后外，先难后易，先装配保证机器精度的部分，后装配一般部分。

2. 零部件连接类型

组成机器的零部件的连接形式很多，基本上可归纳成固定连接和活动连接两类。

每一类的连接中，按照零件结合后能否拆卸又分为可拆连接和不可拆连接，见表 14-1。

表 14-1　机器零部件连接形式

固 定 连 接		活 动 连 接	
可拆卸	不可拆卸	可拆卸	不可拆卸
螺纹、键、销等	铆接、焊接、压合、胶合等	轴与轴承、丝杠与螺母、柱塞与套筒等	活动连接的铆合头

3. 装配方法

1) 完全互换法

装配时，在各类零件中任意取出要装配的零件，不需任何修配就可以装配，并能完全符合质量要求。装配精度由零件的制造精度保证。

2) 选配法

按选配法装配的零件，在设计时其制造公差可适当放大。装配前，按照严格的尺寸范围将零件分成若干组，然后将对应的各组配合件装配在一起，以达到所要求的装配精度。

3) 修配法

当装配精度要求较高，采用完全互换不够经济时，常用修正某个配合零件的方法来达到规定的装配精度。如车床两顶尖不等高，装配时可刮尾架底座来达到精度要求等。

4) 调整法

调整法比修配法方便，也能达到很高的装配精度，在大批生产或单件生产中都可采用此法。但由于增设了调整用的零件，使部件结构显得复杂，而且刚性降低。

4. 装配前的准备工作

装配质量的好坏对机器的性能和使用寿命影响很大。装配不良的机器，将会使其性能降低，消耗的功率增加，使用寿命减短。因此，装配前必须认真做好以下几点准备工作：

(1) 研究和熟悉产品图样，了解产品结构以及零件作用和相互连接关系，掌握其技术要求。

（2）确定装配方法、顺序和所需的工具。

（3）备齐零件，进行清洗、涂防护润滑油。

5. 典型连接件装配方法

装配的形式很多，下面着重介绍螺纹连接、滚动轴承、齿轮等几种典型连接件的装配方法。

1）螺纹连接

如图 14-10 所示，螺纹连接常用零件有螺钉、螺母、双头螺栓及各种专用螺纹等。螺纹连接是现代机械制造中应用最广泛的一种连接形式。它具有紧固可靠、装拆简便、调整和更换方便、宜于多次拆装等优点。

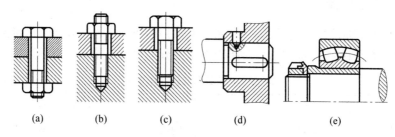

图 14-10　常见的螺纹连接类型

（a）螺栓连接；（b）双头螺栓连接；（c）螺钉连接；（d）螺钉固定；（e）圆螺母固定

对于一般的螺纹连接可用普通扳手拧紧。而对于有规定预紧力要求的螺纹连接，为了保证规定的预紧力，常用测力扳手或其他限力扳手以控制扭矩，如图 14-11 所示。

在紧固成组螺钉、螺母时，为使固紧件的配合面上受力均匀，应按对角线的顺序来拧紧。如图 14-12 所示为两种拧紧顺序的实例。按图中数字顺序拧紧，可避免被连接件的偏斜、翘曲和受力不均。而且每个螺钉或螺母不能一次就完全拧紧，应按顺序分 2～3 次逐一拧紧。

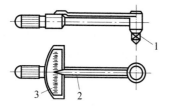

图 14-11　测力扳手

1—扳手头；2—指示针；3—读数板

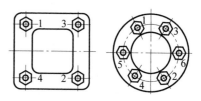

图 14-12　拧紧成组螺母顺序

零件与螺母的贴合面应平整光洁，否则螺纹容易松动。为提高贴合面质量，可加垫圈。在交变载荷和振动条件下工作的螺纹连接，有逐渐自动松开的可能，为防止螺纹连接的松动，可用弹簧垫圈、止退垫圈、开口销和止动螺钉等防松装置，如图 14-13 所示。

2）滚动轴承的装配

滚动轴承的配合多数为较小的过盈配合，常用手锤或压力机采用压入法装配，为了使轴承圈受力均匀，采用垫套加压。如图 14-14 所示，轴承压到轴颈上时应施力于内圈端面；轴承压到座孔中时，要施力于外环端面上；若同时压到轴颈和座孔中时，垫套应能同时对轴承

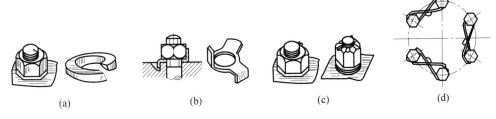

图 14-13   各种螺母防松装置

(a) 弹簧垫圈；(b) 止退垫圈；(c) 开口销；(d) 止动螺钉

内、外端面施力。

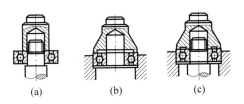

图 14-14   滚动轴承的装配

(a) 施力于内圈端面；(b) 施力于外环端面；(c) 施力于内、外环端面

当轴承的装配是较大的过盈配合时，应采用加热装配，即将轴承吊在 $80\sim90℃$ 的热油中加热，使轴承膨胀，然后趁热装入。注意轴承不能与油槽底接触，以防过热。如果是装入座孔的轴承，需将轴承冷却后装入。

轴承安装后要检查滚珠是否被咬住，是否有合理的间隙。

3）齿轮的装配

齿轮装配的主要技术要求是保证齿轮传递运动的准确性、平稳性、轮齿表面接触斑点和齿侧间隙合乎要求等。

轮齿表面接触斑点可用涂色法检验。先在主动轮的工作齿面上涂上红丹，使相啮合的齿轮在轻微制动下运转，然后看从动轮啮合齿面上接触斑点的位置和大小，如图 14-15 所示。

图 14-15   用涂色法检验啮合情况

齿侧间隙一般可用塞尺插入齿侧间隙中检查。

6. 部件装配和总装配

完成整台机器装配，必须经过部件装配和总装配过程。

1）部件的装配

部件的装配通常是在装配车间的各个工段（或小组）进行的。部件装配是总装配的基础，这一工序进行得好与坏，会直接影响到总装配和产品的质量。

部件装配的过程：熟悉图纸—检查、清理零件—试配、组装—调整、调试—检验、试车。

通过检验确定合格的部件，才可以进入总装配。

2）总装配

总装配就是把预先装好的部件、组合件、其他零件，以及从市场采购来的配套装置或功能部件装配成机器。总装配过程如下：

（1）总装前，必须了解所装机器的用途、构造、工作原理以及与此有关的技术要求，确定它的装配程序和必须检查的项目。

（2）总装配执行装配工艺规程所规定的操作步骤，采用工艺规程所规定的装配工具。应按从里到外，从下到上，以不影响下道装配为原则的次序进行。操作中不能损伤零件的精度和表面粗糙度，对重要的复杂的部分要反复检查，以免搞错或多装、漏装零件。在任何情况下应保证污物不进入机器的部件、组合件或零件内。机器总装后，要在滑动和旋转部分加润滑油，以防运转时出现拉毛、咬住或烧损现象。最后要严格按照技术要求，逐项进行检查。

（3）装配好的机器必须加以调整和检验。调整的目的在于查明机器各部分的相互作用及各个机构工作的协调性。检验的目的是确定机器工作的正确性和可靠性，发现由于零件制造的质量、装配或调整的质量问题所造成的缺陷。小的缺陷可以在检验台上加以消除；大的缺陷应将机器送到原装配处返修。修理后再进行第二次检验，直至检验合格为止。

（4）检验结束后应对机器进行清洗，随后送修饰部门上防锈漆、涂漆。

14.1.3　摩托车拆装训练

1. 训练目的

（1）了解四行程摩托车发动机及其传动系统的结构和工作原理；通过接触实际的典型机械，使学生了解机械原理知识在工程机械中的具体应用，激发学生的学习兴趣和学习主动性。

（2）分析各种机构在摩托车发动机及其传动系统中的应用；通过对现有机械的拆装，既培养学生的动手能力，又锻炼学生分析问题、解决问题的能力，开阔思路，培养其设计与分析机械系统运动方案的能力。

（3）为后续课程的学习增加更多的感性认识。进一步培养学生的结构分析能力、分析机械传动系统的能力，熟悉机构的实际运用价值。

2. 设备及拆装工具

（1）实习设备：四行程摩托车。

（2）拆装工具：扳手、螺丝刀及其他专用工具。

3. 训练内容

（1）拆卸摩托车发动机及其传动系统。

（2）详细分析摩托车发动机及其传动系统的功能、结构和工作原理，并画出其机构运动简图。

（3）在功能、结构和工作原理分析的基础上，对摩托车发动机及其传动系统的系统（或局部）运动方案提出改进意见（画出改进的机构运动简图）。

（4）组装摩托车发动机及其传动系统。

4. 训练方法与步骤

1) 训练方法

(1) 实习分组进行,每组 3～5 人;

(2) 拆卸过程中,一边拆卸一边对机器的结构和工作原理进行分析,同时进行记录,画出机构运动简图,并进行工作原理描述;

(3) 实习中遇到超出所学知识范围的内容,应及时找指导教师答疑或查阅相关资料;

(4) 拆卸、分析完成后进行组装并恢复原样。

2) 训练步骤

(1) 实习准备

讲解实习要求及注意事项,看录像,以了解摩托车发动机及其传动系统的正确拆装方法。

(2) 拆卸与分析

① 拆开发动机外壳。

② 分析发动机内部结构及运动传递关系:

a. 分析由气缸的活塞到摩托车驱动轮之间的运动传递关系;

b. 分析摩托车发动机是如何起动的;

c. 分析发动机的配气机构是如何工作的;

d. 分析摩托车是如何实现换挡变速的;

e. 分析离合器的工作原理。

综合上述分析结果,画出系统的机构运动简图。

(3) 提出改进方案

可以对整个传动系统提出改进方案,也可以对局部提出改进方案。

(4) 组装发动机及传动系统并验收

必须按原样组装好发动机及其传动系统,由指导教师验收,合格后方可离开。

5. 训练要求

(1) 本次训练为开放性实训环节,每个小组必须在规定时间内完成拆装任务。

(2) 训练过程中应注意爱护设备和工具,应妥善保管拆卸下的零件,不得损坏和丢失。

(3) 完成拆装后应清洁整理实验场地,并及时上交训练报告。

14.2　零件的测绘方法

14.2.1　零件测绘的方法和步骤

测绘是对已有的零部件进行测量,并绘出其零件图及装配图的过程,方法与步骤如下所述。

1. 了解分析测绘对象

了解部件测绘的任务和目的,决定测绘工作的内容和要求。通过观察实物,了解部件的性能、用途、工作原理、传动系统和工作情况。

2. 拆卸零部件

（1）拆卸前应先测量一些必要的尺寸数据,如某些零件间的相对位置、运动件极限位置的尺寸等,以作为测绘中校核图纸的参考。

（2）要周密制定拆卸顺序。划分部件的组成,合理地选用工具和正确的拆卸方法,严防乱敲打。

（3）对精度较高的配合部位或过盈配合,应尽量少拆或不拆,以免降低精度或损坏零件。

（4）拆下的零件要分类、分组,并对所有零件进行编号登记,零件实物对应地拴上标签,有秩序地放置,防止碰伤、变形、生锈或丢失。

（5）拆卸时要认真研究每个零件的作用、结构特点、零件间的装配关系及传动情况,正确判别配合性质。

3. 绘出装配示意图

装配示意图是在拆卸过程中所画的记录图样,边拆边画。装配示意图只要求用简单的线条、大致的轮廓,记录各零件之间的相对位置、装配、连接关系及传动情况,作为绘制装配图和重新装配的依据。

4. 测绘零件、画零件草图

组成装配体的每一个零件,除标准件外,都应画出草图,画装配体的零件草图时,尽可能注意到零件间尺寸的协调。

图 14-16　球阀上阀盖的轴测剖视图

现以绘制球阀上阀盖（见图 14-16）的零件草图为例,说明绘制零件草图的步骤。

（1）在图纸上定出各视图的位置,画出主、左视图的对称中心线和作图基准线。布置视图时,要考虑到各视图应留有标注尺寸的位置。

（2）以目测比例详细地画出零件的结构形状。

（3）定尺寸基准,按正确、完整、清晰以及尽可能合理地标注尺寸的要求,画出全部尺寸界线,尺寸线和箭头。经仔细校核后,按规定线型将图线加深（包括画剖面符号）。

（4）逐个量注尺寸,标注各表面的表面粗糙度代号,并注写技术要求和标题栏,如图 14-17 所示。

5. 画装配图

根据装配示意图、零件草图,画出装配图,保证使零件之间的装配关系能在装配图上正

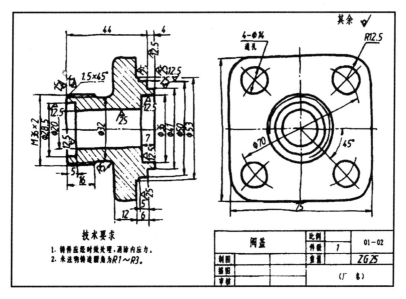

图 14-17 球阀上阀盖的零件草图

确地反映出来,以便顺利地拆画零件图。画装配图的步骤如下:

(1) 选用合适的表达方法。

(2) 定位布局,即画出各视图的主要基准线。

(3) 一般从主视图开始,几个视图同时配合作图。画剖视图时以装配干线为准由内向外画,可避免画出被遮挡的不必要的图线,也可由外向内画。画完一件后,必须找到与此相邻的零件及它们的接触面,并以此接触面作为画下一个零件的定位面,开始画第二件。

(4) 注出必要的尺寸及技术要求。

(5) 编写零件序号、填写明细表、标题栏。

(6) 检查全图。

14.2.2 零件测绘的种类

(1) 设计测绘——测绘为了设计。根据需要对原有设备的零件进行更新改造,这些测绘多是从设计新产品或更新原有产品的角度进行的。

(2) 机修测绘——测绘为了修配。零件损坏,又无图样和资料可查,需要对坏零件进行测绘。

(3) 仿制测绘——测绘为了仿制。为了学习先进技术,取长补短,常需要对先进的产品进行测绘,制造出更好的产品。

14.2.3 测绘中零件尺寸的圆整与协调

1. 优先数和优先数系

当设计者选定一个数值作为某种产品的参数指标时,这个数值就会按照一定的规律,向一切有关的制品传播扩散。如螺栓尺寸一旦确定,与其相配的螺母就定了,进而传播到加工、检验用的机床和量具，继而又传向垫圈、扳手的尺寸等。由此可见，在设计和生产过程中，技术参数的数值不能随意设定，否则，即使微小的差别，经过反复传播后，也会造成尺寸规格繁多、杂乱，以至于组织现代化生产及协作配套困难。因此，必须建立统一的标准。在生产实践中，人们总结出来了一种符合科学的统一数值标准——优先数和优先数系。

在设计和测绘中遇到选择数值时，特别是在确定产品的参数系列时，必须按标准规定，最大限度地采用，这就是优先的含义。

2. 尺寸的圆整和协调

按实物测量出来的尺寸，往往不是整数，所以，应对所测量出来的尺寸进行处理、圆整。尺寸圆整后，可简化计算，使图形清晰，更重要的是可以采用更多的标准刀量具，缩短加工周期，提高生产效率。

基本原则：逢4舍，逢6进，遇5保证偶数。

例：$13.75 \rightarrow 13.8$，$13.85 \rightarrow 13.8$。

查阅标准可见，数系中的尾数多为0，2，5，8及某些偶数值。

1）轴向主要尺寸（功能尺寸）的圆整

根据实测尺寸和概率论理论，考虑到零件制造误差是由系统误差与随机误差造成的，其概率分布应符合正态分布曲线，故假定零件的实际尺寸应位于零件公差带中部，即当尺寸只有一个实测值时，就可将其当成公差中值，尽量将基本尺寸按国标圆整成为整数，并同时保证所给公差等级在IT9以内。公差值可以采用单向公差或双向公差，最好为后者。

例：现有一个实测值为非圆结构尺寸19.98，请确定基本尺寸和公差等级。

查手册，20与实测值接近。根据保证所给公差等级在IT9级以内的要求，初步定为20IT9，查阅公差表，知公差为0.052。非圆的长度尺寸公差一般处理为：孔按H，轴按h，一般长度js（对称公差带），取基本偏差代号为js，公差等级取为9级，则此时的上下偏差为：

$es = +0.026$，$ei = -0.026$，实测尺寸19.98的位置基本符合要求。

2）配合尺寸的圆整

配合尺寸属于零件上的功能尺寸，确定是否合适，直接影响产品性能和装配精度，要做好以下工作：

（1）确定轴孔基本尺寸（方法同轴向主要尺寸的圆整）；

（2）确定配合性质（根据拆卸时零件之间松紧程度，可初步判断出是有间隙的配合还是有过盈的配合）；

（3）确定基准制（一般取基孔制，但也要看零件的作用来决定）；

（4）确定公差等级（在满足使用要求的前提下，尽量选择较低等级）。

3）一般尺寸的圆整

一般尺寸为未注公差的尺寸，公差值可按国标未注公差规定或由企业统一规定。圆整这类尺寸，一般不保留小数，圆整后的基本尺寸要符合国标规定。

在零件图上标注尺寸时，必须注意把装配在一起的有关零件的测绘结果加以比较，并确定其基本尺寸和公差，不仅相关尺寸的数值要相互协调，而且，在尺寸的标注形式上也必须采用相同的标注方法。

14.2.4　测绘中零件技术要求的确定

1. 确定形位公差

在测绘时,如果有原始资料,则可照搬。在没有原始资料时,由于有实物,可以通过精确测量来确定形位公差。但要注意两点,其一,选取形位公差应根据零件功用而定,不可采取只要能通过测量获得实测值的项目,都注在图样上。其二,随着国外科技水平尤其是工艺水平的提高,不少零件从功能上讲,对形位公差并无过高要求,但由于工艺方法的改进,大大提高了产品加工的精确性,使要求不甚高的形位公差提高到很高的精度。因此,测绘中,不要盲目追随实测值,应根据零件要求,结合我国国标所确定的数值合理确定。

2. 表面粗糙度的确定

(1) 根据实测值来确定。测绘中可用相关仪器测量出有关的数值,再参照我国国标中的数值加以圆整确定。
(2) 根据类比法来进行确定。
(3) 参照零件表面的尺寸精度及表面形位公差值来确定。

3. 热处理及表面处理等技术要求的确定

测绘中确定热处理等技术要求的前提是先鉴定材料。注意,选材恰当与否,并不是完全取决于材料的机械性能和金相组织,还要充分考虑工作条件。

14.2.5　零件尺寸的测量方法

测量尺寸是零件测绘过程中的一个必要的步骤。零件上全部尺寸的测量应集中进行,这样,不但可以提高工作效率,还可以避免错误和遗漏。测量零件尺寸时,应根据零件尺寸的精确程度选用相应的量具。常用的量具有直尺,卡钳(外卡和内卡),游标卡尺和螺纹规等。

1) 线性尺寸
线性尺寸可以用直尺直接测量读数,如图 14-18 中的长度 L_1(94),L_2(13)和 L_3(28)。

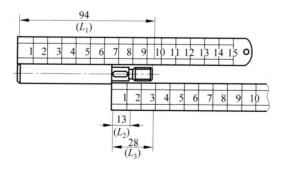

图 14-18　线性尺寸的测量

2) 直径尺寸
直径尺寸可以用游标卡尺直接测量读数,如图 14-19 中的直径 d(ϕ14)。

3）壁厚尺寸

壁厚尺寸可以用直尺测量，如图 14-20 中底壁厚度 $X=A-B$，或用卡钳和直尺测量，如图 14-20 中侧壁厚度 $Y=C-D$。

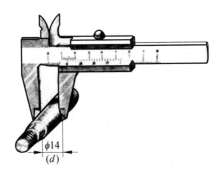

图 14-19　直径尺寸的测量

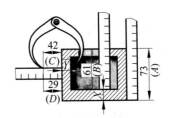

图 14-20　壁厚尺寸的测量

4）孔间距

孔间距可以用卡钳（或游标卡尺）结合直尺测出，如图 14-21 中两孔中心距 $A=L+d$。

5）中心高

中心高可以用直尺和卡钳（或游标卡尺）测出，如图 14-22 中左侧 $\phi50$ 孔的中心高 $A_1=L_1+1/2D$，右侧 $\phi18$ 孔的中心高 $A_2=L_2+1/2d$。

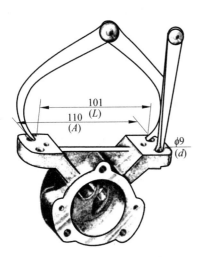

图 14-21　孔间距的测量

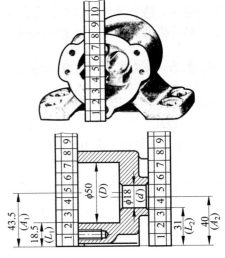

图 14-22　中心高的测量

6）曲面轮廓

对精确度要求不高的曲面轮廓，可以用拓印法在纸上拓出它的轮廓形状，然后用几何作图的方法求出各连接圆弧的尺寸和中心位置，如图 14-23 中 $\phi68$、$R8$、$R4$ 和 3.5。

7）螺纹的螺距

螺纹的螺距可以用螺纹规或直尺测得，如图 14-24 中螺距为 1.5。

8）齿轮的模数

对标准齿轮，其轮齿的模数可以先用游标卡尺测得 d_a，再计算得到模数 $m=d_a/(z+2)$；

奇数齿的齿顶圆直径 $d_a=2e+d$，如图 14-25 所示。

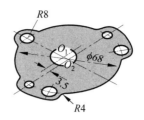

图 14-23　曲面轮廓的测量

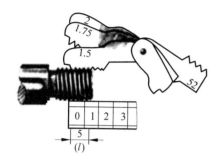

图 14-24　螺纹的螺距

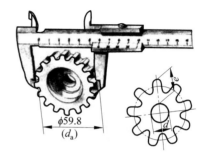

图 14-25　齿轮的模数

14.2.6　零件测绘时的注意事项

（1）零件的制造缺陷，如砂眼、气孔、刀痕等，以及长期使用所造成的磨损，都不应画出。

（2）零件上因制造、装配的需要而形成的工艺结构，如铸造圆角、倒圆、退刀槽、凸台、凹槽等结构，都必须画出。

复习思考题

1. 产品拆卸常用的方法有哪些？

2. 什么是装配？装配方法有几种？

3. 简述零件测绘的步骤。

参 考 文 献

[1] 清华大学金属工艺学教研室.金属工艺学实习教材[M].3 版.北京：高等教育出版社,1990.

[2] 林建榕,王玉,蔡安江.工程训练(机械)[M].北京：航空工业出版社,2005.

[3] 张学政,李家枢.金属工艺学实习教材[M].3 版.北京：高等教育出版社,2003.

[4] 金禧德.金工实习[M].2 版.北京：高等教育出版社,2002.

[5] 丁德全.金属工艺学[M].北京：机械工业出版社,2000.

[6] 吴鹏,迟剑锋.工程训练[M].北京：机械工业出版社,2005.

[7] 朱江峰,肖元福.金工实训教程[M].北京：清华大学出版社,2004.

[8] 张远明.金属工艺学实习教材[M].2 版.北京：高等教育出版社,2003.

[9] 王瑞芳.金工实习[M].北京：机械工业出版社,2002.

[10] 朱世范.机械工程训练[M].哈尔滨：哈尔滨工程大学出版社,2003.

[11] 黄明宇,徐钟林.金工实习[M].北京：机械工业出版社,2003.

[12] 刘舜尧.机械工程工艺基础[M].长沙：中南大学出版社,2002.

[13] 机械工业技师考评培训教材编审委员会.铸造工技师培训教材[M].北京：机械工业出版社,2002.

[14] 孙以安,鞠鲁粤.金工实习[M].上海：上海交通大学出版社,1999.

[15] 柳秉毅.金工实习[M].北京：机械工业出版社,2004.

[16] 陈培里.金属工艺学——实习指导及实习报告[M].杭州：浙江大学出版社,1996.

[17] 郑晓,陈仪先.金属工艺学实习教材[M].北京：北京航空航天大学出版社,2005.

[18] 黄纯颖.机械创新设计[M].北京：高等教育出版社,2000.

[19] 赵玲.金属工艺学实习教材[M].北京：国防工业出版社,2002.

[20] 刘镇昌.制造工艺实训教程[M].北京：机械工业出版社,2006.

[21] 齐乐华.工程材料及成形工艺基础[M].陕西：西北工业大学出版社,2002.

[22] 陈君若.制造技术工程实训[M].北京：机械工业出版社,2003.

[23] 李蔚,马保吉.现代制造技术工程训练[M].西安：西北工业大学出版社,2008.

[24] 陈宏钧.典型零件机械加工生产实例[M].北京：机械工业出版社,2005.

[25] 吴卫荣.气动技术[M].北京：中国轻工业出版社,2005.

[26] SMC(中国)有限公司.现代实用气动技术[M].北京：机械工业出版社,2007.

[27] 张国顺.现代激光制造技术[M].北京：化学工业出版社,2005.

[28] 张永康.激光加工技术[M].北京：化学工业出版社,2004.

[29] 崔长华.机械加工工艺规程设计[M].北京：机械工业出版社,2009.

[30] 朱仁盛.机械拆装工艺与技术训练[M].北京：电子工业出版社,2009.